催化裂化
典型故障分析100例

张可伟　王建军　易铁虎　主编

中国石化出版社

内　容　提　要

本书针对催化裂化装置关键设备近年来发生的典型故障进行分析总结归纳，包括大机组、内构件、衬里、结焦、膨胀节、三级旋风分离器（三旋）、滑阀、取热器、脱硫塔等9类关键设备100多起不同类型的典型故障，介绍了故障经过、原因分析及对策。同时，分析了典型故障中涉及设计、制造、检维修和维护操作等设备全过程管理关键影响因素，并按照设备完整性管理思路提出了针对性的解决措施。

本书可供从事催化裂化装置工程技术人员使用，也可供从事设计、制造、采购和检维修管理的技术人员及管理人员参考。

图书在版编目(CIP)数据

催化裂化典型故障分析100例/张可伟，王建军，易铁虎主编．—北京：中国石化出版社，2019.10（2022.08重印）

ISBN 978-7-5114-2116-6

Ⅰ.①催…　Ⅱ.①张…　②王…　③易…　Ⅲ.①催化裂化反应器-故障诊断　Ⅳ.①TE966

中国版本图书馆CIP数据核字（2019）第208011号

中国石化出版社出版发行

地址：北京市东城区安定门外大街58号

邮编：100011　电话：(010)57512500

发行部电话：(010)57512575

http://www.sinopec-press.com

E-mail:press@sinopec.com

北京科信印刷有限公司印刷

全国各地新华书店经销

*

850×1168毫米32开本8.875印张218千字

2020年1月第1版　2022年8月第2次印刷

定价：38.00元

前　言

石油化工是国家的支柱产业，在我国国民经济的发展中发挥着不可替代的作用。催化裂化装置是石油化工产业关键装置之一，历经几代人的不懈努力，我国催化裂化技术已取得长足进步，并为世人瞩目。

但是，由于在设计、制造、检修及运行等多个环节仍存在不足，我国催化裂化装置发生了许多突发性事故和故障。为了提高企业催化裂化装置的设备管理和长周期运行水平，我们编写了《催化裂化典型故障分析100例》。本书遴选了包括烟机组、内构件、衬里、结焦、膨胀节、三旋、滑阀、取热器、脱硫塔等9类关键设备100多起不同类型的典型故障，每一起故障案例包括故障经过、原因分析及对策。同时，分析了典型故障中涉及设计、制造、检维修和维护操作等设备全过程管理关键影响因素，并按照设备完整性管理思路提出了针对性的解决措施。

本书可供从事催化裂化装置工程技术人员使用，也可供从事设计、制造、采购和检维修管理的技术人员及管理人员参考。

本书的数据和内容来自生产一线，较好地反映了我国石油化工催化裂化装置设备运行状况，并针对性地提出了对应措施。希望本书的出版既可供广大工程技术人员和设备运行人员使用，也可为设计人员和检维修人员提供有益的帮助。

由于时间仓促，水平有限，经验不足，书中存在诸多不妥之处，恳请广大读者和专家批评指正。

《催化裂化典型故障分析100例》
编委会

目　　录

第1章　烟机故障分析及对策

催化裂化装置大机组一般包括烟气轮机组、气压机机组和风机机组。近年来，气压机机组和风机机组运行可靠性较高，但烟气轮机组故障一直是催化装置大机组管理难点和重点。本章节以烟气轮机为点，以完整性系统管理为方法，开展分析并提出对策。

1.1　烟机典型故障分析

1.1.1　现状分析

烟气轮机(以下简称烟机)作为重油催化裂化装置中主要的能量回收设备，可将烟气含有的热量转化为机械能发电，是当前国内外催化裂化装置回收能量的最有效方法。它的平稳运行与否直接关系到整个机组乃至整个装置的生产安全，如果烟机发生故障停机将造成整个装置的巨大经济损失。随着装置检修周期的延长，对烟气轮机的长周期要求也越来越高，因此，烟气轮机长周期高效运行越来越受到各个石化企业的高度重视。

近年来，由于装置大型化的趋势，新建催化装置规模大，烟机功率也越来越大，烟机全年做功也越来越多，随着装置检修三年一修、四年一修的趋势，同时新建烟机系统设计也都以同轴方式为主，烟机在生产中的重要性越来越显著，烟机长周期运行的要求也日益迫切，各石化企业及设计单位、烟机制造厂等单位都在进行积极探索，无论从材料研究、制造工艺、设计理论分析技术还是生产运行都取得了卓有成效的成果，但烟机故障并没有得到彻底解决，尤其是烟机叶片断裂等恶性事故仍时有发生，因此烟机的安全运行仍然是目前需要攻克的难题。中国石化系统内近年烟机故障数据统计见表 1-1。

表 1-1　中国石化系统内近年烟机故障数据统计

时间	故障次数	故障小时数
2006 年	44	5851
2007 年	55	7897
2008 年	36	4296
2009 年	25	3003
2010 年	31	4404
2011 年	27	3122
2012 年	35	8005
2013 年	26	3515
2014 年	26	2917
2015 年	38	5945
2016 年	25	4482

虽然烟机同步率在 97%以上（2016 年 21 台机组达到 100%，9 台低于 97%），烟机故障次数及故障停机时间没有实质性的改善，仍有发生。中国石化系统内烟机 2016 年故障状况统计见表 1-2。

表 1-2　中国石化系统内烟机 2016 年故障状况统计

项目	结垢原因	叶片断裂	气封故障	仪表原因	操作原因	其他
停机次数	12	8	2	2	1	4
停机次数占比/%	41	28	7	7	3	14
停机小时数	2315	834	507	11.5	52	763
停机时间占比/%	52	19	11	0	1	17

从2016年故障原因统计看(其他年度故障原因大抵相似)，烟机结垢仍在故障里占主要比例，如果将部分叶片断裂与结垢相关联，烟机故障与结垢的直接间接原因占70%以上。近年来典型故障情况及原因见表1-3。

表1-3　近年来典型故障情况及原因

序号	简要描述	失效形式	失效原因
1	镇海炼化装置2005年8月振动突然上升停机，轮盘沟槽加剧，叶片损坏加剧	冲刷、结垢	入口烟气超标
2	镇海炼化300×10^4t/a催化裂化联合装置在2009年5月因烟机振动大抢修，开机后不足4个月，2009年9月又因振动大停机	结垢	轴封处发现有较多的催化剂粉尘和垢块
3	镇海炼化催化裂化联合装置，2004年4月非计划停工，烟机结垢严重，振动大联锁停机	结垢	入口烟气超标
4	燕山石化三催化装置的烟机2006~2007年期间频繁停机，达9次，其中5次是由于催化剂粉尘附着在烟机两级轮盘之间和叶片上，导致烟机轴振动大停机	冲刷、结垢	入口烟气超标
5	金陵石化130×10^4t/a催化装置2015年期间，烟机因结垢，一年期间6次振动超报警值，进行在线除垢或更换备用转子	结垢	入口烟气超标
6	2004年9月10日，镇海炼化烟机转子3片动叶片断裂，40余片被击伤	断裂	熔敷层中的缺陷
7	武汉石化2#催化装置2012年9月3日烟机叶片断裂	断裂	结垢所产生的摩擦力和力矩所致
8	燕山石化3#催化2012年10月4日烟机因仪表问题导致烟机超速，造成动叶全部齐根断裂	断裂	因仪表问题导致烟机超速

续表

序号	简要描述	失效形式	失效原因
9	高桥3#催化2013年04月09日烟机动叶其中1片断裂，其余动叶均有损坏；静叶和围带损坏严重	断裂	叶片断裂的主导机理为疲劳
10	扬子2#催化2014年09月18日和2014年10月06日两次叶片断裂	断裂	转子叶片尖部位出现振动疲劳断裂
11	天津石化2015年02月06日烟机动叶片全部从根部断裂	断裂	大量的铸造缺陷并伴有微裂纹
12	上海石化催化烟机2015年4月9日发生叶片断裂事故，更换同一厂家提供的备用转子后运行于2016年7月31日(仅运行约15个月后)再次发生叶片断裂事故	断裂	疲劳源处存在原始制造表面裂纹
13	镇海炼化催化裂化装置烟机，2005年2月振动大联锁停车，解体发现，静叶组件高温螺栓断裂	螺栓断裂	加强烟机内部高温螺栓管理
14	济南炼油厂2012年11月20日再生催化剂再冷器爆管，再生压力异常升高大幅波动，造成烟机联锁停机	断裂	超速
15	燕山石化三催化装置的烟机机组1999年超速，造成该机壳体严重变形，使得烟机的整体刚度下降，2002年6月曾发生因出口汽封失效导致汽封的梳齿间堆积催化剂，堆积的催化剂在潮湿的蒸汽环境中结成硬垢，转子的轴颈与催化剂硬垢摩擦打火花，引起机组剧烈振动	结垢	出口汽封失效导致汽封的梳齿间堆积催化剂
16	燕山石化2#催化2011~2013年入口阀法兰及放空阀法兰先后4次泄漏，其中一次不得不停机处理，给装置生产带来严重威胁	泄漏	法兰螺栓长期过热

续表

序号	简要描述	失效形式	失效原因
17	金陵石化炼油四部Ⅲ催化裂化装置2012年10月新建投产，从2013年5月始，汽轮机运行状态变差，汽轮机的转速却在不断下降	结垢	汽包中炉品质较差，造成汽轮机速关阀通流部件结垢
18	金陵石化Ⅰ催化裂化装置2015年7月22日气压机因压缩机轴位移ZI518卡件故障，ZI518跳至1mm，气压机联锁停机	仪表问题	ZI518 卡件故障
19	兰州石化300×10⁴t/a重油催化裂化气压机组2009年11月中旬以来，汽轮机振动值突然由10μm增加到30μm，振动越来越大，最大峰值曾达110μm，联锁停车	结垢	蒸汽品质差，产生了积盐及结垢

1.1.2 影响烟机可靠运行的因素

烟气轮机叶片作为烟机的重要部件，长期在高温高速下运行，不仅要承受高的离心负荷、振动负荷和热负荷，还要承受环境介质的腐蚀与氧化，以及高速运行微小粒子的冲蚀，恶劣的工作环境使叶片故障占烟机故障停机的很大一部分。

烟机动叶片失效的形式主要有冲蚀、疲劳、腐蚀、磨损和叶片断裂等，其中冲蚀故障最常见，主要原因的受催化剂冲刷的作用，它会造成烟机动不平衡；叶片断裂故障最严重，一旦发生，烟机将被迫停机解体抢修。根据中国石化烟机运行情况统计，2013年1月到2016年9月期间，共发生109次烟机故障停机，其中，叶片结垢和机械断裂造成停机次数共93次，占总次数的85%。

从这些数据可以看出，叶片结垢和断裂是阻碍烟机长寿命运行的主要因素。解决结垢和断裂问题仍然是催化裂化装置烟机能量回收系统长周期运行的最重要最迫切的任务。

1.2 烟机典型故障对策

借鉴国内同类事件的经验和教训，解决烟机冲刷、磨损和断裂等主要失效问题，应从完整性管理体系化建立策略，才能根本可靠性解决问题。以下是从烟机设计、制造、检修、操作和维护等各个环节进行体系化管理，烟机机组完整性管理才能得到加强(图 1-1)。

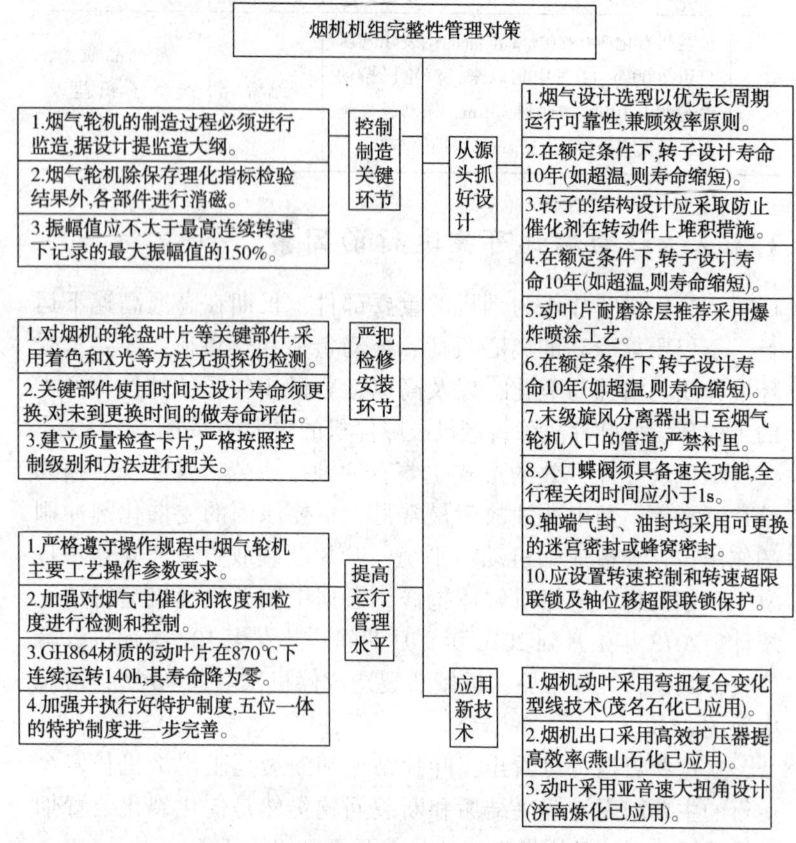

图 1-1 烟机典型故障管理对策导图

1.2.1 从源头抓好设计

(1) 烟气轮机的设计选型以优先考虑长周期运行可靠性，兼顾机组效率为原则。烟气轮机优先采用单级结构；在额定工况下单级烟气轮机的绝热效率不低于78%，双级烟气轮机的效率不低于84%。

目前，投用的双级烟气轮机均存在催化剂粉尘在轮盘级间堆积、烧结的现象；二级轮盘易受二次流的冲刷；二级静叶固定套易变形等问题。燕山石化2006~2007年期间烟机停机的9次故障中，其中5次是由于催化剂粉尘附着在烟机两级轮盘之间和叶片上，导致烟机轴振动大停机。要继续通过双级改单级的技术，提高烟气轮机运行的可靠度。近年来已有10台烟气轮机的转子由双级改造为单级。其中广州石化重油催化裂化装置的烟气轮机较为突出，由双级(YLⅡ-6000B型)改为单级(Y-7000型)，故障率明显下降。燕山石化2008年6月双级烟机改造为单级YL16000B单级烟机，改造后，烟机发电量到10^4kW时，轴最大振动即靠联轴节轴振动振幅为50μm，烟机运行状况明显好转。

(2) 烟气轮机及其附属设备在额定的使用条件下，设计使用寿命为20年，无故障连续工作时间不低于24000h。转子的设计寿命不小于100000h，在规定的温度下瞬时转速达到额定转速的105%时，应能安全运行。

一般情况下，烟气转子设计使用寿命是10年(如发生严重超温，则寿命缩短)。应对服役到期的轮盘做安全评定，若评定结果不宜再使用的，应作报废处理。

(3) 进入烟气轮机烟气中催化剂浓度不大于200mg/Nm^3，其中直径大于10μm的颗粒不超过3%。

(4) 转子的结构设计应采取防止催化剂在转动件上堆积的措施。动叶片锁紧机构的结构形式在设计上应考虑烟气轮机在正常运行时，入口蝶阀突然紧急关闭，保证动叶片沿烟气流动方向不发生逆向窜动。

(5) 动叶片耐磨涂层推荐采用爆炸喷涂工艺。轮盘及动叶片设计条件应明确提出合金组分、杂质含量、金相粒度、终锻后机械性能等要求。

(6) 末级旋风分离器出口至烟气轮机入口的管道，不允许采用各类衬里，所有法兰连接用垫片不允许使用金属缠绕垫。

(7) 烟气轮机入口蝶阀必须具备速关功能，全行程关闭时间应小于1s，90%关闭时间应小于0.5s。控制蝶阀和切断阀门的执行机构各自单独配置，禁止共用。燕山石化公司2012年10月4日3#催化烟机因速度探头误发出超速信号，发电机解列联锁停机，发电机解列后烟机入口蝶阀未能及时关闭，导致烟机真实超速，造成动叶全部齐根断裂。济南石化公司催化裂化2012年11月20日再生催化剂再冷器爆管，再生压力异常升高并大幅波动，造成烟机、主风机的轴位移、轴振动波动。烟机、主风机轴位移高高联锁停机，电机脱网、三机组静叶关至最小负荷，但联锁动作后烟机入口蝶阀未能立即关闭，导致机组飞车。

(8) 径向和推力轴承推荐采用可倾瓦或车削瓦轴承，并保证轴承有足够的润滑油供应，推力轴承建议采用新型节能轴承。

(9) 轴端气封、油封均采用可更换的迷宫密封或蜂窝密封。烟气轮机与被驱动设备的联轴器应采用挠性膜片联轴器，联轴器应具有膜片断裂保护装置。2003年12月长岭炼化1号催化裂化装置烟气轮机机组，因联轴器螺栓断裂，导致动叶片断裂、静叶片全部损坏的严重机组事故。2002年九江石化催化裂化装置，也因联轴器断裂，快速切断阀动作缓慢，烟气轮机飞车，机组严重损坏。

(10) 烟气轮机应设置转速控制和转速超限联锁保护及轴位移超限联锁保护。用于联锁的转速信号应采用电磁信号，不能使用电涡流信号。用于联锁保护的测量元件，执行机构(电磁阀)应考虑冗余配置。联锁保护系统应具有毫秒级事件记录(SOE)功能。

(11) 叶根保护技术、马刀叶形、高效扩压器等新技术应用。

茂名石化采用全新的流场和叶片造型，整个流场中没有局部的紊流和气流超音速，流道气流通畅，流速均匀，对叶片的冲蚀明显减轻。以保障设备的长周期安全运行。于2010年11月顺利完成了YLⅡ-I0000B烟气轮机的改造，机组运转平稳，发电能力提升了1400kW，达到约8600kW。

燕山石化2016年5月烟机升级改造，烟机发电能力大幅度提高，平均发电量由改造前的13000kW提高到15200kW，烟机轮盘冷却蒸汽由1.2t/h降低到目前0.4t/h，烟机运行各项参数稳定，创造了较大的经济效益。

1.2.2 控制制造关键环节

烟气轮机工作环境恶劣，工作介质是含有催化剂颗粒的高温烟气，这就要求烟机与介质接触的通流部件材料除了有耐高温性能外，还要有很强的耐冲刷能力，通流部件如动叶片、轮盘和拉杆螺栓等运行几年后，会出现不同程度的材料失效现象，烟气轮机的排气蜗壳、导流锥等静止部件的寿命同样制约烟机的使用寿命，同样是在苛刻的条件下工作，轮盘、动叶片都是锻造的材料，而排气蜗壳是板焊结构，导流锥是铸造结构，材质比动叶片和轮盘疏松得多，因此，在关注轮盘、动叶片时，也应对排气蜗壳和导流锥给以关注，并进行寿命分析，提供合理的更新时间表。

(1) 烟气轮机的制造过程必须进行监造。监造工作推荐委托有监造资质的第三方执行。监造单位应根据设计和业主要求提出监造大纲。使用单位和制造厂家在签定烟气轮机订货合同的同时，应明确监造要求。监造的主要部件包括：轮盘、动叶、主轴、拉杆螺栓。主要工序包括：冶炼、锻造、热处理、机加工、各项理化性能检验、金相组织检验、转子动平衡、组装、试车。

(2) 制造厂应对每台烟气轮机的每个部件编制唯一编号，并在部件恰当位置标注钢印编号。制造厂应建立保存动叶、轮盘、主轴、拉杆螺栓等部件的制造档案。档案中应记录各部件每道加工工序的加工过程、质量检验结果。轮盘和每个动叶除保存各项理化指标检验结果外，还应保存金相检查结果，保存金相照片。烟气轮机出厂前，各部件进行消磁处理。

烟机叶片断裂事故中相当一部分是叶片本身的材料缺陷引起的。因此，需进一步提高烟机叶片的材料性能、强化锻造工艺的管理、避免机加工所造成的缺陷、加强落实设备制造质量的各类仪器检测的可靠性。

2015年2月6日，天津石化烟机动叶片全部从根部断裂，静叶片及其他组件也发生损坏，原因是静叶片组织中存在大量的铸造缺陷并伴有微裂纹，静叶片的局部发生了断裂脱落，与动叶片发生持续磨损，造成动叶片全部断裂。

(3) 烟气轮机在出厂试验和工业运行试验期间，在最高连续转速或其它规定运行转速下以及允许的操作范围内，测得的轴振动的双振幅值应不超过规定值。在最高连续转速至跳闸转速之间任一转速，其双振幅值应不大于最高连续转速下记录的最大双振幅值的150%。

1.2.3 严格把关检修安装与质量控制重要环节

烟机复杂的工作环境，导致其发生事故或故障的最直接原因就是产生动静摩擦，所以保证动静部件的合理间隙显得非常重要，如何保证机组在高温工况下仍能保证合理的间隙，机组安装与检修方案和质量控制环节至关重要。

烟气轮机检修除严格按照检修规程进行以外，还要对烟气轮机的轮盘、叶片、风机的叶片和联轴器等关键部件，采用着色、涡流、超声波和X光等方法进行无损探伤检测。开、停工时，做好烟气轮机出、入口管道的位移记录，并确保各定位点的稳固和导向移动部件的完好。

烟气轮机停机检修前，应做好烟气轮机运行状态检测；根据状态检测结果和烟气轮机运行状况，烟气轮机使用部门、管理部门、维修部门共同讨论确定烟气轮机检修内容和检修方案，并准备好相应的配件、材料和机具。烟气轮机解体后，根据烟气轮机检查情况，补充检修内容和检修方案。

所有部件使用时间达到设计寿命，必须更换。有条件时，对未到更换时间的部件要做寿命评估。基体检测发现裂纹的动叶片必须报废，严禁修复使用。叶片耐磨涂层局部冲刷磨损，需要清除全部涂层，重新喷涂。喷涂类型和成分也要精准选择，长城33号涂层与长城1号涂层有关参数对比见表1-4。

表1-4　长城33号涂层与长城1号涂层有关参数对比

<table>
<tr><td colspan="2">名称</td><td>长城33号</td><td>长城1号</td></tr>
<tr><td colspan="2">类型</td><td>金属陶瓷</td><td>金属</td></tr>
<tr><td colspan="2">成分</td><td>碳化物+黏接</td><td>Co基，含Cr，Ni，W，Fe</td></tr>
<tr><td colspan="2">工艺</td><td>爆炸喷涂(D-gun)</td><td>大气等离子喷涂
(Plasma Spraying)</td></tr>
<tr><td rowspan="5">主要技术指标</td><td>工作温度/℃</td><td>600~800</td><td>600~700</td></tr>
<tr><td>室温硬度</td><td>≥HRC69</td><td>≥HV500</td></tr>
<tr><td>涂/基结合强度/MPa</td><td>60</td><td>40</td></tr>
<tr><td>冷热疲劳性能
(800←→水淬)/次数</td><td>10次，不起皮，
不剥落</td><td>10次，不起皮，不剥落</td></tr>
<tr><td>厚度/μm</td><td>120~150</td><td>200~300</td></tr>
</table>

叶片锁紧片(图 1-2)只能一次性使用。轮盘受冲刷磨损，厚度减薄严重时，应该更换。冷紧的拉杆螺栓拆开后不能重复使用。采用电加热热紧的拉杆螺栓，在检查确认材料理化性能变化在设计范围内的，可以重复使用。

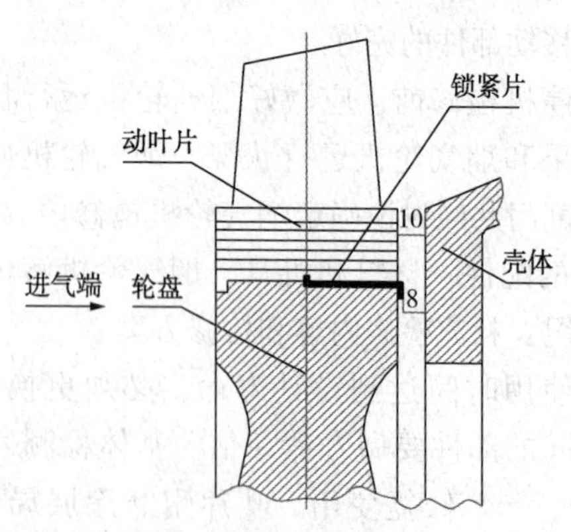

图 1-2 叶片锁紧片

镇海炼化公司催化裂化装置烟机，2005 年 2 月振动大联锁停车，解体发现，静叶组件高温螺栓断裂，并且轮盘螺栓处、边缘上积聚较多催化剂，大部分已掉入静叶内围带内。

每运行一个周期，应对叶片、轮盘做以下检查：金相检查并拍照存档、着色检查、硬度检查、电位法探伤检查榫齿。烟气轮机过流部件的修复本着安全第一的原则，在充分论证，确保修复后能安全使用的情况下，采用无缺陷的修复技术进行修复。部件修复前，使用单位和修复单位共同讨论确定修复方案，验收质量标准。在确定修复方案和验收标准时，应参考烟气轮机原设计、制造单位的意见。

激光熔敷技术用于修复涡轮盘和动叶片时，应遵守十分谨慎的原则。部件修复后除进行常规质量检验外，必须进行电涡流及 X 光检查，确认内部没有任何缺陷(空洞、分层、不融合)。

对于轮盘和动叶片这种高速旋转，工作条件比较恶劣的重要零件，谨慎采用激光熔敷修复技术修复严重磨损动叶片。激光熔覆技术属于金属热加工，可能在母材与熔敷物结合区域存在微裂纹，这将为以后的裂纹扩展造成叶片断裂事故留下隐患。激光熔覆在修复的经验上，还需要作进一步的探索和完善。在熔敷前要对断口进行清理，并对其组织进行金相分析，在熔铸过程中要深入考虑消除沿晶裂纹和减少熔敷层中冶金缺陷的焊接工艺，加强熔敷工艺后的金相检验。

2004年9月10日，镇海炼化烟机转子3片动叶片断裂，40余片被击伤；17片静叶片被击损伤；动叶围带被冲击变形穿孔；烟机轴承及气封严重损坏。激光熔敷中形成的沿晶裂纹和熔敷层中的缺陷是导致叶片断裂的主要原因。

烟气轮机检修单位、使用单位、管理部门应对检修过程进行质量监督，对主要部件检修质量、装配尺寸间隙、最终对中需要三方检查验收，并保留记录。烟气轮机检修最终验收在烟气轮机运行后进行，主要考察烟气轮机运行机械性能：轴振动、轴位移、轴承温度、泄漏情况。有关单位通过对烟气轮机运行情况分析，对烟气轮机检修质量最终评判。

正确的安装。为了保证机组在运转中转子热态的要求，安装过程中应严格按照制造厂或机组总成单位提供的冷态找正曲线进行找正，并根据实际运行情况不断修正冷态找正曲线，以达到一个最佳值。安装时按照制造厂提供的检查报告复查各部分的间隙，如轴瓦间隙，叶顶间隙及气封，油封间隙等并将复查结果认真做好纪录。正确的安装质量是保证烟机能够长期稳定运行的前提，否则烟机运行后容易出现动静摩擦，导致烟机效率下降甚至出现故障，损失是巨大的。

控制烟气轮机管道接口外力和外力矩在HG/T 3650—2012《烟气轮机技术条件》的规定范围内。为了避免由外力及外力矩超标引起的烟机事故发生，应该从以下两个方面入手：①在安装和检修时检查烟机进、出口管线的状态并及时调整；②在运行过程中对烟机进、出口管线进行监控。

加强烟机叶片管理。严格管理烟机转子的装卸、搬运、检修等环节，防止叶片受外力的冲撞；当出现大量跑剂情况时，要强化对叶片的检验；当烟机发生重大故障时，全面检验所有正在服役的叶片，如有重大缺陷，全部报废更新。建立细化大检修质量检查卡片，见表1-5。

表1-5　大检修质量检查卡片

序号	质量控制点	质量标准	控制级别	检查方法
1	烟机吊下进气锥	最少用3个倒链保证起吊水平	B	现场见证
2	吊出转子	起吊保持水平	B	现场见证
3	机组各部数据测量	机组技术图纸要求	C	现场见证
4	中间验收	查看原始数据	A	查看原始数据，确认配件更换清单
5	组装验收	查看装配数据	A	查看装配数据
6	吊装转子回装	起吊保持水平	B	现场见证
7	吊装进气锥、大盖，机组扣盖	最少用3个倒链保证起吊水平	A	现场见证，检查机内是否有异物
8	机组油运	不许有硬质颗粒；软质颗粒少于2颗/cm^2	B	现场见证
9	机组找正	按机组找正曲线要求	A	激光找正仪、现场见证

说明：

1. 控制级别：

C级：装置检查

B级：装置+运行部联合检查

A级：装置+运行部检查+监理公司(或机动处)联合检查

2. 公司重点项目由项目负责人负责完成卡片内容。

1.2.4 提升机组运行管理水平

烟气轮机的操作必须严格执行操作规程。烟气轮机操作规程的编制，应参照设计、制造的要求，包括以下内容：机组结构、性能介绍，机组正常运行参数，开机、停机、机组切换操作程序，机组各项报警、联锁及报警联锁值，日常操作维护内容，仪表控制系统管理，事故、故障处理，风险评价及安全预案。

在操作中，应严格遵守操作规程中烟气轮机主要工艺操作参数要求，控制烟气轮机的进排气温度、烟气粉尘含量、开停机升温降温和升速降速速度、轮盘冷却蒸汽温度，严禁超参数运行。

加强对烟气中催化剂浓度和粒度进行检测和控制，每周一次采样分析烟气中催化剂浓度和粒度，安装使用在线催化剂浓度和粒度仪的装置应同采样分析结果进行对比分析，修正在线监测仪的偏差；对分析结果进行存档并分析催化剂浓度变化趋势，判断旋风分离器的效率和改善生产操作。

催化装置工艺操作应保持平稳，每次调整幅度应有控制。催化剂加剂应该控制加剂速度，加剂应均匀缓慢，加剂必须采用小型自动加料器。

选择合适的旋风分离器结构形式，旋风分离器设计参数应与装置能力匹配，保证旋风分离器分离效率在高效范围内。每次装置检修应检查检修各级旋风分离器。

烟气轮机严禁长时间在超过设计的入口温度下运行，每个运行周期烟气轮机的入口温度最多不能累积出现 4 次超过 800℃，每次不超过 15min；当烟气轮机入口超温时，应及时处理并记录温度和超温时间。当烟气轮机入口温度超过设计值且不能立即恢复时应立即将烟气轮机切除。

超温对烟气轮机有着很大的破坏作用。正常操作时，烟气温度一般为640~700℃。引起超温的主要原因是二次燃烧，二次燃烧的温度远远超过烟机的工作温度，并产生大幅度温度波动，使得烟机轮盘、静叶片及动叶片等直接和烟气接触的热部件产生不应有的热变形、热疲劳和高温蠕变，虽然材料的设计寿命为10×10^4h，但如果超温时间很长，零件的寿命也会迅速降低。GH864材质的动叶片在870℃下连续运转140h，其寿命就会降为零。

严格控制和监视烟气轮机入口烟气的催化剂浓度和粒度，每周一次采样分析烟气中催化剂浓度和粒度，烟气轮机入口烟气的催化剂浓度和粒度应符合设计要求，进入烟气轮机烟气催化剂的浓度不大于$200mg/Nm^3$，其中直径大于10μm的颗粒不超过3%。当装置的催化剂跑损严重时，应切除烟气轮机。

应经常监视烟气轮机的轴振动以及振动变化趋势，正常运行时轴振动应低于报警设定值，当轴振动达到报警值时，应分析原因并采取措施降低轴振动；当轴振动达到或超过停机设定值时，应停机处理。

烟气轮机正常运行且当轴承处进油温度达40℃时，径向轴瓦的工作温度不超过80℃；推力轴承瓦块的工作温度不超过90℃。轴承温度过高时应分析原因并采取措施，当达到停机设定值时应停机处理。加强运行管理，运行过程中可能出现的故障及其解决措施详细见表1-6。烟气轮机连续运行时间达到12000h(或操作过程中出现超温现象)后，原则上应主动停机，更换备用转子，并对主机的叶片、轮盘及主轴例行一次全面检查。应考虑通过着色、X光射线、晶相分析，电位探伤等手段检查叶片的隼根、轮盘槽关键部位损伤情况、耐磨层的磨损情况以及叶片、轮盘和轴系的几何尺寸变化情况，整个转子组装置后按照要求进行动平衡试验。

表1-6　运行过程中可能出现的故障及其解决措施

序号	故障	故障产生原因	解决措施
1	轴承温度高	轴承滑油喷嘴孔径下或堵塞使供油量不足	检查孔径是否合格，堵塞物应清理掉
		轴承进油温度过高	清理或更换冷却器
		轴承间隙过小	增大间隙
		滑油变质或含有水分	换油
		仪表失灵	更换温度仪表
2	滑油压力过低	滑油压力表刻度不准或开关有错误	校准或更换
		油位低	加油
		滑油泵吸入管堵塞或漏油	清理或堵漏
		滑油滤堵塞	清理或更换滑油滤
		主滑油泵和辅助滑油泵故障	修理和更换
3	振动过大	转子不平衡度被损坏	更换磨损和松动的叶片
			除去转子上的沉淀物
			重新动平衡
		机组找正精度破坏	重新找正(热态)
		共振	找出共振原因并排除之
		螺栓松动或断裂	检查支撑和地脚螺栓，拧紧或更换
		轴承磨损	更换轴承
		其它相联机器振动的影响	排除其它机器引起振动的原因
		轴封与轴发生磨损	修理或更换
		管系排列不合适	检查管道排列，并调整管夹弹簧和膨胀节

续表

序号	故障	故障产生原因	解决措施
4	烟机密封蒸汽压差低	调节阀失灵	修理
		密封蒸汽中断	检查供汽系统出现的故障
5	烟机冷却蒸汽压力低	调节阀失灵	修理
		冷却蒸汽供汽压力低	检查供汽系统
6	轴位移过大	推力轴承磨损或损坏	修理或更换
		轴位移探头安装位置移动	重新安装
		机组操作不稳定	找出操作不稳定原因

完善并认真执行好特护制度。在检修队伍从主业分流以后，“机、电、仪、管、操”五位一体的特护制度进一步完善和加强。并按照特护内容，坚持“日巡检”“周联检”“月分析”制度，做好定期检查、认真分析的工作，发现问题及时研究解决，保障烟气轮机组的平稳运行。

1.2.5 完善自动化信息化管理

机组正常运行时联锁保护回路应100%投用。机组正常运行时，因特殊原因需切除联锁，应填报联锁切除报告，经主管部门同意后方可实施。处理仪表故障时严格按照有关程序，进行风险评价，制定消减措施和安全预案，办理相关作业票后再处理，处理正常后由工艺人员检查确认，填写处理结果。对日常仪表故障及处理方法进行归纳总结，积累维护经验和资料。

完善烟气监测手段。完善在线烟气粉尘浓度的监测措施，当烟气粉尘浓度(标准状态)超过200mg/m^{3}时，要及时调整操作参数，浓度持续较高时，要考虑将烟机切出系统。

烟机转子振动敏感性分析。由于烟气轮机是烟气透平，烟机叶片的结垢及冲蚀是不可避免的。特别是当叶片结垢时，叶片上所结的垢局部脱落，会瞬间破坏转子的动平衡，对于烟机这种悬臂转子很容易使烟机转子振动值的大幅提高，造成烟机振动的高报警、高高报警，甚至被迫停机。同时，也会加剧了烟机动静部件的碰磨倾向，加大了烟机转子振动能量，加剧烟机动叶叶根处的疲劳，降低叶片乃至烟机的使用寿命。

降低烟机转子对叶片处不平衡量的敏感性，就可以抑制叶片结垢脱落时不平衡量引起的振值的增大幅度，中国石化工程有限公司(SEI)开发了悬臂转子振动敏感性分析软件，通过调整转子结构尺寸和采用可倾瓦轴承等方式，降低烟机转子对叶片处不平衡量的敏感性，达到烟机运行长周期的目的。

叶片自振分析，烟机叶片在工作时不断地受到脉动气流作用使叶片产生振动，特别是当产生激振力的频率等于叶片自振频率而产生共振时会使叶片疲劳断裂。据国外统计，汽轮机“叶片事故”约占汽轮机事故的39%，燃气轮机叶片事故所占的百分比还要高(烟机属于燃气轮机范畴)。

烟机主要考虑由于结构上的因素产生的激振力，即静叶栅出口气流不均匀和导流锥支座出口气流不均匀引起的激振力。当气流流过静叶栅时，由于静叶出气边有一定厚度，使得每个静叶出口后面尾迹中的气流速度降低，因而作用在叶片上的气流力小，静叶通道中部的气流速度大，作用在叶片上的气流力亦大。因此，当工作叶片旋转到静叶出口边缘处，作用在叶片上的气流力突然减少，而离开出口边缘时气流作用力又突然增大。这样，叶片每经过一个静叶槽道时就受到一次激振。由于叶轮在旋转，动叶片就受到周期性的激振力的作用。美国D-R公司计算动叶片的前4阶激振频率，它必须避开叶片的自振频率，要求在最大连续运转速度下叶片的基频必须超过激振频率的3%。

1.2.6 采取新技术提高机组效率

(1) 烟机动叶采用弯扭复合变化型线技术。茂名石化2#催化裂化装置2010年10月借大修机会对烟气轮机进行了改造。改造工作主要针对其气动部分进行全新三维气动设计，对机械结构进行优化设计。采用全新的叶型，马刀形叶型，如图1-3和图1-4所示，改变动叶，烟机动叶采用弯扭复合变化型线，使流场中没有局部的紊流和气流超音速，减轻气流与叶片之间的摩擦，因此流道气流通畅，流速均匀，对叶片的冲蚀明显减轻。很好地将烟气所含的能量有效地转化为动能输出，达到提高效率的目的。改造后，在满足设计工况的条件下，可使该烟气轮机输出功率由原有的7150kW提升至8588kW（茂名石化于2010年11月顺利完成了YLⅡ-I0000B烟气轮机的改造，机组运转平稳，发电能力提升了1400kW，达到约8600kW）。

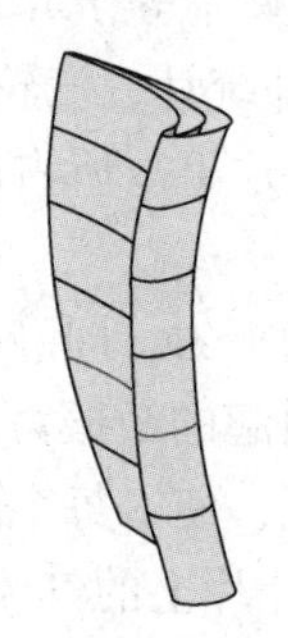

图1-3　马刀形叶型

图1-4　实物

（2）烟机出口采用高效扩压器提高效率，如图1-5所示。燕山石化三催化2016年对烟机进行改造。烟机单极改造后，烟机效率有所降低，只能达到79%左右，为了进一步提高装置的能量回收，根据该烟机实际运行参数进行优化设计，动静新型大焓降的高效叶型，叶片采用沿叶高方向变截面的设计，动叶片采用大焓降高效弯扭动叶叶型，动叶片数66片，静叶片采用大焓降高效弯扭静叶叶型，静片数43片，根据分析计算，设计排气壳体导流板，使得排气更加顺畅。

通过全流场分析技术，采用高效扩压器，提高了动叶截面

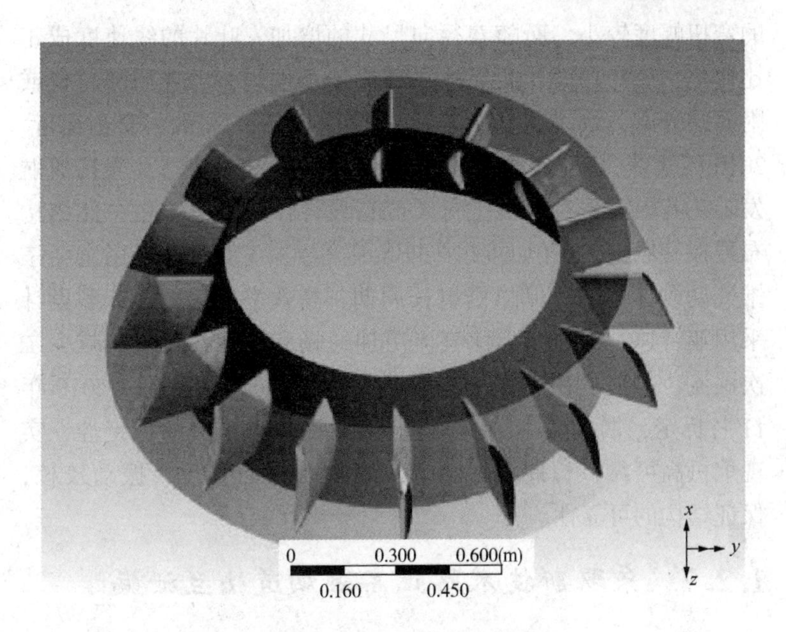

图1-5　高效扩压器结构示意图

出口流场的均匀性。气流在排气壳体的流动从气动角度上说是一个扩压过程，因此，提高排气壳体扩压段的效率对提高烟机的整机效率有利。通过 CFD 流场分析，对排气扩压段的结构进行了优化，将过去 8 块直的支撑板改为扭曲导流支撑板，使得动叶出口的参数趋近均匀，高效扩压器良好的压力恢复系数将损失减少到最小。

本次改造后，烟机发电能力大幅度提高，平均发电量由改造前的 13000kW 提高到 15200kW，烟机轮盘冷却蒸汽由 1. 2t/h 降低到目前 0. 4t/h，烟机运行各项参数正常且稳定，至目前为止已经连续运行 17 个月，创造了巨大的经济效益。

（3）动叶采用亚音速、大扭角设计。济南分公司 2[#]重油催化裂化装置原烟机型号为YLⅡ-I0000G 型，于 1996 年投用，由于烟机气动设计、叶片的设计理念相对较落后，在径向上叶片的弯扭幅度较小，而随着径向尺寸的增加，叶片的线速度成正比变化，原叶片设计会导致局部流场不理想，出现局部超音或附面层分离，致使效率较低，从而影响烟机的高效、安全运行。2010年3月利用大检修的机会对烟机进行技术改造。委托成航发工艺有限公司对烟机进行了改造设计，新烟机采用总体结构布局保持原机状态(如接口、安装座等)。气动设计采用全新三维气动设计技术，保障机组长周期、高效率地运行。叶型设计采用亚音速、大扭角，使气流更加通畅和均匀，有效的减少二次涡流，改善了对动静叶的冲刷，有效提高烟机效率(2010年11月标定，烟机效率约90%)，从而提高了烟机的稳定性，实现烟机高可靠，长周期的运转。对叶片进行强度、振动校核，保证结构的可靠性。

1.2.7 采取新技术防止高温烟道法兰泄漏

高桥石化催化裂化2014年烟机入口阀法兰发生法兰泄漏3次，2次包焊处理，其中1次直接引起装置非计划停工。如果得不到彻底整改，对装置的安稳运行存在安全隐患。

烟机入口高温下法兰连接失效的主要原因是垫片蠕变和螺栓的热膨胀伸长量及机身的振动引起螺栓的松动，导致应力松弛，使垫片垫片残余压紧应力下降，当垫片残余压紧应力降至不足以保证密封所需的最小比压时，密封系统就会产生泄漏失效。

催化装置入口管道常用的柔性石墨缠绕片、波齿复合垫、双金属自密封波齿复合垫三种垫片。调查中国石化多家兄弟企业采用方式主要三种：定期人工紧固(或预先包套注胶)、加装弹性垫圈和加装拉伸垫圈。

青岛大炼油在烟机入口管道法兰上加装拉伸垫圈，拉伸垫圈是目前比较先进的螺栓紧固密封附件，通过在螺栓上加装拉伸垫圈，使作用于普通螺母上的扭矩转换为螺栓轴向拉伸力，进而直接转换为螺栓的预紧力。拉伸垫圈内部通过过盈配合的螺纹环与紧固螺母螺纹产生双螺母的效果，它握紧螺栓使之不会随着螺母旋转，在进一步旋转螺母时，则螺栓被轴向拉伸，这使得拉伸垫圈内部螺纹环也随着螺栓的伸长而上升，起到较好的预紧效果，同时由于双螺母效果存在，可以消除由于振动所致的螺母松动。

燕山石化二催化2011~2013年入口阀法兰及放空阀法兰先后4次泄漏，经过多次热紧后也没能解决，多次热紧后垫片承受过大的压紧力在泄漏烟气的冲刷下突然碎裂，大量烟气泄漏，不得不停机进行处理，再次开机后不到一个月，法兰又开始泄漏，最后不得不将两个法兰整体包盒子处理直至检修重新将盒子刨开。整体包盒子后虽然能暂时解决法兰泄漏问题，但整体包起来后法兰螺栓长期过热，使用寿命会大大缩短，在焊接盒子的过程中也容易对法兰造成变形等损伤，同时在检修烟机时，盒子不得不刨开才能对机组进行解体大修，增加了检修的工作量和检修时间。2013年8月及2014年3月利用装置检修期间应用“拉伸达载荷”零泄漏方案到两套催化烟机入口法兰、及旁路阀法兰上，取得了很好的效果，法兰没有发生过泄漏，烟机在开机升温过程中也不再需要进行热把紧操作，提高了高温烟道法兰可靠性。

1.3 烟机典型故障案例

案例1 烟机因结垢振动大经调整后好转

1. 故障经过

山东某石化催化装置三机组烟机机组由兰州石油机械厂制造，型号为YLⅡ-8000I，自2010年10月检修投运以来，振动较为平稳，轴瓦振动值不大于30μm。但自2010年12月1日烟机振动出现上升趋势，从2011年5月烟机振动值上升速度和波动幅度均明显增大。由于烟机振动值较高，且处于越来越恶化的情况中，如不能及时查出原因并采取相应措施，降低振动值，将有可能造成故障停车。

2. 原因分析

引起烟机振动上升的主要原因是转子动不平衡。该不平衡质量增加缓慢，且上升到一定幅度时，伴随着幅值和相位的突变发生。根据判断使催化剂在转子上沉积结垢。

3. 对策

考虑到催化装置将于2011年10月停工大修，为保证烟机平稳运行至大修前，根据烟机振动增大的原因分析，有针对性地采取了以下措施：

(1) 加强原料分析，采用新工艺措施降低原料及催化剂中Ca、Fe的含量，同时联系厂家改进催化剂配方，减少P、Pe的添加量。

(2) 平稳操作，调节烟机入口蝶阀开度尽可能缓慢调节或少调节，并禁止无计划大幅度调整蝶阀开度。

(3) 控制烟气粉尘含量($<120mg/Nm^3$)及细粉化的主要措施包括要严格控制再生温度在720℃以下，减少催化剂的热崩；维持催化原料性质稳定；要采取各种调节方法控制烟气入口温度尽量不要低于640℃。

通过以上措施，机组振动明显好转，首先遏制住振动一直上升的趋势，随着调整的深入，振动值逐渐下降至35μm，趋于平稳。通过这次烟机振动处理过程来看，要做好烟机的运行维护，必须采用工艺与设备技术相结合的分析方法，才能提高设备的运行可靠性，确保烟机的长周期运行。

案例2　设计缺陷导致叶片断裂而停机

1. 故障经过

南京某石化200×10^4t/a催化裂化装置2014年7月开车，9月18日烟机4个测振点值突然出现阶梯式上升，联轴节侧轴瓦振动值由22μm最高上升至94μm，其余三测点振动值上升至55μm左右。9月19日烟机振动值最高上升至110μm，为确保安全，机组停车拆检。

9月28日检修结束，对转子进行更换，机组重新开车投入使用。10月6日烟气轮机因轴振动过大联锁停机，经拆检烟机转子有一片动叶发生断裂。叶片失效分析结果和第一次断裂情况类似。

2. 原因分析

叶片断裂分析可知：失效叶片的化学成分、高温性能、硬度均能满足相关标准的要求，两次断裂叶片表面的高温涂层都基本完好，未见冲刷和冲击损伤迹象；叶片的金相组织基本正常，晶界较干净；断口分析有明显的疲劳辉纹，属典型的高频疲劳特征，可预判高应力振幅作用下的疲劳是造成两次动叶片断裂的主因。

3. 对策

由于改变烟机静叶片数量是改变系统激振频率最简单、快捷和经济的方法，通过计算决定将静叶片由37片增加到43片，同时将角度调整1°，改变转子气流激振频率避免与转子固有频率相近。改造后机组于2014年10月31日开车并稳定运行至今，叶片断裂故障得到有效解决。

案例3　三旋单管堵导致烟机结垢严重而停机

1. 故障经过

宁波某炼化催化装置2004年进行MIP-CGP改造之后，主风量增加，催化剂更换，三旋单管随运行时间延长后出现堵塞，效率下降明显，致使烟机入口烟气的粉尘浓度粒度均超标，烟机运行周期受到较大影响，2005年5月振动突然上升停机，打开检查轮盘冲刷出沟槽；2005年8月振动突然上升停机，轮盘沟槽加剧，叶片损坏加剧(图1-6)。

2. 原因分析

装置MIP-CGP改造后于2004年4月投入运行，2005年两次因三旋单管堵塞失效停工抢修，烟机也频繁因为振动上升检修。从三旋的压降变化可以判断，单管的堵塞周期仅在3个月左右。2006年10月对单管进行排尘部位改造后开工运行至2008年11月停工检修，三旋单管堵塞情况有一定好转。其中2005年8月停工时，48根单管仅有1根保持畅通，堵塞情况见图1-7。

图1-6　动叶冲刷

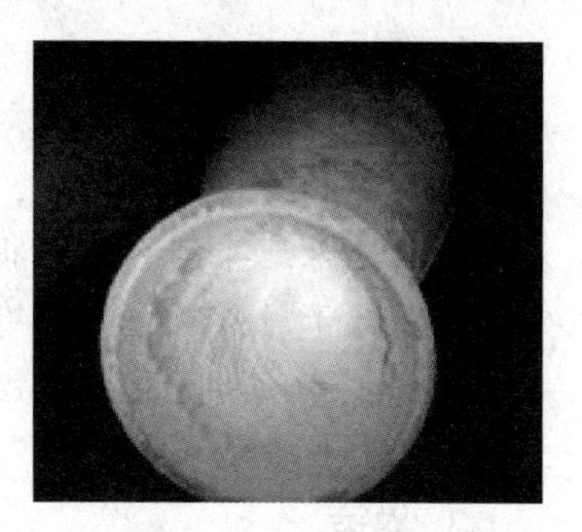

图1-7　单管堵塞

三旋堵塞的原因是一方面装置催化剂性质有改变，另一方面改造前的三旋实际负荷率123%，每只单管的实际处理气量超过PSC-250型单管最佳操作气量范围。三旋效率下降最直截的后果就是出口催化剂粉尘浓度增加，粒度超标。5~10μm的细粉浓度增加会使烟气细粉在叶片出气边附面层的吸附能力增加而形成垢层。2005年5月份烟机更换转子后投用，三旋出口烟气中催化剂浓度及粒度都严重超标。

3. 对策

(1) 在2008年大修时对三旋进行了改造，采用洛阳石化工程公司设计的PST300单管。公司与设计单位和厂家针对三旋单管多次堵塞进行专门分析和讨论，针对旋分存在的堵塞现象，对旋分排尘部位不同角度进行试验对比，改进排尘结构，扩大排尘口直径，增加排尘口开孔比例达到30%，控制锥顶角小于20°，改造后三旋运行正常。

(2) 经验教训。总结重油催化烟机历年运行情况看，造成振动大的主要原因是三旋单管堵塞或失效引起的，引起三旋失效的原因有三旋本身已满足不了现有工况，也有再生器二级旋分效率下降有关。这一点可从历次检修中得知，2008年更换再生器二级旋分及对三旋进行彻底改造后，这种现象得以消除，目前烟机已运行844多天。所以说当催化剂的性质改变和工艺路线改变后，一定要重新分析再生器二级旋分和三旋的工况，使其符合现有的工况需求。此外，也要重视以下几方面：

一是每次的烟机检修进行清垢作业，结垢时间和程度主要受三旋工况的影响，也就是烟气的粉尘浓度决定的。

二是轮盘蒸汽量调整虽未能从根本上改善结垢情况，但必须保证蒸汽品质和一定的注入量，特别是对二级烟机要对2个轮盘间进行定期蒸汽吹扫。烟机的结垢虽然无法避免，但均匀的结垢对动平衡影响有限，只要不出现主风自保动作，可以保证较长的运行周期。

三是加强三旋工况的检测，关注三旋压降上升情况。防止单管堵塞，效率下降，造成烟机入口粉尘浓度高，尤其是大颗粒对叶片的冲刷，影响烟机长周期运行。

四是三旋单管的堵塞、烟机的结垢，跟装置的催化剂性质息息相关，分析出催化剂粘附的原理才能从根本上解决结垢问题。装置采用MIP工艺后，因反应内构件增加等因素，使平衡剂细粉含量有所上升，对三旋工况有重要影响。三旋单管的负荷因素(包括结构形式)，同样会影响三旋本身的长周期工况。

案例4 三旋效果差导致烟机结垢严重频繁停机

1. 故障经过

2015年11月20日，南京某石化1#催化装置烟机振动超标联锁停机，检查发现转子叶根部冲蚀磨损较重，叶片表面紧密附着一层厚约10mm的垢，如图1-8所示。动叶各叶顶中部有明显磨痕，是此次烟机振动增高的主要原因，烟机运行时，较大的垢块脱落，恰巧落在叶顶与管壁中间，叶片随之磨损，如图1-9所示。

图1-8 叶片不均匀结垢

图1-9 叶根冲刷严重

2. 原因分析

2015年11月消缺经检查，58根PST-300单管导流锥部分侧缝被催化剂堵塞，单管锥形结构底部开设的圆形排尘孔几乎都被催化剂堵塞、三旋单管排尘口结垢明显，造成压降上升。2014年7月~2015年11月，三旋出口烟气粉尘含量仅合格2次，最高达287mg/m^3。

3. 对策

(1) 抢修清洗58根PST-300单管导流锥部分侧缝和排尘口，冲洗前后，如图1-10和图1-11所示，经过清洗，开工初期三旋效果明显。

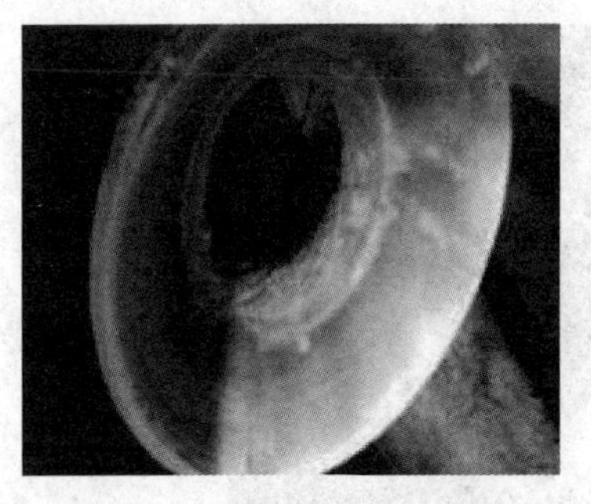

图1-10 排尘口(清理前)

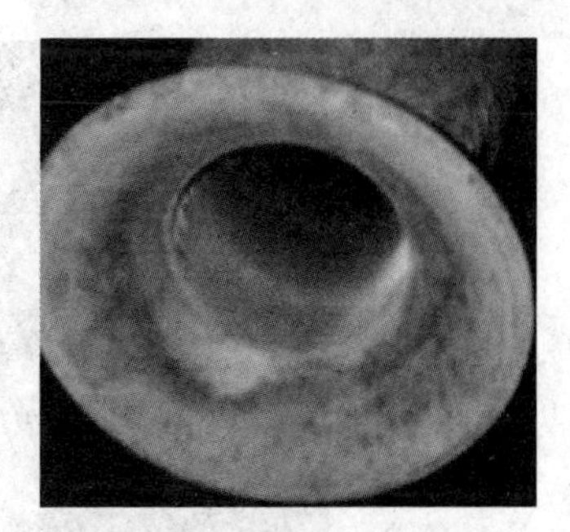

图1-11 排尘口(清理后)

(2) 第54周期两次开工后三旋压降均呈明显上升趋势，但2015年消缺开工后压降上升迅速，2个月后已上升至38kPa，比设计值高50%，为了保证烟机可靠运行，在清洗消缺效果不明显情况下，采取改造BSX大三旋；改造后，三旋出口烟气粉尘含量已在150mg/m^{3}以下，烟机长周期也得到了保证。

案例5 轴颈结垢摩擦振动大而停机

1. 故障经过

宁波某炼化300×10^{4}t/a催化裂化联合装置1999年11月投产，2007年3月进行了MIP-CGP改造，在2009年5月因烟机振动大抢修，开机后不足4个月，2009年9月又因振动大停机，解体发现在轮盘、轴封处发现有较多的催化剂粉尘和垢块，如图1-12所示。

2. 原因分析

2009年5月，检修前三级旋风分离器(三旋)工况正常。打开没有发现分离单管磨损或堵塞。原因是烟机轴封处积聚大量催化剂，造成轴颈摩擦，控制好密封蒸汽量可避免此类问题的出现。

3. 对策

(1) 停机消缺，更换转子。

(2) 加强烟机轮盘冷却蒸汽和轴封蒸汽的管理，一定要避

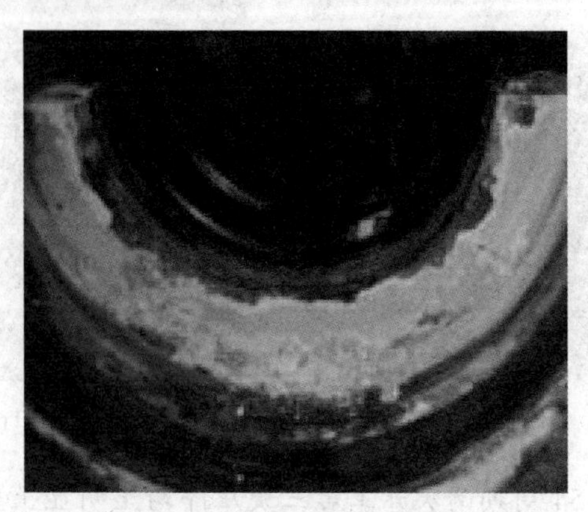

图1-12 烟机轴封处积垢

免在开机过程中在轮盘腔和轴封处积聚催化剂，特别是轴封蒸汽一定要足量注入，避免出现催化剂在轴封处堆积。

(3) 在正常运行时也要加强轮盘冷却蒸汽和轴封蒸汽的管理，要保证流量。同时要加强蒸汽品质的管理，要用过热蒸汽。

案例6 再生器旋分失效造成烟机停机

1. 故障经过

宁波某炼化催化裂化联合装置2004年4月非计划停工，再生器的其中2只二级旋分的料腿被大量催化剂堵塞(堵塞的原因是旋分内壁的衬里的表层脱落了约2mm厚的碎块，大小刚好是一个龟甲网的尺寸，大量衬里碎片堵住了料腿的出料口)，造成再生器催化剂跑损，且当时需要通过三旋前烟道喷汽喷水对烟气进行降温，这双重原因最终造成三旋下料口堵塞引起三旋分离效率严重下降，最终烟机结垢严重，振动大联锁停机。烟气中催化剂浓度高，在烟机轮盘及静叶片中也沉积了许多催化剂垢块，如图1-13所示。

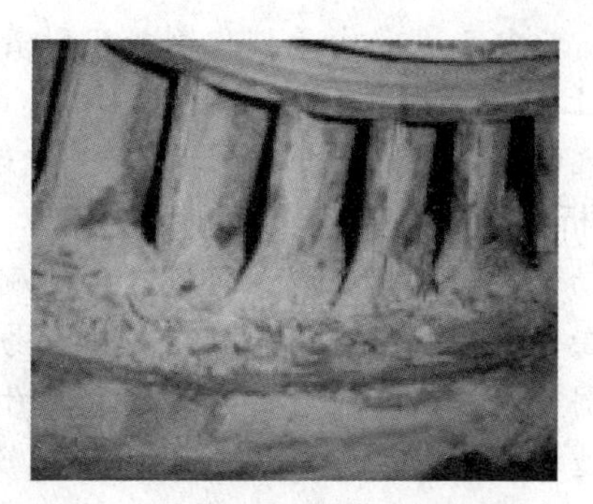

图1-13 烟机轮盘沉积垢块

2. 原因分析

在一次非计划停工中，再生器二级旋分失效造成再生器催化剂跑损，造成三旋下料口堵塞引起三旋分离效率严重下降，因烟气中催化剂浓度高了，在烟机轮盘及静叶片中也沉积了许多催化剂垢块。

3. 对策

(1) 注重检查再生器旋分内壁的衬里情况。运行了数年后的旋分器，衬里表面很容易脱落一层的碎块，一旦堵住料腿下料口将出现严重后果。这种现象在主风自保动作或非计划停工后更易出现。

(2) 确保三旋的分离效率。如果三旋效率高、回收的细粉多，出现结垢的几率低。要做好三旋工况的分析：一是催化剂分析一定要结合手工采样与激光粒度分析结果。只有二者有效结合，才能准确判断三旋的分离效率。二是每次停工后三旋内部要检查仔细，特别是要注重出料口的检查。要加强再生及三旋系统的运行管理，特别是三旋失效会对烟机寿命带来致命冲击。

案例7 两级轮盘之间易结垢造成频繁停机

1. 故障经过

北京某石化三催化装置的烟机2006~2007年期间频繁停机

故障，达9次，其中5次是由于催化剂粉尘附着在烟机两级轮盘之间和叶片上，导致烟机轴振动大停机。由于运行时间短、维修频繁，烟机效率较低，机组不能实现长周期运行。

2. 原因分析

拆检发现动叶片、轮盘榫槽、轮盘台阶冲刷，冲刷最严重的部位均出现在二级动叶根部，而且二级轮盘易发生催化剂堆积现象，催化剂易在一、二级静叶片表面和动叶围带等部位有结块和结垢，造成叶片碰磨，影响转子动平衡，烟机振动偏大，机组的安全性和稳定性大大降低。

3. 对策

(1) 对比双级烟机，单级烟机结构简单，操作简便，无二级动静叶和二级静叶衬环，易损件少。随着烟机设计技术的发展，单级烟机采用大焓降叶片，也可有效提高烟机效率。2008年6月机组进行第二次改造，将双级烟机改造为单级。

(2) 更新改造为YL16000B单级烟机。

(3) 更换导流锥和轴承箱更换。

改造后，烟机发电量到 1.4×10^4kW时，轴最大振动即靠联轴节轴振动振幅为50μm，机组投入正常运行。2008年改造结束后，烟机运行状况明显好转。

案例8　烟机结垢并在线除垢

1. 故障经过

南京某石化 130×10^4t/a催化装置烟机型号YL-8000D，机组配置为三机组形式。2005年12月，烟机振动值的上升速度和波动幅度明显增大，后轴瓦振动值已经上升至103μm，超过报警值100μm，接近联锁停机设定值120μm。由于烟机振动值较高，且处于越来越恶化状况，如不能采取有效措施，降低振动值，将直接导致故障停车。

2. 原因分析

烟机自2004年3月大修投用以来，振动较为平稳，前轴瓦振动值稳定为13~18μm范围内，前轴瓦振动值稳定在50~60μm范围内。随着运行时间长(一年半)，叶片结垢明显，形成轮盘动不平衡，振动明显上升并有扩大趋势。

3. 对策

第一步，为了保证烟机壳体不变形，避免气封体与转子轴封摩擦产生振动，按照操作规程要求降温速度(<100℃/h)，缓慢关闭烟机入口蝶阀，机组由电机拖动。

第二步，在关闭烟机入口蝶阀的同时，视烟机轴系关键参数的变化，来调整轮盘冷却蒸汽和密封蒸汽量，观察振动变化情况，保证轴位移和推力瓦温度稳定，不超报警值。

第三步，当入口蝶阀完全关闭，烟机切成系统，经过1.5h的降温，此时烟机入口和轮盘温度大约450℃左右。待烟机各运行参数稳定后，可加大轮盘冷却蒸汽量，对烟机转子及流道上附着的催化剂进行吹扫。待烟机入口温度在330℃左右时，将轮盘冷却蒸汽大幅度调整，以加大吹扫。

第四步，在确认烟机转子上催化剂细粉和垢物完全吹落后，按升温速度(<100℃/h)，缓慢打开烟机入口蝶阀，将烟气引入烟机，同时调整轮盘冷却蒸汽和密封蒸汽量，按热态启动步骤，直到机组运行正常。

按照预先的除垢方案和步骤，烟气轮机转子的不平衡量得到了有效控制。开机后运行平稳。

经验教训：为保证烟机长周期安全运行，在操作过程中提出如下建议：(1)确保烟气质量，减少烟气的细粉含量，使其保持在一个合适的水平。(2)工艺方面要平稳操作，防止操作大幅度波动，确保再生器不超温，三旋不尾燃。同时加强对三旋卸料线的检查，保证三旋卸料线通畅。(3)加强烟气中催化剂浓度和粒度的检测，当烟气中催化剂浓度和粒度超标时，应考虑将烟气轮机切出系统。(4)加强对轮盘冷却蒸汽品质的管理，以防止烟气轮机内有凝结水产生。(5)加强对烟气轮机振动的现场和在线监测，全面监控烟气轮机振动的发展状态。(6)对于是不是因催化剂结垢引起的烟气轮机振动异常，要判断准确。在实施烟机在线除垢时，烟机切出和并入系统一定要按操作规程里的要求缓慢进行，不能操之过急。在调整轮盘冷却蒸汽时，要密切注意烟机轴瓦各点的振动、轴位移以及推力瓦温度的变化情况，避免因催化剂垢层不均匀脱落引起振动、轴位移以及推力瓦温度超标而被动停机。

2013年8月广州石化轻催烟机在线除垢检修后一次开车成功。从停机至开机仅用时3.5d，创造了历次检修用时最短纪录。检修节省的时间可使装置增加6000t处理量，节电122.4kW·h。检修费用从13万元降低至3.5万元。既提高了轻催装置的效益，又降低了装置的能耗和运行风险。

案例9 叶片铸造缺陷断裂造成停机

1. 故障经过

天津某石化催化装置烟气能量回收机组由烟机——轴流风机——汽轮机——发电机组成，烟机型号为TP4-60，催化剂再生燃烧后的烟气自旋风分离器，进入烟机时压力为0.235MPa(G)、温度为680℃，排出后约530℃的高温烟气送往余热锅炉。2015年2月6日，四机组的振动突然发生剧烈波动，其中烟机监测探头y12-2的波动超过报警值(60μm)，同时烟机轮盘的温度逐渐上升，最高达396℃。发生异常后，立即关闭烟机入口蝶阀，在关闭过程中烟机轴位移突然发生变化并超过联锁值(0.5mm)，四机组发生联锁停机。四机组从发现振动异常到联锁停机总计约13min。停机后，检查发现烟机与轴流风机之间联轴器膜片撕裂、螺栓断裂；围带与动叶片的配合部分已被打断；部分静叶片破碎；轮盘上73片动叶片全部断裂，如图1-14和图1-15所示。

图1-14　动叶及轮盘损坏情况

图1-15　断口与叶根平行

2. 原因分析

解体后，对烟机主要部件进行宏观检验，包括动叶片、轮盘、静叶片、围带和部分螺栓等。轮盘上73片动叶片断裂，断口平齐，有放射状条纹，条纹汇集点指向叶片榫齿边缘，断口正面具有明显的冲击断裂特征，未见疲劳断裂特征。静叶片组织中含有大量的铸造缺陷，在晶界处有连续的白色M3B2相析出，有连续的黑色碳化物，黑色碳化物尖端伴有微裂纹。综合检验结果，烟机的动、静叶片断口均为脆性断口，未见疲劳特征，动叶片及螺栓的检验未发现异常，静叶片组织中存在大量的铸造缺陷并伴有微裂纹。分析烟机静叶片运行过程中，由于长期处于高温状态，工作条件较为苛刻，静叶片的局部发生了断裂脱落，断裂件卡在动、静叶片之间，与动叶片及轮盘发生了持续的磨损，导致动叶片在极短时间内先后断裂，并产生极大冲击力，使联轴器叠片撕裂，连接螺栓切断，机组轴系解体，导致烟机的整体失效。

3. 对策

（1）加强烟气轮机关键部件制造过程中的质量控制，杜绝铸造缺陷。对新购置部件进行材料理化及无损检测，确保关键部件质量满足要求。

（2）完善机组设备档案，建立关键部件使用寿命台账，制定关键部件基于使用时间和设计寿命的检修策略。

案例10 叶片熔铸修复后断裂造成停机

1. 故障经过

宁波某炼化催化联合装置烟机组，TP11-160型烟机，2004年6月装置停工检修，消除了再生器料腿堵塞和三旋单管堵塞的缺陷，装置开工正常。三旋出口进烟机的浓度90~100mg/m^3，粒度小于5μm的比例超过99%，同时，磨损的转子叶片经专业修复公司进行激光熔铸修复后，同月12日重新投入运行。投运初期烟机前轴振动为40/20μm，运行几天后，前轴振动开始小幅波动，经诊断主要原因是工频。2004年9月10日运行中的烟机突然发出巨大声音，同时烟机轴承箱着火，装置迅速停工处理。

2. 原因分析

烟机解体后发现转子3片动叶片断裂，40余片被击伤；17片静叶片被击损伤；动叶围带被冲击变形穿孔；烟机轴承及气封严重损坏。对断裂的3片动叶片进行断口宏观分析、微观分析以及断口附近的金相组织分析，发现在基体与熔敷层的连接面上有多条裂纹，有的裂纹已扩展，扩展长度约4.5mm。根据分析，激光熔敷中形成的沿晶裂纹和熔敷层中的缺陷是导致叶片断裂的主要原因。激光熔敷中的主要缺陷是疏松、夹杂和裂纹，有的疏松或夹杂尺寸达0.8mm，并伴有裂纹，有的裂纹长度已经大于4mm。

3. 对策

(1) 从这次叶片断裂的原因看，在严重磨损的动叶片上进行激光熔铸工艺，特别是在修复的经验上，还需要进一步探索和完善。在熔敷前要对断口进行清理，并对其组织进行金相分析，在熔铸过程中要深入考虑消除沿晶裂纹和减少熔敷中冶金缺陷的焊接工艺，加强熔敷工艺后的金相检验。同时，对激光熔铸后的转子寿命要进行评估，明确修复后的转子使用寿命。

(2) 对叶片的使用寿命要进行明确，对超过使用寿命的叶片要进行评估，在新叶片订购时可考虑备用2片叶片，待转子运行一定周期后，更换其中的2片叶片进行寿命评估。

(3) 加强机组在线和离线状态监测及故障诊断系统的应用，及时掌握烟机的工作状态，状态监测的作用从事后分析变为事前及时发现故障，从而避免发生叶片断裂事故。

案例11　叶片原始制造缺陷断裂造成停机

1. 故障经过

上海某石化催化烟机2012年11月29日投入使用，2015年4月9日(运行近29个月)首次发生叶片断裂事故，更换同一厂家提供的备用转子后运行于2016年7月31日(仅运行约15个月后)再次发生叶片断裂事故。

2. 原因分析

从分析情况来看，1#叶片样品启裂部位微观断口形貌呈疲劳断口包围沿晶断口特征，表明疲劳源处存在原始制造表面裂纹。1#动叶片断裂样品属于疲劳破坏，榫齿根部存在原始制造表面裂纹可能是导致叶片仅运行约15个月就发生疲劳断裂的主要原因。静叶片断裂是受其他叶片断裂碎片撞击造成的。

3. 对策

(1) 更换不合格的动叶片。

(2) 提高认识动叶片疲劳的技术认识。叶片疲劳损伤的过程一般包含：孕育、萌生、扩展和瞬断等四个阶段，其中孕育和萌生是决定叶片疲劳寿命的两个主要阶段(占总寿命80%以上)。以往的失效案例分析结果显示，烟机叶片高温疲劳损伤容易在高应力部位的原始材料缺陷、机加工损伤、表面蠕变裂纹或局部腐蚀凹坑等部位首先萌生裂纹或直接发生疲劳扩展。其中表面裂纹的存在对疲劳寿命的影响最为显著。最早发生断裂的1#动叶片运行时间仅约15个月，寿命仅正常情况的¼～⅙，出现此类情况应重点考虑启裂部位存在原始裂纹的可能性。

(3) 对新购置部件进行材料理化及无损检测，确保关键部件质量满足要求。本案例失效叶片材质为Waspaloy(美国)与我国GH864合金基本相同，是目前烟机叶片最常用的材料。该材料具有良好的高温强韧化匹配，在具有较好的高温高强度的同时也具有足够的高温韧性及高温持久塑性，在使用性能上表现出来较低的疲劳裂纹扩展速率。

案例12　叶片疲劳断裂造成烟机停机

1. 故障经过

2016年1月25日5：47，河北某炼化烟机四点振动值突然满量程(125μm)，Bently3500显示后轴最高550μm，现场烟机本体及出口管线振动剧烈，5：50机组紧急停机。二级动叶片有一片从根部折断落入出口烟道及水封罐内，紧邻动叶片弯曲，另有8根动叶片被击伤。在检测过程中发现的主要问题有：型线严重偏离设计，出气端减薄、变形，耐磨层蹦边，榫齿根部减薄，叶片射线探伤有阴影。2015年11月和2016年1月相继出现了两次二级动叶片断裂，如图1-16和图1-17所示。

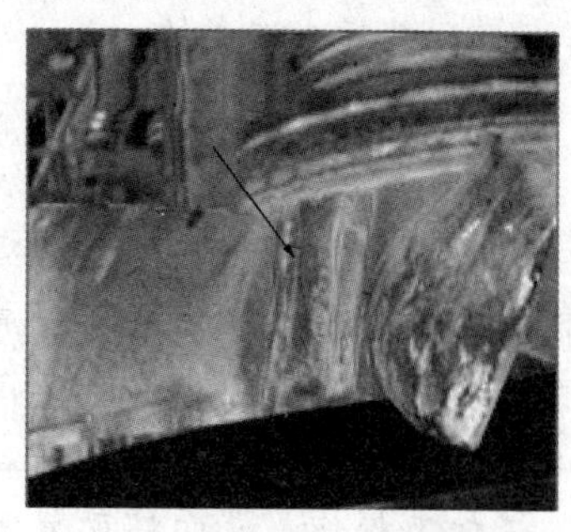
图1-16　主转子2015年断裂图

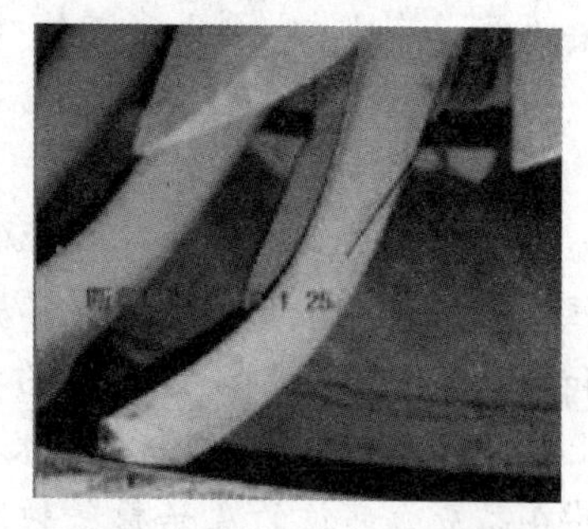
图1-17　备转子2016年断裂图

2. 原因分析

该转子于2015年11月16日投入正常运行，运行状态较好，振动值一直稳定在80μm以下，至本次停机该转子共运行70d。从两次断裂的宏观形貌、金相分析、断口分析，可知断裂叶片夹杂物、晶粒度和强化相等组织均未见异常，断裂属于多源的外表面接触处引起的多源疲劳断裂。断裂叶片应属于典型的接触外表面处，即应力集中部位，先在晶界处出现多源的裂纹源，然后沿着切应力最大方向进行扩展，为多源疲劳断裂。原始安装转子，至断裂时累计运行89854h。备用转子，2003年10月投用，至断裂时累计运行29184h，两台断裂转子属于超设计寿命服役，在使用前，评估不充分。

3. 对策

(1) 现场处理措施：清理入口短节、进气锥、静叶及壳体内部催化剂；更换原装转子，两个转子的动叶片组成一套回装；调整立键、横键间隙，调整壳体变形量；二级动叶围带气焊加热整形处理；进气锥及壳体出口的加强筋根部焊缝裂纹补焊；更换烟机前轴5组支撑瓦瓦块及支撑块，副推力瓦更换一套；更换气封，为防止窜动，密封与本体点焊后打磨处理。

(2) 按HG/T 3650—2012的要求，转子的设计寿命不小于10×10^4h，其中动叶片设计寿命不小于24000h烟机转子返厂检修一般情况下做转子低速动平衡，转子跳动检测，主轴渗透检测、硬度试验，轮盘金相检测、硬度试验、渗透检测，动叶片射线检测、渗透检测、硬度试验、金相检测、硬度试验。实践证明，在转子达到设计寿命或者超设计工况运行情况下，这些检测不足以保证烟机的平稳安全运行，增加相共振等技术对叶片进行抽样检测，提高机组运行的可靠性。

案例13 高温螺栓断裂造成烟机停机

1. 故障经过

宁波某炼化催化裂化装置烟机2005年2月振动大联锁停车，解体发现，静叶组件高温螺栓断裂，并且轮盘螺栓处、边缘上积聚较多催化剂，大部分已掉入静叶内围带内。

2. 原因分析

静叶组件高温螺栓断裂，烟气从内围带与导流锥密封面间隙渗入到轮盘冷却腔，造成催化剂在轮盘上堆积加重。

3. 对策

（1）静叶组件拆装、螺栓更换；积垢清洗。

（2）控制每次的检修质量：烟机内部高温螺栓建议一个周期全部更换，确保热态下的各部间隙达标；烟机一旦在冷态停运较长时间，一定要解体检修，将轮盘、叶片催化剂垢物全部清洗干净，转子做动平衡，转子轴封腔内的催化剂垢块也要清洗干净。

（3）注重烟机内部高温螺栓管理，螺栓材质及加工工艺要符合设计要求，特别是在紧急供货中一定要把住螺栓的材质及加工工艺。

案例14　仪表问题超速造成动叶断裂

1. 故障经过

北京某石化2012年10月4日3#催化烟机因速度探头误发出超速信号，发电机解列联锁停机，发电机解列后烟机入口蝶阀未能及时关闭，导致烟机真实超速，造成动叶全部齐根断裂，壳体被断裂叶片击穿，静叶、拉杆螺栓、气封等部件损毁严重，如图1-18所示。

图1-18　动叶断裂

2. 原因分析

烟机入口蝶阀未能及时关闭，导致烟机真实超速，造成动叶全部齐根断裂。

3. 对策

(1) 入口蝶阀修复，加强蝶阀检修和日常维护管理。

(2) 更换烟机转子。

(3) 加强应急预案培训及演练。

案例15　入口蝶阀未立即关闭超速造成飞车

1. 故障经过

济南某石化2012年11月20日再生催化剂再冷器爆管，再生压力异常升高并大幅波动，造成烟机、主风机的轴位移、轴振动波动。烟机、主风机轴位移高高连锁停机，电机脱网、三机组静叶关至最小负荷，但连锁动作后烟机入口蝶阀未能立即关闭，导致机组飞车，烟机损坏并引发润滑油着火，动叶全部断裂，如图1-19所示。

图1-19　动叶断裂

2. 原因分析

因烟机入口蝶阀未能立即关闭，导致机组飞车，烟机损坏并引发润滑油着火。

3. 对策

（1）入口蝶阀修复，加强蝶阀检修和日常维护管理；主体零件和零配件分别检验处理，阀体进行校车两侧法兰密封面按图纸加工保温钉和护板，更换填料碳纤维编制盘根+柔性石墨环组合。

（2）严格组装调试和密封实验，严格调试液压控制系统。保证开关自如，无卡涩现象。

（3）更换烟机转子。

（4）加强事故状态和非正常工况下的应急处理和培训及演练，保证装置安全，平稳操作。

案例16 烟机整体刚度下降致使壳体变形严重

1. 故障经过

北京某石化三催化装置的烟机机组于1998年6月一次性开车成功。烟机机组由YLⅡ-18000A型烟机由于设计和安装存在缺陷，加之在1999年超速，造成该机壳体严重变形，使得烟机的整体刚度下降，导致烟机运行过程中由于热应力的作用使得定子和转子摩擦，多次发生振动超标及转子、密封件的损坏，每年因振动等原因而停机检修的时间多达45天左右，没有达到预期效果，造成了装置的大量经济损失，同时也威胁装置的安全。

2002年6月曾发生因出口汽封失效导致汽封的梳齿间堆积催化剂，堆积的催化剂在潮湿的蒸汽环境中结成硬垢，转子的轴颈与催化剂硬垢摩擦打火花，引起机组剧烈振动，烟机紧急停机，转子的轴颈严重损坏。因此本次改造的主要目的是解决烟机壳体整体刚度为主。

2. 原因分析

由于设计和安装存在缺陷，加之在1999年超速，造成该机壳体严重变形，使得烟机的整体刚度下降，导致烟机运行过程中由于热应力的作用使得定子和转子摩擦。

3. 对策

(1) 原来的迷宫式气封更换为蜂窝密封(图1-21)，蜂窝密封的密封效果非常好，汽封处不会发生催化剂堆积，且由于密封面材质较软，烟机剧烈振动时，不会伤害转子的轴颈。

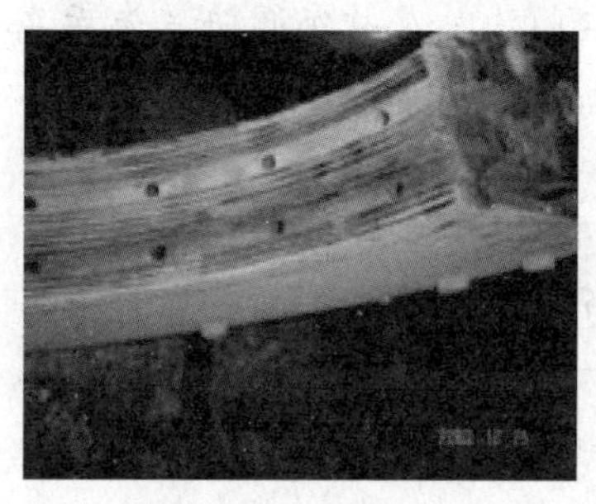

图1-20 梳齿密封

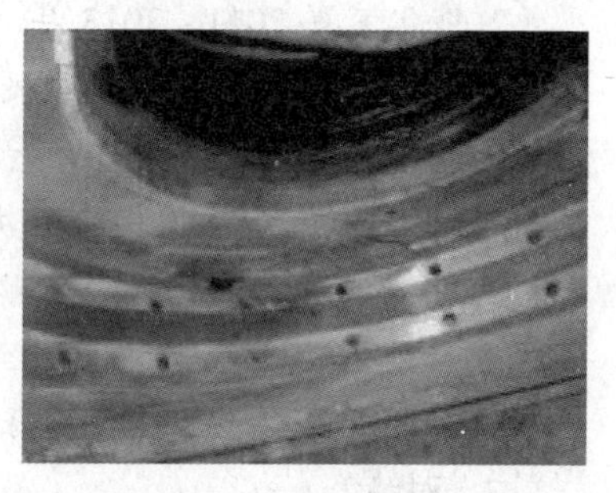

图1-21 蜂窝密封

(2) 增加新壳体在整体刚度，出口方法兰及出口天方地圆方法兰厚度由65mm增加到80mm；法兰锥体的厚度从92mm增加到120mm；法兰锥体扩压段厚度由原来的20mm增加到22mm；外支耳的厚度由原来的80mm增加到95mm；前后外支耳的轴向长度从原180/160mm增加到200/180mm；内锥体钢板的厚度由原来的20mm增加到22mm，壳体其它钢板厚度由原来的16mm增加到18mm。

经过此次壳体改造，新壳体在整体刚度上有较大提高，消除了因变形引起的动静磨擦，降低了烟机的振动幅值，减少烟机故障停机的次数，发电负荷也大幅度增加。

案例17 烟机出入口法兰频繁泄漏

1. 故障经过

北京某石化催化装置烟机入口调节阀及切断阀法兰因长期

泄漏无法解决在2010年检修期间法兰把紧后从内部将法兰面焊死，入口短节法兰在2012年12月开机后一周法兰开始泄漏，整体包盒子后虽然能暂时解决法兰泄漏问题，但整体包起来后法兰螺栓长期过热，使用寿命会大大缩短，在焊接盒子的过程中也容易对法兰造成变形等损伤，同时在检修烟机时，盒子不得不刨开才能对机组进行解体大修，增加了检修的工作量和检修时间。

2#催化装置2011~2013年入口阀法兰及放空阀法兰先后4次泄漏，其中一次不得不停机处理，给装置生产带来严重威胁。

2. 原因分析

经过多次热紧后也没能解决，多次热紧后垫片承受过大的压紧力在泄漏烟气的冲刷下突然碎裂，大量烟气泄漏，不得不停机进行处理，再次开机后不到一个月，法兰又开始泄漏，最后不得不将两个法兰整体包盒子处理直至检修重新将盒子刨开。

3. 对策

2013年8月及2014年3月利用装置检修期间采取“拉升达载荷”零泄漏方案应用到两套催化烟机入口法兰、及旁路阀法兰上，取得了很好的效果。“拉伸达载荷”技术就是通过精确的计算和运用专用工具保证每一条螺栓连接的完整并保证整个连接面的平行闭合，当确认保证不泄漏的螺栓预紧力的数值后，将扭矩精确的转换为对螺栓的拉伸，保证法兰中每条螺栓预紧力均匀、准确，同时起到防松的目的。

高桥石化催化裂化2014年烟机入口阀法兰也同样类似泄漏，发生法兰泄漏3次，2次包焊处理，其中1次直接引起装置非计划停工。如果得不到彻底整改，对装置的安稳运行存在安全隐患。

案例18　静叶改造缺陷导致烟机效率低

1. 故障经过

南京某石化公司200×10^{4}t/a催化装置开车不久，发生连续两次断裂动叶片，通过分析主要原因时烟机转子叶片发生共振，经静叶片改造后，共振问题解决了，避免了叶片断裂故障，但发现烟机工作负荷下降明显，机组耗电大幅增加。当主风量270000Nm^3/h时，主风机轴功率在18700kW左右，考虑机组联轴器、齿轮箱以及系统其他功耗共约700kW，理论机组应发电400kW左右，但实际耗电2300kW左右，双动滑阀开度8%。

2. 原因分析

分析主要原因烟机静叶片改造后，进入烟气做功气量变小，大量烟气进入旁路，烟机负荷下降，给装置造成了巨大效益漏损。

3. 对策

经过对机组实际运行数据的分析，装置各运行阶段的运行情况的预判，结合机组原设计参数，同时考虑可能再次导致烟机激振的影响及改造周期等因素，采取流场模拟、有限元分析等方法，最终确定动叶不变，对静叶角度再次调整的改造方案，改造后开车，当主风量270000Nm^3/h运行时，电机电耗为零，改造效果超过预期。

第2章　内构件典型故障分析及对策

内构件是催化裂化装置最核心的设备，其状况的好坏直接决定催化装置是否能正常运行。根据数据统计可知，近十几年中国石化催化装置 101 次非计划停工原因分类，内构件占非计划停工的 61%。催化装置内构件寿命是影响装置长周期运行的一个重要因素。内构件的损伤主要是由于设计不当、制造标准不高、安装检修不到位、运行管理不足导致的，只有从这四个方面入手，才能有效减少内构件的损伤带来的隐患，确保装置长周期的运行。

2.1　内构件典型故障分析

2.1.1　现状分析

催化裂化装置主要内构件包括：原料喷嘴、滑阀、旋风分离器、料腿及翼阀、主风分布管、蒸汽分布管、衬里、汽提段、格栅、拉筋、引压管、外取热器及内取热盘管等大类。

1. 内构件当前现状与失效分析

近十几年非计划停工中内构件损坏共计 62 次，其中设计缺陷 10 次，运行管理不足 12 次，制造缺陷 16 次，安装检修不到位 24 次。

表 2-1 内构件失效形式及原因

序号	简要描述	失效形式	失效原因	
1	茂名石化公司2004年12月二催再生器旋分失效，开始大量跑剂，平均每天的跑剂量约20t。	脱落	拉筋拉裂母材强度下降	寿命到期
2	茂名石化公司3#催化装置2006年沉降器跑剂、装置停工抢修过程中发现，二再旋分内部衬里严重损坏，灰斗上部衬里整块脱落。	旋分损坏	材质劣化	寿命到期
3	齐鲁石化公司催化裂化装置2010年12月30日再生器因催化剂跑损量增加，无法维持生产，被迫停工抢修，检查共发现一、二级旋分器料腿焊缝裂纹14条。	开裂	料腿焊缝裂纹	寿命到期
4	洛阳石化1#催化装置2014年12月25日因跑剂停工抢修，检查发现再生器有6根一级旋风料腿断裂，2只二级旋风料腿翼阀阀板脱落。	断裂、脱落	焊缝开裂	检修检查不到位
5	济南石化2#催化2009年9月4日二再主风分布管上方南侧出现器壁泄漏，并在补板点焊时出现了新的泄漏点，装置停工处理。	端板脱落	焊缝没有满焊	制造厂家焊接质量把控不严
6	安庆石化2012年3月19日某催化裂化装置开工中由于操作不当，辅助燃烧室严重超温至1400℃，装置停工检修。	断裂、脱落	操作超温	操作原因
7	齐鲁石化公司1#催化裂化装置2006年1月18日因再生器催化剂跑损严重，装置停工。	开裂	焊缝未焊透	焊缝质量不合格

续表

序号	简要描述	失效形式	失效原因	
8	西安石化公司催化裂化装置2014年6月反再系统催化剂流化情况持续恶化，6月11日装置停工。	断裂	立管以及外套筒大面积断裂	设计不到位
9	济南炼化公司1#催化装置2009年3月28日因反应器催化剂跑损停工检修，本周期运行了15个月。	磨穿	反应器2组粗旋料腿全部磨穿	设计不到位
10	上海石化公司重油催化装置2010年7月15日因反再系统运行状况逐步恶化，装置停工处理。	磨穿	管壁被磨穿	设计不到位
11	武汉石化公司2#催化装置2014年9月21至28日因催化剂流化不正常停工消缺，再生斜管人孔的保温筒掉下堵塞在再生滑阀附近，造成催化剂循环不畅。	断裂、脱落	人孔保温筒焊接不到位	设计不到位
12	长岭炼化公司1#催化装置2009年9月23日沉降器藏量突然由40t下降至15t，同时发现塞阀无法正常开关，装置停工处理。	断裂	待生立管与汽提段沿焊缝整体断裂	安装不到位
13	齐鲁石化催化裂化装置2008年4月15日沉降器跑剂严重，油浆系统催化剂固体含量升至20g/L，并有逐渐上升趋势，紧急停工处理。	磨损	沉降器6组翼阀均磨损严重	安装不到位
14	镇海炼化公司1#催化2014年4月8日开工后沉降器跑剂严重，于4月25日紧急停工检修。	磨穿	6组单旋升气管穿孔	设计不到位

续表

序号	简要描述	失效形式	失效原因	
15	上海石化重油催化裂化装置2010年12月1日因沉降器料位波动异常、催化剂循环难以维持，装置被迫停工检修。	断裂、脱落	汽提段环形挡板第1、3层整体断裂脱落	设计不到位
16	洛阳石化公司2#催化装置2010年7月13日待生塞阀在手动模式下，自动打开，藏量无法控制，装置停工检修。	断裂、脱落	过渡段与汽提段焊缝开裂、脱落	焊接质量缺陷
17	清江石化公司重催2011年10月干气中N_2含量逐渐升高，11月23日装置停工抢修。	磨穿	汽提段筒体冲刷出孔洞	焊缝质量不合格

根据典型案例，如表2-1所示，可知当前内构件主要失效形式有三种，一是断裂、脱落，例如料腿、翼阀、待生立管等焊缝碳化开裂；滑阀阀杆、螺栓等断裂。二是开裂、变形，例如格栅、衬里挡板等开裂变形；旋分入口、龟甲网、衬里等开裂变形。三是磨损、穿孔，例如翼阀、旋分、汽提段、外取热器等磨损穿孔；衬里、分布管、滑阀阀板等磨损开裂。

2.1.2 影响因素

根据典型故障可知，内构件的损伤主要是由于设计不当、制造标准不高、安装检修不到位、运行管理不足导致的。

内构件设计不当、制造标准不高，造成寿命短。据统计，对近年来中国石化13家企业更换旋分器159组进行跟踪，平均使用年限8.9年。使用时间最长的是高桥分公司1#催化再生器旋分器18年；最短的是广州分公司2#催化二再旋分器，只有4年。衬里磨损、衬里脱落、筒体变形或磨穿以及技术改造是旋分器更换的主要原因，其中衬里磨损是最主要原因。如旋分器寿命短根本原因，设计标准不高，国外设计寿命25年，实际平均寿命20年；国内设计寿命6.5年，实际平均寿命9年。制造质量不高：因设计标准低造成衬里材料性能低。焊工水平差、龟甲网焊接质量难以保证。“低价者中标，价低质劣”仍是普遍现象，质量验收把关不严，导致设备制造质量难以保证。

运行管理方面。主要问题存在：工艺操作未树立长周期运行理念、频繁调整不优化、卡边操作、拼设备，弓太满容易断、把企业当实验田、频繁超温。

安装检修方面。主要问题存在：检修计划漏项、检修网络不合理、检修准备不充分、隐蔽项目检查不到位、部分改制检维修队伍素质下降、劳务工普遍施工质量难以保证。检修工期短。

2.2 内构件典型故障对策

根据分析得出的原因，并借鉴国内同类事件的经验和教训，提出内构件完整性管理策略，从设计、制造标准、安装检修、运行管理等各个环节进行体系化管理，如图2-1所示，内构件完整性管理才能得到加强。

2.2.1 从源头抓好设计细节

内构件设计较为成熟，但实际应用中，因设计细节没有得到关注，审图没有重视，导致内构件失效造成非计划停工案例也不少。所以，合理安排项目投资费用及时间，坚持质量第一、性价比最优、全生命周期总成本最低，避免因压缩投资费用造成在设计选型、材料选择等方面降低标准；提供准确的设计参数，提高设计人员水平，注重细节设计，定期回访，及时修改缺陷，防止问题重复发生；组织专家力量加强审查，形成《设计审查细则》。

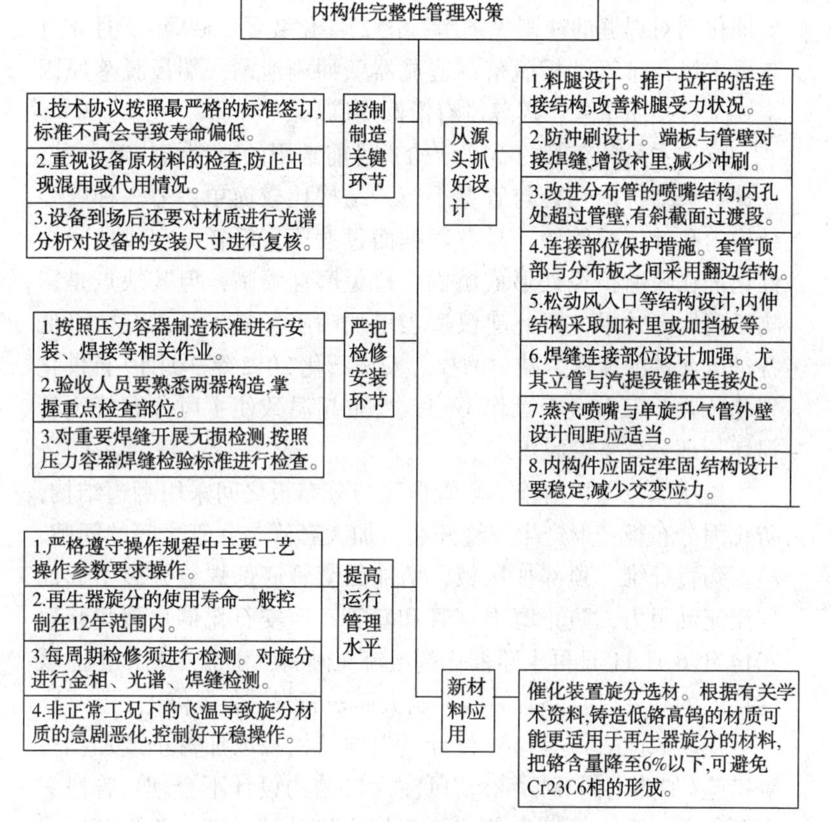

图 2-1　内构件典型故障管理对策导图

设计方面易发生故障的对策：

料腿设计。推广拉杆的活连接结构，使拉紧装置保持一定的弹性，改善料腿受力状况。齐鲁石化公司催化裂化装置 2010 年 12 月 30 日二级旋分器 4#料腿整体断裂，一、二级旋分器料腿拉杆多处变形开裂。从设计角度看，料腿自上而下共设计了四层拉筋，料腿局部应力过大也是造成料腿开裂的间接原因。

防冲刷设计。尤其是端板与管壁的焊接应开坡口焊接或改为封头式，将角接焊缝改为对接焊缝，同时外部增设衬里，减少催化剂对焊缝的冲刷。济南石化2#催化装置2009年9月4日二再主风分布管端板脱落，造成器壁冲刷泄漏，端板脱落原因主要是焊接质量差，焊缝没有沿圆周满焊。

改进主风分布管的喷嘴结构，目前常用的喷嘴结构有两种：一种喷嘴结构内孔处与管壁平行，结构比较简单；另一种喷嘴结构内孔处超过管壁，具有斜截面过渡段。后者可有效地减少催化剂在喷嘴扩径处形成漩涡，避免磨穿喷嘴，但其缺点是影响喷嘴压降效果，因此建议适当增加喷嘴数量，可以有效降低各过流元件的流速，减少磨损。安庆石化2012年3月19日催化裂化装置开工中由于操作不当，严重超温致使主风分布管主管损坏、部分分支管脱落。

连接部位保护措施。套管顶部与分布板之间采用翻边结构，防止因分布板变形产生焊缝开裂。加大套管与立管之间的间隙，填塞陶瓷纤维，顶部加压板，增加因套管底部焊缝开裂引起的气流流动阻力，防止磨损立管和套管。西安石化催化裂化装置2014年6月11日再生器催化剂溢流斗倾斜，溢流斗和再生立管连接处的立管以及外套筒因冲刷大面积断裂，装置停工。

松动风注入口等结构设计，内伸结构采取加衬里或加挡板等措施(如热电偶等)。松动风注入口结构设计不合理，管段只有预留孔，没有预留短管。接管伸入提升管内部，并且还有衬里挡板，高速气流在此部位产生涡流，加剧磨损。上海石化公司重油催化装置2010年7月15日因一再至二再中心提升管(标高28m处)管壁被磨穿，装置停工。松动风注入口结构设计不合理，管段只有预留孔，接管伸入提升管内部，并且还有衬里挡板，高速气流在此部位产生涡流，加剧磨损。

焊缝连接部位设计加强。待生立管与汽提段锥体相连接处因设计存在不足，没有在该部位设计上进行加强处理。导致开裂停工。长岭炼化公司1#催化装置2009年9月23日因待生立管与汽提段锥体相连接处沿焊缝整体断裂，装置停工。

蒸汽喷嘴与单旋升气管外壁设计间距应适当。防焦蒸汽喷嘴与单旋升气管外壁设计间距过小，造成喷嘴正对单旋升气管外壁，造成蒸汽夹杂催化剂冲刷磨损穿孔。镇海炼化公司1#催化装置2014年4月8日开工后沉降器跑剂严重，于4月25日紧急停工检修。检查发现6组单旋升气管全部被防焦蒸汽喷嘴吹蚀穿孔，其中3组内部衬里损坏。(扬子1#催化装置也曾出现同类情况)

内构件应固定牢固，考虑焊缝强度。环形挡板外圈与沉降器筒体没有固定支撑，结构不稳定，且环形挡板与水平板的焊缝直接暴露在流体催化剂环境中，焊缝强度因催化剂的冲蚀而下降，环形挡板在不断承受交变载荷的作用下产生疲劳断裂。上海石化重油催化裂化装置2010年12月1日因反应沉降器汽提段环形挡板第1、3层整体断裂脱落，装置停工。

2.2.2 控制制造和安装检修关键环节

(1) 技术协议要按照最新或最严格的标准签订，标准不高会导致内构件使用寿命偏低，必要时进行标准修订；重视设备原材料的检查，防止出现混用或代用情况，每一道隐蔽工程都要进行验收，验收人员要熟悉标准；设备到场后还要对材质进行光谱分析，检查运输过程有无造成损伤，最后对设备的安装尺寸进行复核；

例如再生器旋分的使用寿命一再应控制在12年范围内；二再应控制在10年范围内。具体更换旋分的计划要根据每次大修的检测结果而定。

根据典型故障分析可知，内构件也是有寿命周期，超期服役会带来严重后果。在调研中一部分催化再生器工况、旋分选用材质，在使用接近10年后出现较严重的损伤情况，导致装置非计划停工抢修，使用至12年后进行更换。在服役10年后，出现非常严重的材质劣化情况，使用13年后已完全失去使用的性能。新旋分在使用7年后，二再明显出现材质劣化。

（2）内构件维修、更换的方案一定要进行多方论证，制定内构件合理更换周期和更换标准，必要时厂家现场指导；施工人员要按照压力容器制造标准进行安装、焊接等相关作业，验收人员要熟悉两器构造，掌握重点检查部位；严格按照《催化装置反再系统隐蔽项目检查标准》进行三方联合验收，全程留下图片或视频资料；

旋风分离器检修或更换后，其入口标高、垂直度、同轴度偏差应符合表2-2要求。所有角焊缝采用连续焊，其焊角高度等于组焊件中较薄件的厚度。

表2-2 旋风分离器安装标准 mm

	反应器粗旋	再生器粗旋	一、二级旋风分离器
入口标高偏差≤	3	5	5
垂直度偏差≤	3	5	5
同轴度偏差≤	—	—	4

与旋风分离器相连接各部位必须圆滑过渡。

分布管更换或维修后，单根支管水平度和同一设备各组分布管水平度的允许偏差应符合表2-3要求。

表2-3 分布管水平度允许偏差 mm

设备直径	水平度允许偏差
≤1600	≤3
>1600~3200	≤4
>3200	≤5

（3）重要焊缝检验要求：检查情况应符合以下规定：

① 对重要部位的重要焊缝开展无损检测，按照压力容器焊缝检验标准进行检查。例如料腿、翼阀等重要焊缝。

② 对衬里覆盖的焊缝要根据使用情况进行抽检，防止焊缝出现劣化。例如人字挡板等重要部位。

2.2.3 提升运行维护水平

(1) 关注原料性质变化，合理调整操作，严禁为完成加工任务超负荷运行；提高操作人员技能水平，严格按照工艺指标操作，严禁出现大幅波动，防止超温超压现象降低设备使用寿命；加强事故应急处置能力，防止操作不当引起设备及内构件的破坏。

(2) 每周期检修必须进行检测。每次大修都必须对旋分进行金相、光谱、硬度、裂纹检测。因为旋分料腿材质与筒体、灰斗一样，且比较容易更换，每周期检修前可先备好1 ~2条料腿，大修时更换，把换下的料腿进行各项性能分析。当发现有明显的材质劣化情况，下周期应制定旋分更换的计划。

(3) 深入探讨两段再生催化装置旋分选材。同轴式两段再生催化装置再生器旋分选材为2520，综合性能较优，但由于铬含量高的原因，损伤程度非常严重，根据有关学术资料，铸造低铬高钨的材质可能更适用于再生器旋分的材料，把铬含量降至6%以下，可避免 $Cr_{23}C_6$ 相的形成，该问题需要进一步深入探讨和论证。

(4) 平稳操作，避免超温。σ 相大量析出的温度在850℃左右，此温度下 σ 相的析出速率为700℃时1000倍以上，两器内的二次燃烧、非正常工况下的飞温可能会导致旋分材质的急剧恶化，控制好两器的平稳操作，对延长旋分寿命有很大的帮助。

(5) 防止振动。旋分上部吊架为死点，约束垂直方向往下延伸，但横向位移应给予约束，除了料腿，蜗壳、筒体、灰斗都没有横向约束，是否能加约束，应与设计单位进一步讨论，探讨其可行性。

2.3　内构件典型故障案例

案例19　旋分器料腿穿孔跑剂造成装置停工

1. 故障经过

茂名某石化2004年二催再生器旋分曾出现过一次严重的失效：2004年12月，二催化装置开始大量跑剂，平均每天的跑剂量约20t，远远高过了装置每天的平均剂耗3~4t的水平，装置停工抢修发现再生器东北组二级旋分料腿中部的拉筋拉裂母材脱落，脱落口的对面有一约80×80mm穿孔；东南组一旋料腿磨穿有一个50mm小孔。

2. 原因分析

再生器旋分选用的材质为304不锈钢，如表2-4所示，使用12年后，通过对更换下来的再生二级旋分料腿进行金相分析和机械性能试验，发现有较多的碳化物($Cr_{23}C_6$)沿奥氏体晶界析出，使其强度和塑性下降。

表2-4　旋分材料材质及形式

部位	旋分形式	主体材质	衬里形式
再生器一级旋分	高效	0Cr18Ni9	20mm
再生器二级旋分	高效	0Cr18Ni9	20mm

3. 对策

(1) 因材质性能不能满足要求，进行更换。

(2) 建立预防性维修机制。

案例20　旋分器料腿母材开裂造成装置停工

1. 故障经过

茂名某石化3#催化装置1996年投产。为两段再生、同轴式催化装置。规模为120×10^4t/a，2001年大修扩能改造，处理能力达140×10^4t/a。一再操作温度680℃，二再操作温度720℃。一再设计温度720℃、二再设计温度780℃。2006年沉降器跑剂、装置停工抢修过程中发现，二再旋分内部衬里严重损坏，灰斗上部衬里整块脱落，见图2-2。修补时发现，旋分本体母材老化，在焊接时不断出现裂纹，见图2-3。焊接后裂纹扩展，见图2-4。

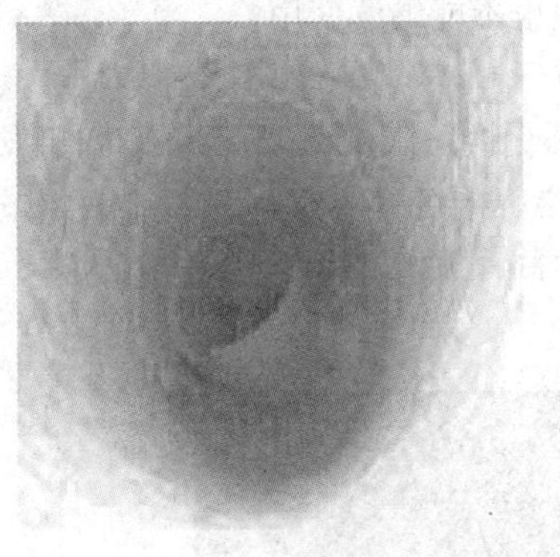

图2-2 衬里整块脱落

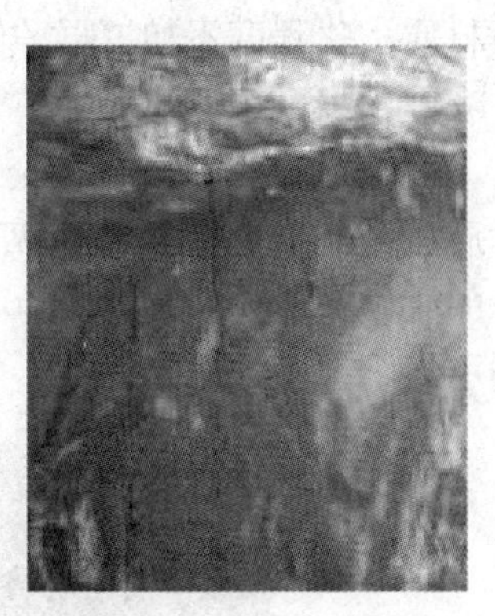

图2-3 旋分母材裂纹

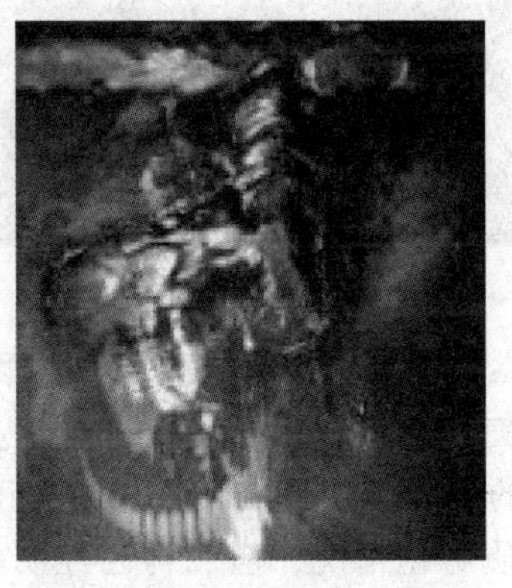

图2-4 焊接后裂纹扩展

2. 原因分析

对换下的旋分进行分析，根据旋分的损伤情况，选取典型部位，进行力学性能和微观金相组织试验，包括高温力学性能、高温断裂韧性、裂纹扩展速率以及金相试验。综合该公司 3#催化一二再的力学性能、硬度、断口、金相、成份五项分析数据，可知因为高铬的选材、较高的环境温度，$Cr_{23}C_6$ 相、σ 相的大量析出，二再旋分的损伤程度已到了完全不能使用的程度，一再虽材质劣化程度不如二再，但也不能继续使用。

3. 对策

（1）2009 年旋分内件全部更换，服役期 13 年。2006 年发现材质劣化严重后，2009 年两器旋分全部更换，在二再旋分吊下来的时候，旋分在空中断为两截，见图 2-5，安全风险极大，已到了完全报废的期限。

图 2-5　断裂后的二再旋分

（2）3#催化装置自 2009 年更换完一、二再的旋分后，每周期检修都对两器旋分进行金相、硬度、光谱、着色检测。2016 年检修对再生器的旋分进行检测，金相组织正常，一再旋分未见特别严重的材质劣化情况，但二再已经明显有碳化物析出，下周期检修要更换二再旋分。

案例 21　旋分器料腿焊缝开裂造成装置停工

1. 故障经过

山东某石化催化裂化装置 2010 年 12 月 30 日再生器因催化剂跑损量增加，无法维持生产，被迫停工抢修，检查共发现一、二级旋分器料腿焊缝裂纹 14 条，其中二级旋分器 4[#]料腿整体断裂，如图 2-6 所示，一、二级旋分器料腿拉杆多处变形开裂，如图 2-7 所示。

图 2-6　4[#]旋风分离器料腿断裂

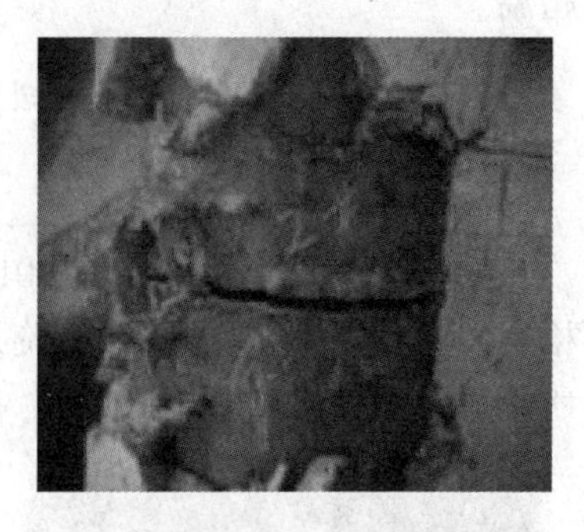
图 2-7　2[#]旋风分离器料腿断裂

2. 原因分析

经查证旋分器料腿已使用 10 年，料腿断裂是造成本次催化剂跑损的直接原因。料腿焊缝开裂的主要原因有两点：一是原料性质较重，再生器的操作温度相对较高，催化再生温度控制指标是 730℃，但实际操作中经常在 730~740℃之间，长时间的超温使材料性质发生变化，旋分器料腿材质为 1Cr18Ni9Ti，材料在长期高温交变应力下，碳化物从奥氏体晶界析出，使晶界周围形成了贫铬区，从而增加了奥氏体不锈钢晶间腐蚀的敏感性，导致材料的强度和塑性下降。二是从设计角度看，料腿自上而下共设计了四层拉筋，并且旋分器的拉筋直接焊接在料腿上，在焊缝区周围必然会有一定的应力残留，料腿局部应力过大也是造成料腿开裂的间接原因。

3. 对策

（1）进行高焊接质量，严格把关。料腿的对接焊缝、料腿与旋风分离器之间的对接焊缝应采用氩弧焊打底的全焊透结构，焊缝进行 100%无损检测。

（2）采用拉杆的活连接结构，使拉紧装置保持一定的弹性，改善料腿受力状况。

（3）针对此类情况，严格控制反再系统温度指标，防止超温。

案例 22　旋分器料腿断裂造成装置停工

1. 故障经过

洛阳某石化 1#催化装置 2014 年 12 月 25 日因跑剂停工抢修，检查发现再生器有 2 只二级旋风料腿翼阀阀板脱落，如图 2-8 所示，6 根一级旋风料腿断裂，如图 2-9 所示。

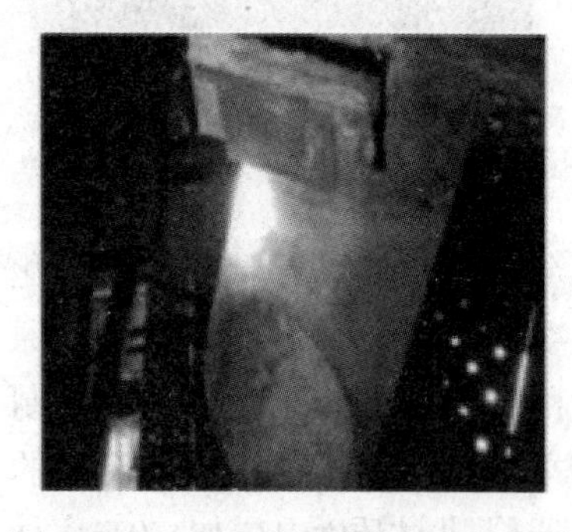

图 2-8　二级旋风料腿翼阀阀板脱落

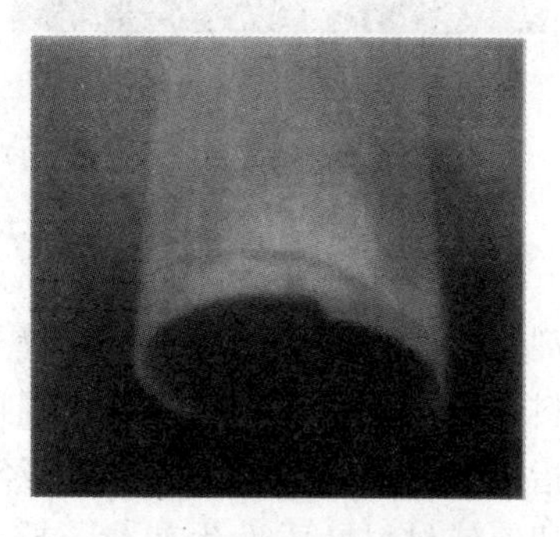

图 2-9　一级旋风料腿断裂

2. 原因分析

装置检修完后于 2015 年 1 月 30 日开工后催化剂仍然跑损严重，2 月 28 日再次停工抢修。检查发现 1 只旋分升气管根部焊缝开裂，如图 2-10 所示，1 只旋分内升气管磨损，如图 2-11

所示。主要原因是上次检修中设备隐蔽检查不到位，未对旋风内部及升气管焊缝进行检测。

图2-10　升气管根部焊缝开裂

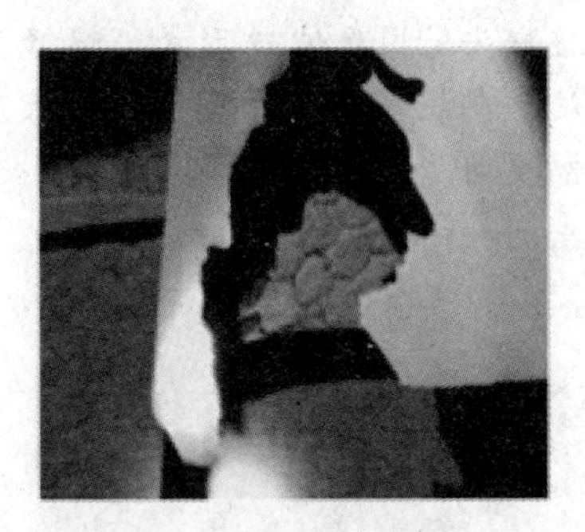

图2-11　旋分磨损

3. 对策

(1) 对旋分升气管根部焊缝开裂停工抢修，并检查检测合格。

(2) 加强设备隐蔽检查，严把检修质量关，杜绝重复性故障。

(3) 对旋风内部及升气管焊缝进行100%检测。

案例23　旋分器料腿翼阀折翼板脱落造成装置停工

1. 故障经过

2016年1月25日13：14河北某炼化催化装置在开工过程中，再生器藏量以8.5t/h速度逐渐降低，14：00开始补充平衡剂，15：04两器转剂，17：30提升管喷油进料。再生器藏量持续降低，为使再生器恢复正常流化，决定继续加剂补充再生藏量，通过再次切出和并入主风，改变流化状态，试图使其恢复正常，经尝试未果。26日19：40装置停工，查找跑剂原因。

2. 原因分析

再生器2#旋分器二级料腿翼阀折翼板脱落，如图2-12所示，造成该旋分器失效，是造成再生器跑剂的直接原因。

折翼板筋板与料腿焊接形式不合理，如图2-13所示，形成薄弱环节。再生器二级旋分器翼阀折翼板吊耳与料腿连接处焊接接头采用无坡口形式，焊缝强度偏于薄弱，造成连接强度不足，在装置再生器处于鼓泡床不稳定流化状态下，受力发生大幅波动，折翼板脱落，造成催化剂跑损。

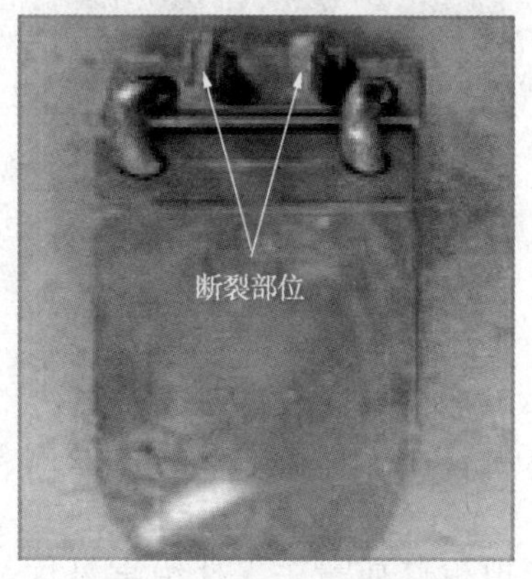

图2-12　脱落的折翼板

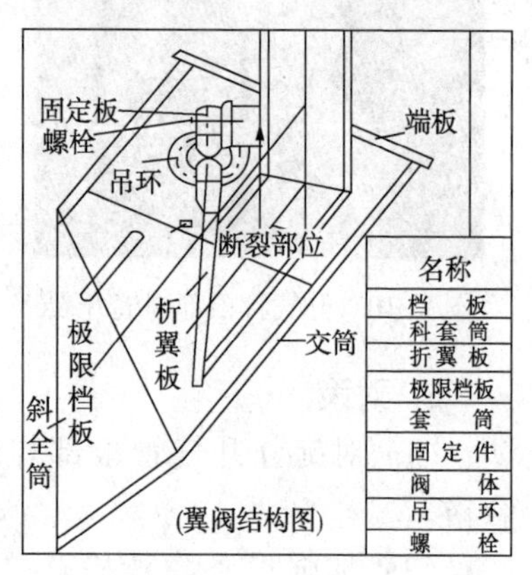

图2-13　翼阀结构图

3. 对策

(1) 改进旋分器折翼板吊耳与料腿连接处焊接坡口形式，增强筋板与阀体立管焊接强度，焊缝坡口形式采用GB/T 1985.1—2008《气焊、焊条电弧焊、气体保护焊和高能束焊的推荐坡口》中6.1单面对接焊坡口，按规定的单面对接焊的坡口形式和尺寸坡口焊接。

(2) 加强开工过程管理与控制，重新梳理细化开工方案和节点，明确参数控制要求，并严格执行。加强技术培训，提高技术水平，增强解决问题的能力，强化岗位责任意识。

案例24　主风分布管因制造缺陷泄漏造成装置停工

1. 故障经过

济南某石化2#催化装置2009年9月4日二再主风分布管上方南侧出现器壁泄漏，并在补板点焊时出现了新的泄漏点，装置停工处理。检查发现主风分布管主管（无缝钢管 $\phi426\times10$mm）外端堵板脱离，如图 2-14 所示，主风将局部衬里吹脱，进而又造成器壁减薄穿透，产生泄漏，如图 2-15 所示。端板脱落原因主要是焊接质量差，焊缝没有沿圆周满焊。

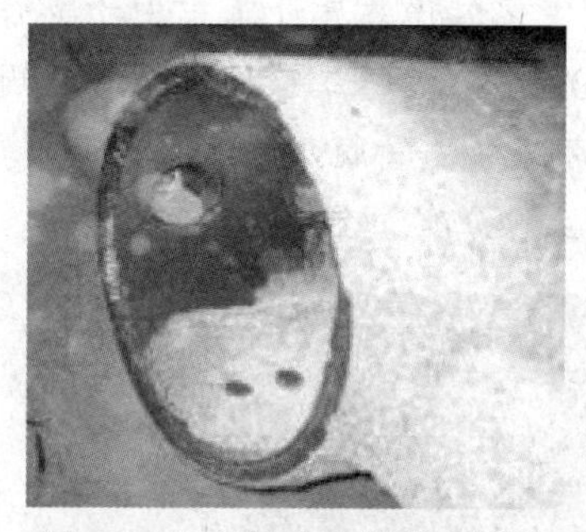

图 2-14　主风分布管端板脱落

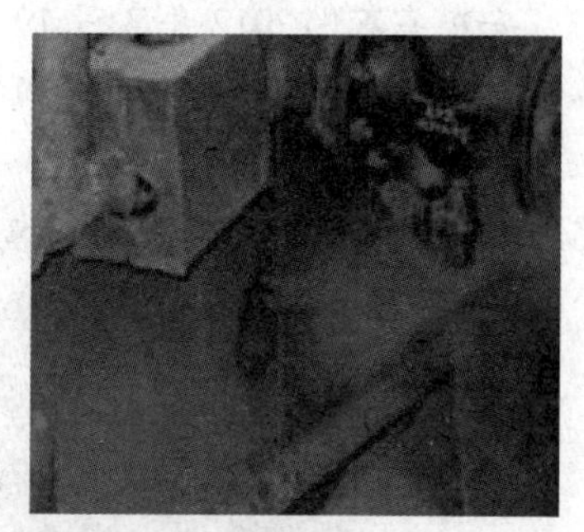

图 2-15　再生器器壁穿孔泄漏

2. 原因分析

造成本次主风分布管泄漏的主要原因是制造厂家对主风分布管端板焊接质量把控不严，焊缝没有沿圆周满焊造成的。

3. 对策

（1）从设计角度进行改进，端板与管壁的焊接开坡口焊接，将角接焊缝改为对接焊缝，同时外部增设衬里，减少催化剂对焊缝的冲刷。如图 2-16 所示，左图为原设计结构，右图为设计改进结构。

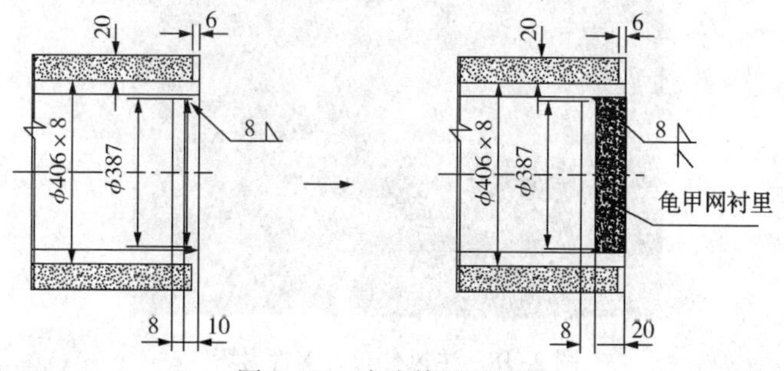

图 2-16　改造前后对比图

（2）端板与管壁的焊接开坡口，且外衬里。

案例25　主风分布管因操作超温致断裂造成装置停工

1. 故障经过

安庆某石化2012年3月19日催化裂化装置开工中由于操作不当，辅助燃烧室严重超温至1400℃，装置停工检修。检查发现主风分布管主管损坏(图2-17)，部分分支管脱落(图2-18)。考虑超温引起材料性能劣化，本次将主风分布管全部进行了更换。

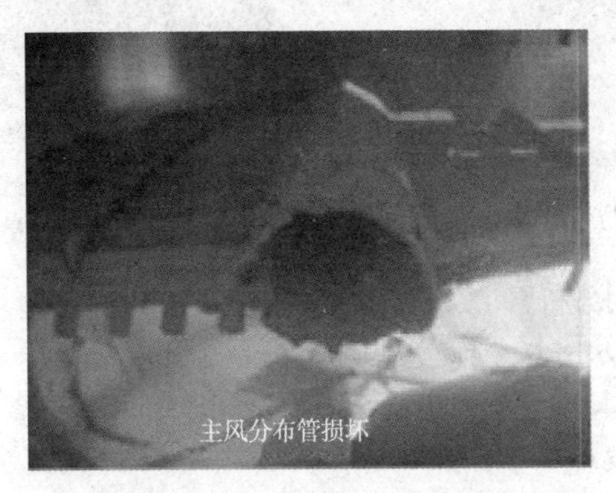

图2-17　主风分布管主管损坏

图2-18　主风分布管支管损坏

2. 原因分析

操作原因导致超温，致使分布管损坏断裂造成装置停工。

3. 对策

(1) 加强操作管理，严格遵守工艺纪律，维持主风压力稳定，有效减少主风分布管磨损。

(2) 采用用具有硬度高、耐磨性好的材质运用到支管、分支管及喷嘴上。采用渗氮钢管及硼、铬、钛3支共渗管制作支管、分支管，选用新型衬陶瓷喷嘴提高喷嘴耐冲刷问题。

(3) 适当扩大分支管管径以降低分支管内气流速度，确保分支管的压降基本保持不变，尽量将压降集中在喷嘴上，且各喷嘴压降分布均匀。

(4) 改进喷嘴结构，目前常用的喷嘴结构有两种：一种喷嘴结构内孔处与管壁平行，结构比较简单；另一种喷嘴结构内孔处超过管壁，具有斜截面过渡段。后者可有效地减少催化剂在喷嘴扩径处形成漩涡，避免磨穿喷嘴，但其缺点是影响喷嘴压降效果，因此适当增加喷嘴数量，可以有效降低各过流元件的流速，减少磨损。

(5) 优化焊接工艺，目前常见的主风分布管焊接形式为单面焊，由于分支管比较小，无法进行清根处理，这样喷嘴与分支管内壁的焊接质量就很难保证。若采用氩电联焊，则不需要进行清根处理，焊接质量会有所提升。

(6) 改善耐磨衬里，主风分布管的外部全部由耐磨衬里包裹，特别是支管和分支管、分支管与喷嘴间的焊接部分须保证耐磨衬里完好，每次装置检修要仔细检查主风分布管的各个部位衬里脱落情况，发现脱落及时修补，修补面积大时，开工要严格按照升温曲线进行两器升温，确保耐磨衬里施工质量，真正起到保护作用。

案例 26　松动风盘管因焊缝缺陷致断裂造成装置停工

1. 故障经过

山东某石化 1#催化裂化装置 2006 年 1 月 18 日因再生器催化剂跑损严重，装置停工。检查发现，再生器二密床层松动风盘管断裂，这是造成再生流化不正常、催化剂跑损的原因。原因主要是松动风盘管安装时焊缝未焊透，导致焊缝强度不足，在运行过程中发生开裂，如图 2-19、图 2-20 所示。

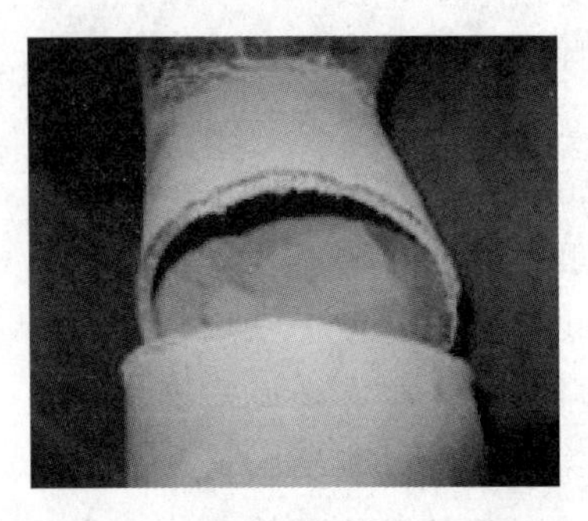

图 2-19　松动风盘管焊缝开裂

图 2-20　焊缝开裂

2. 原因分析

盘管断裂是造成再生系统流化不正常、催化剂跑损的主要原因，从断裂形貌看，盘管自环缝部位整体开裂，主要原因是盘管在安装时对接焊缝未开坡口直接焊接，焊缝不能全焊透，导致焊缝强度不足，在运行过程中由于气固两相流引起的冲刷和振动造成开裂。

3. 对策

（1）加强施工质量管理，内构件焊接及焊缝检查按要求执行压力容器、压力管道相关标准焊接。焊接过程加强质量监督，焊接完后进行无损检测。

（2）整改时反再系统严格按照压力容器设备的 A、B 类焊接接头，需 100% 射线检查，Ⅱ级合格；C、D 类焊接接头，需

100%磁粉或渗透检查，Ⅰ级合格；设备内部受力件对接接头需进20%射线检查，角接头100%磁粉或渗透检查，此次消缺时严格按照要求执行。

(3) 分布管的对接焊缝不开坡口就焊接，进行开坡口焊接。

案例27　再生立管连接处断裂被迫停工

1. 故障经过

陕西某石化催化裂化装置2014年6月反再系统催化剂流化情况持续恶化，6月11日装置停工。检查发现再生器催化剂溢流斗倾斜，溢流斗和再生立管连接处的立管以及外套筒因冲刷大面积断裂，如图2-21、图2-22所示。

图2-21　再生立管断裂

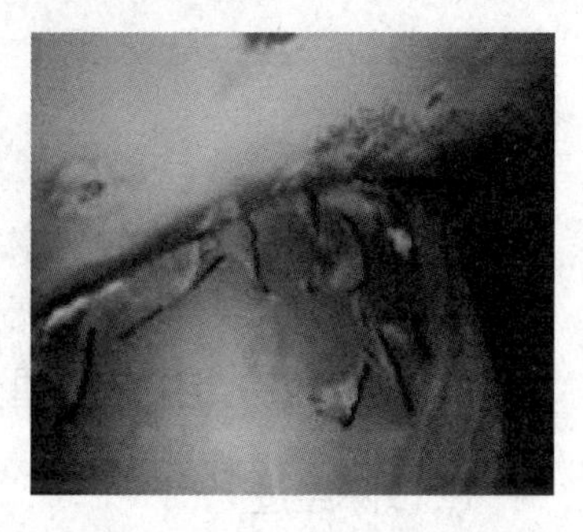

图2-22　外套管严重冲刷开裂

2. 原因分析

原因主要是主风量控制不合理，再生立管外套筒受主风分布板应力作用，造成再生立管外套筒与锅底焊接部位拉裂，导致溢流斗冲刷磨损断裂。

3. 对策

(1) 套管顶部与分布板之间采用翻边结构，防止因分布板变形产生焊缝开裂。

(2) 加大套管与立管之间的间隙，填塞陶瓷纤维，顶部加压板，如图2-23所示，增加因套管底部焊缝开裂引起的气流流动阻力，防止磨损立管和套管。

(3) 加强操作工艺管理，主风量控制平稳操作，严禁大幅波动。

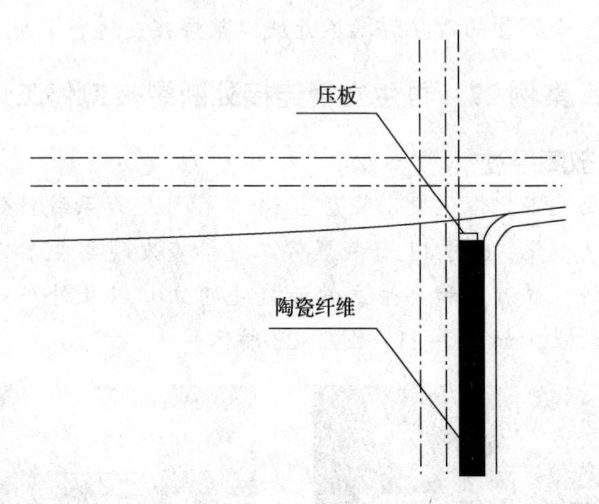

图2-23　填塞陶瓷纤维，顶部加压板

案例28　粗旋料腿全部磨穿造成装置停工

1. 故障经过

济南某炼化1#催化装置2009年3月28日因反应器催化剂跑损停工检修，本周期运行了15个月。检查发现反应器2组粗旋料腿全部磨穿，如图2-24所示。

2. 原因分析

原因主要是设计未考虑粗旋料腿催化剂磨损问题，粗旋料腿的催化剂流量大、密度高，磨损严重、料腿拐弯，易磨损料腿内部无耐磨衬里。

3. 对策

(1) 设计单位重新设计了料腿结构，增加了内衬里，并且下端采用防冲板形式。

(2) 粗旋料腿内壁加衬里，粗旋料腿尽量不拐弯。

图2-24　粗旋料腿磨穿

案例29　松动风设计缺陷致提升管壁被磨穿造成装置停工

1. 故障经过

上海某石化重油催化装置2010年7月15日因反再系统运行状况逐步恶化，装置停工处理。检查发现一再至二再中心提升管(标高28m处)管壁被磨穿。破损面积为600mm×600mm，有一约150mm×150mm的窜孔，如图2-25所示。

2. 原因分析

内提升管内衬龟甲网耐磨衬里，此段管线为2009年大修时更换管线，由无锡石油化工设备总厂制造。从损坏现象看，发生大面积管壁破损处，有一松动风管线已完全拉脱断裂。由于松动风注入口结构不够合理，如图2-26所示，管段只有预留孔，没有预留短管，现场施工时需将风管插入预留孔中，外面用角焊缝焊接，这样风管与衬里之间可能存在间隙。当松动风管断裂后，较高压力($4kgf/cm^2$)的工业风不再进入，催化剂就会在此形成旋流，催化剂窜入龟甲网衬里与钢板之间间隙，逐渐将钢板磨损。原因：一是由于松动风注入口结构设计不合理，管段只有预留孔，没有预留短管。二是现场施工不符合设计图纸的要求；三是接管伸入提升管内部，并且还有衬里挡板，高速气流在此部位产生涡流，加剧磨损。

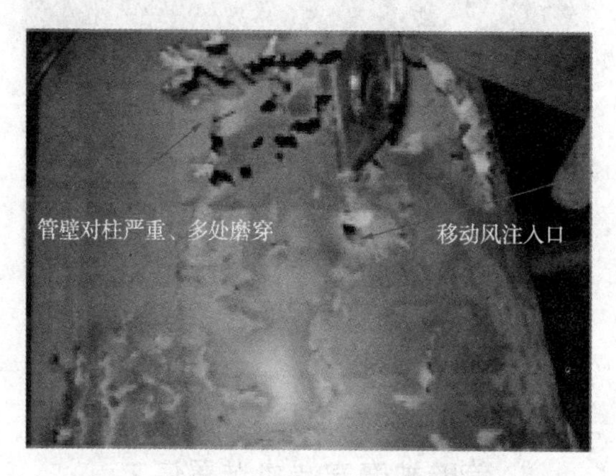

图2-25　提升管(标高28m处)管壁被磨穿

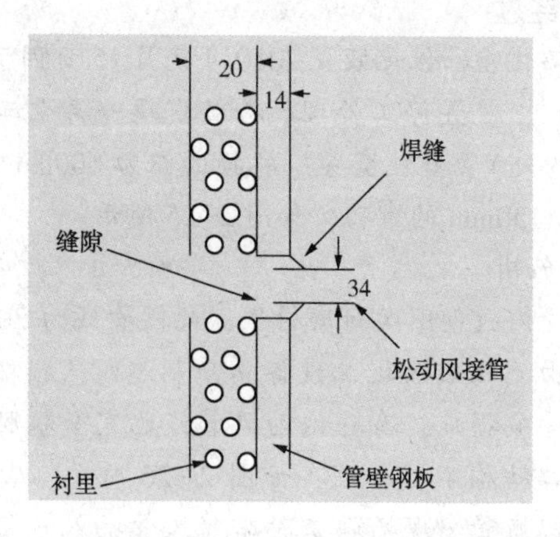

图2-26　松动风注入口结构不够合理

3. 对策

(1) 出厂前将接管与提升管焊接，保证质量。

(2) 接管在提升管内部平齐，减缓磨损，如图 2-27 所示。

(3) 需要内伸时(如热电偶等)，采取加衬里，如图 2-28 所示，或加挡板等措施，如图 2-29 所示。

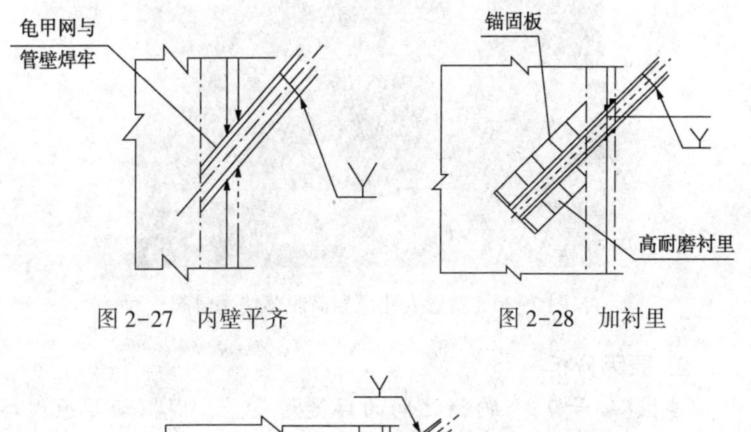

图 2-27　内壁平齐　　　图 2-28　加衬里

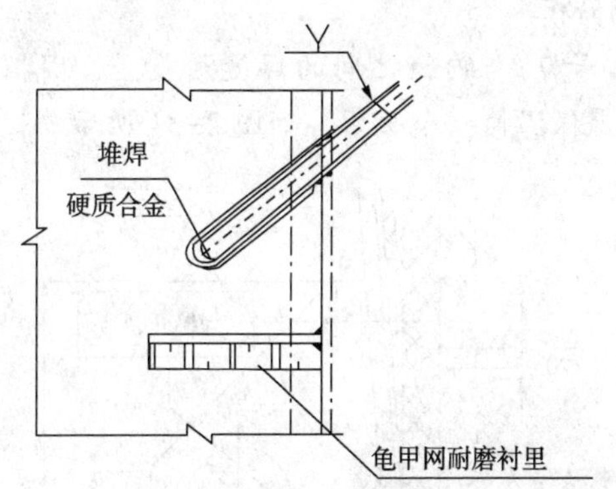

图 2-29　堆焊硬质合金加挡板

案例 30　人孔的保温筒脱落堵塞造成装置停工

1. 故障经过

武汉某石化 2# 催化装置 2014 年 9 月 21～28 日因催化剂流化不正常停工消缺。检查发现，再生斜管人孔的保温筒掉下堵塞在再生滑阀附近，造成催化剂循环不畅。原因主要是SEI的专利设计的人孔保温筒不焊接，放在人孔处，装置运行中由于振动导致保温筒滑下堵塞滑阀，如图2-30所示。

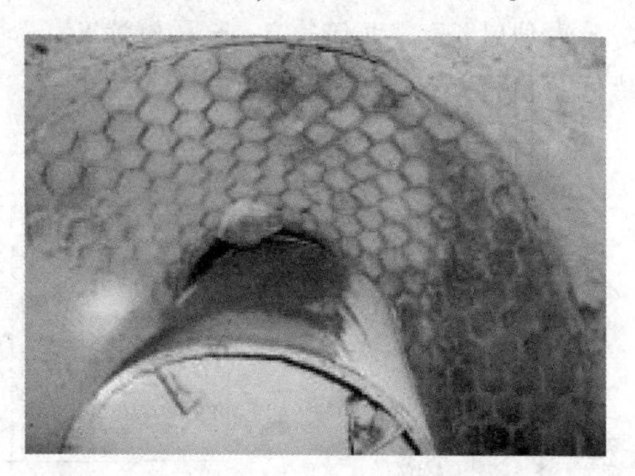

图2-30　斜管人孔保温筒脱落堵塞滑阀

2. 原因分析

挡板(编号7)与内筒之间的焊缝质量差，因振动等原因焊缝开裂，使得保温筒整个脱落，如图2-31所示。

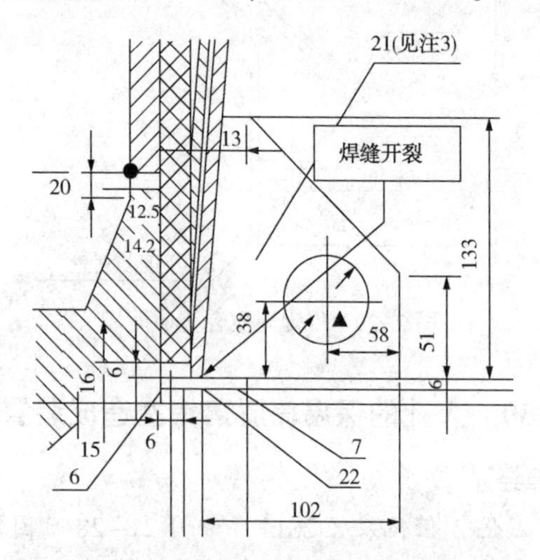

图2-31　挡板(编号7)与内筒之间的焊缝质量差

3. 对策

(1) 从结构设计上，在内筒的端部开坡口，以增加与挡板之间的焊接可靠性，避免焊缝开裂。

(2) 加强检修改造前的审图，提高审图质量。

案例31　待生立管与汽提段锥体相连接处沿焊缝整体断裂

1. 故障经过

长岭某炼化公司1#催化装置2009年9月23日沉降器藏量突然由40t下降至15t，同时发现塞阀无法正常开关，装置停工处理。检查发现待生立管与汽提段锥体相连接处沿焊缝整体断裂(图2-33)，待生立管下移350mm，如图2-32所示。

图2-32　待生立管与汽提段锥体焊缝开裂

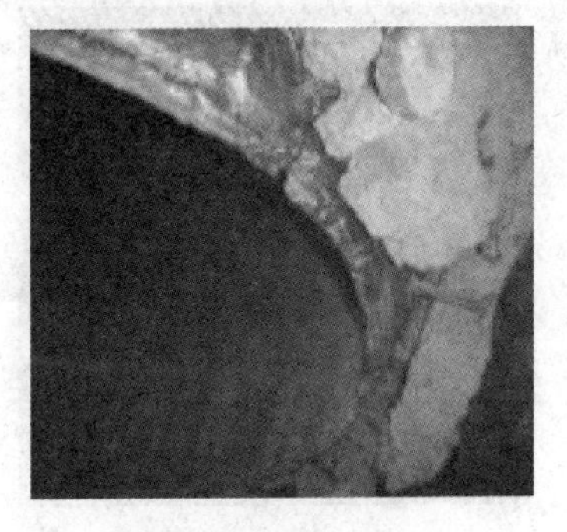

图2-33　焊缝断口

2. 原因分析

原因主要是：一是安装施工程序错误，待生立管与塞阀对中偏差较大，存在较大剪切应力；二是检修中检查不到位，没有对焊缝处进行拆除衬里后的检查；三是设计存在不足，没有在该部位设计上进行加强处理。

3. 对策

(1) 待生立管与塞阀安装数据严格按照图纸对中。

(2) 检修中认真检查，对焊缝处进行全面检查。

(3) 设计对该部位进行加强处理。

案例 32　沉降器翼阀严重磨损造成装置停工

1. 故障经过

山东某石化催化裂化装置 2008 年 4 月 15 日沉降器跑剂严重，油浆系统催化剂固体含量升至 20g/L，并有逐渐上升趋势，为防止催化剂固体含量升高造成对油浆系统的冲刷泄漏，紧急停工处理。检查发现沉降器 6 组翼阀均磨损严重，如图 2-34 所示，其中 1 组阀板冲刷穿孔，如图 2-35 所示。

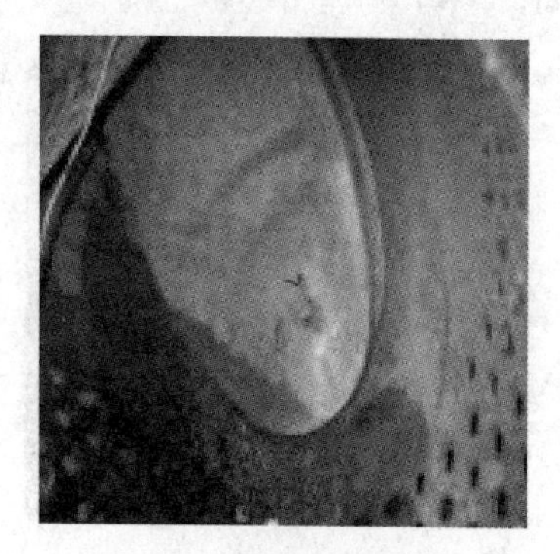

图 2-34　翼阀阀板磨损

图 2-35　翼阀阀板穿孔

2. 原因分析

分析沉降器跑剂的主要原因是由于旋分器翼阀磨穿导致料腿窜气引起催化剂大量跑损。翼阀磨损一般与漏气有关，气体夹带催化剂颗粒冲击阀板造成冲蚀磨损，磨损部位主要发生在阀板与阀口接触的椭圆密封面上，磨损破坏了阀板与阀口的密封，不能维持料腿中催化剂料位高度，不能平衡负压差，导致气体反窜上行，影响旋分器的排料。根据颗粒质量流率和内外负压差参数，翼阀主要有连续式滴流状和周期性节涌状两种排料形式。连续式滴流状排料时，阀口附近的压力脉动呈高频低幅值波动，翼阀下部开口比较大，冲蚀磨损最严重的部位发生在阀板的底部，形成椭圆状沟槽式磨损；周期性节涌状排料时，压力脉动呈低频高幅锯齿状波动，下部的排料为密相半管流形态，冲蚀磨损主要发生在阀板上部边侧，形成沟槽式磨损。另外，翼阀安装角度的偏差大于允许偏差，也会造成跑剂，一般翼阀安装的角度应按翼阀静态试验的角度，允许偏差在0.3°~0.5°。原因主要是翼阀设计保护板倾斜角度偏小。

3. 对策

由于催化剂对翼阀阀板的冲刷不可避免，从选材方面提高翼阀的耐磨性，根据翼阀磨损的结构特点，选择在阀板与阀座接触面或整个阀板内侧堆焊硬质合金，抗磨效果较好，如图2-36所示。

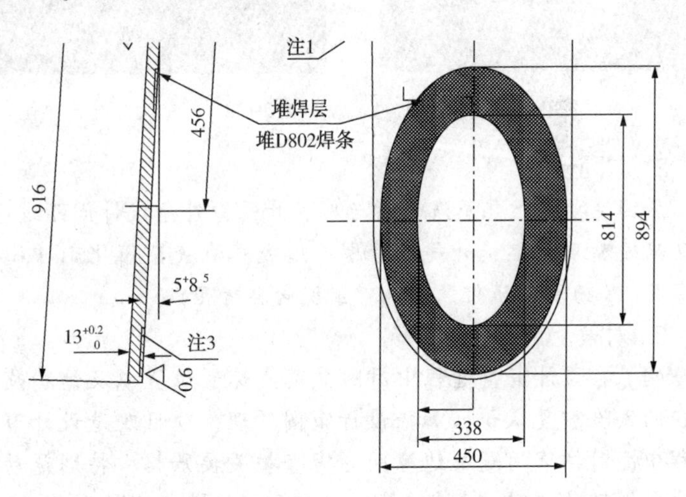

图2-36　阀板密封面堆焊硬质合金示意图

案例 33 防焦蒸汽喷嘴设计缺陷致冲刷穿孔造成装置停工

1. 故障经过

宁波某炼化 1#催化装置 2014 年 4 月 8 日开工后沉降器跑剂严重，于 4 月 25 日紧急停工检修。检查发现 6 组单旋升气管全部被防焦蒸汽喷嘴吹蚀穿孔，如图 2-37 所示，其中 3 组内部衬里损坏，如图 2-38 所示。

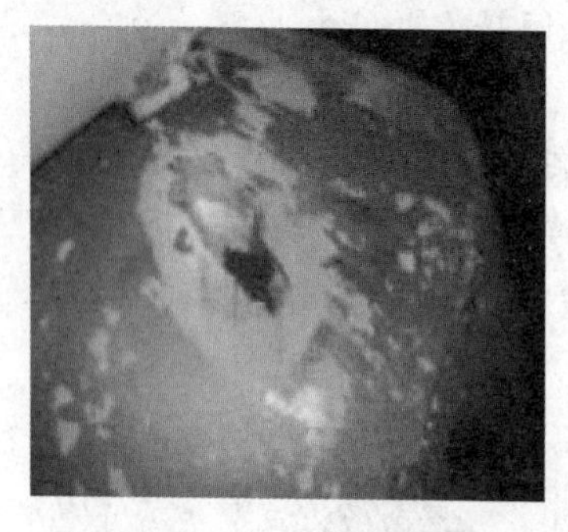

图 2-37 1#单旋升气管穿孔

图 2-38 3#单旋升气管穿孔

2. 原因分析

原因主要是防焦蒸汽喷嘴与单旋升气管外壁设计间距过小，有 7 只喷嘴正对单旋升气管外壁，造成蒸汽夹杂催化剂冲刷磨损穿孔。(扬子 1#催化装置也曾出现同类情况)

3. 对策

(1) 在设计审查过程中对防焦蒸汽环管位置以及结构改变存在的风险重复认识，加强设计审图管理；项目改造设计审查过程中，对细节问题及边缘问题审查把关要严格，特别是动改内容要细致的识别，通盘考虑设计变更可能带来的影响。

(2) 要有总体设计的概念，设计参数的提出要统一口径、一个标准。

案例34 汽提段环形挡板整体断裂脱落造成装置停工

1. 故障经过

上海某石化重油催化裂化装置2010年12月1日因沉降器料位波动异常、催化剂循环难以维持，装置被迫停工检修。检查发现反应沉降器汽提段环形挡板第1、3层整体断裂脱落，如图2-39所示，位置靠近焊缝，呈不规则状。

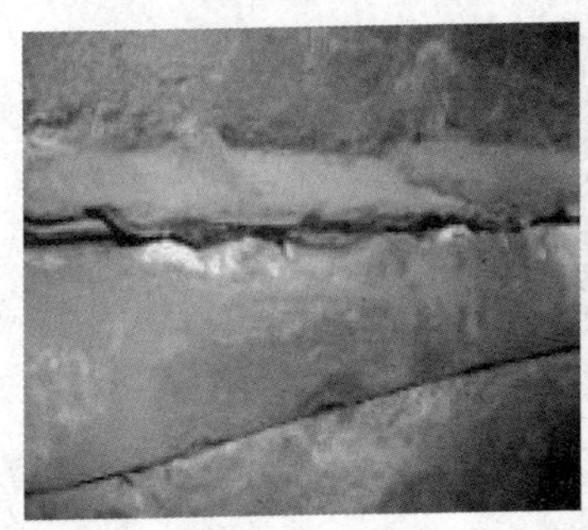
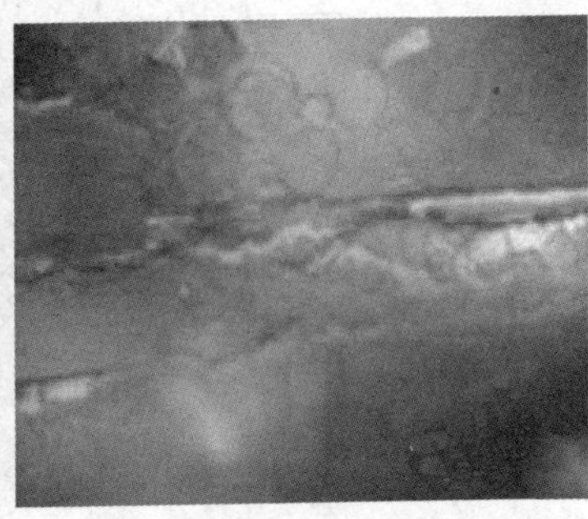

图2-39 沉降器环形挡板整体断裂

2. 原因分析

早期的环形挡板内圈没有直筒段，刚度小，在气流作用下容易引起振动和疲劳。挡板的水平板与锥形板之间的斜接焊缝在现场焊接，未要求无损检测，焊接质量较差。

分析本次故障的主要原因是设计不合理，环形挡板外圈与沉降器筒体没有固定支撑，结构不稳定，且环形挡板与水平板的焊缝直接暴露在流体催化剂环境中，焊缝强度因催化剂的冲蚀而下降，环形挡板在不断承受交变载荷的作用下产生疲劳断裂。

3. 对策

(1) 根据汽提挡板断裂的原因，设计两种方案进行改进：

一是在环形挡板内圈增加直筒段，用筋板将筒体、水平板、锥形板和直筒段焊接连成整体结构，增加刚度，挡板的水平板与锥形板之间的角接焊缝在现场焊接后，要求无损检测。

二是取消筒体与锥形板之间的水平板，将锥形板直接与筒体焊接，焊缝无损检测合格后再施工衬里，用衬里保护焊缝，避免催化剂的直接冲刷，如图2-40所示。

（2）增加焊缝的无损检测要求。

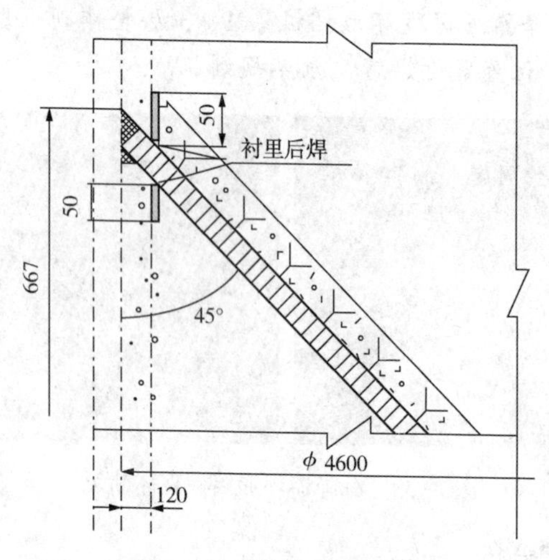

图2-40 用衬里保护焊缝

案例35 主风分布管磨损穿孔造成装置停工

1. 故障经过

洛阳某公司2#催化装置2010年7月13日待生塞阀在手动模式下，自动打开，藏量无法控制，装置停工检修。检查发现汽提段格栅下部的过渡段与汽提段焊缝开裂、脱落，如图2-41所示。

2. 原因分析

原因主要是汽提段与过渡段材质不一，异种钢焊接存在质量缺陷；同时长期处于高温环境，存在高温疲劳，综合作用导致汽提段格栅下部的过渡段与汽提段焊缝开裂脱落。具体如图2-42所示。

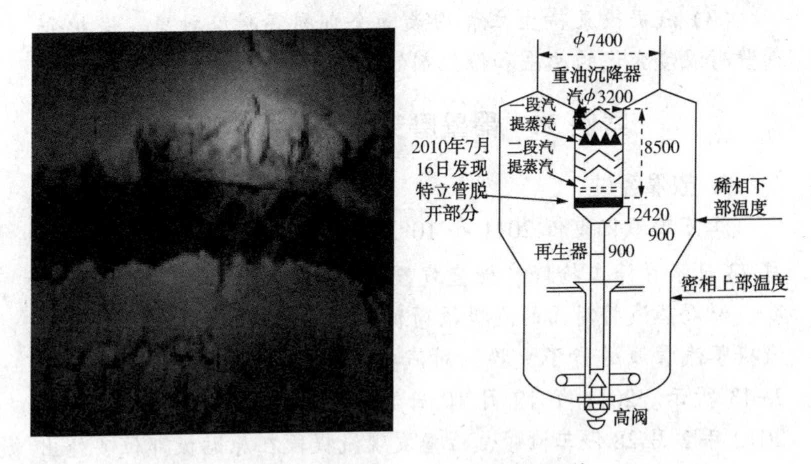

图 2-41　过渡段与汽提段焊缝开裂

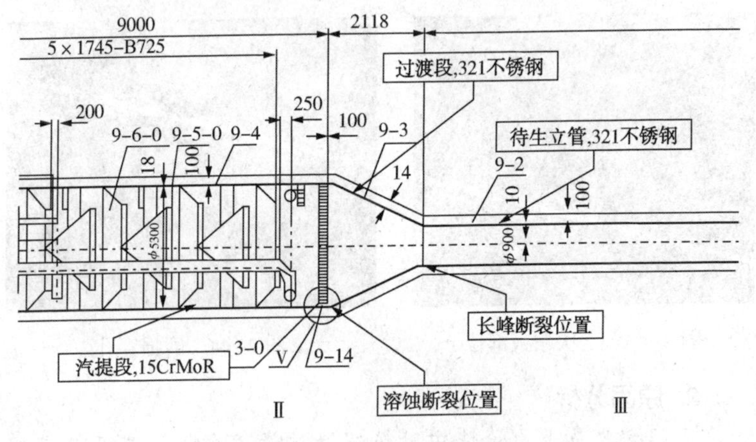

图 2-42　焊缝开裂薄弱部位

3. 对策

（1）针对焊缝开裂薄弱部位采取针对性措施，如图 2-42 所示汽提段筒体及过渡段材料采用不锈钢，提高长周期高温性能，避免异种钢焊接。

（2）过渡段大小端均采用折边过渡，提高整体结构的可靠性。

(3) 汽提段及待生立管内表面全部衬高耐磨衬里，保护金属壁耐温度变化的冲击和催化剂的磨损。

案例36 器壁磨穿造成装置停工

1. 故障经过

江苏某石化重催2011年10月干气中N_2含量逐渐升高，11月23日装置停工抢修。检查发现汽提蒸汽管线有ϕ30mm泄漏孔，泄漏蒸汽将对面的汽提段筒体冲刷出ϕ80mm孔洞。抢修对汽提蒸汽管线进行了更换，对汽提段穿孔部位贴板处理，如图2-43所示。2011年12月10日再次发现干气中N_2含量上升，2012年2月28停工检修，检查发现汽提段在原贴板部位多处出现穿孔，如图2-44所示。

图2-43 上次贴板部位

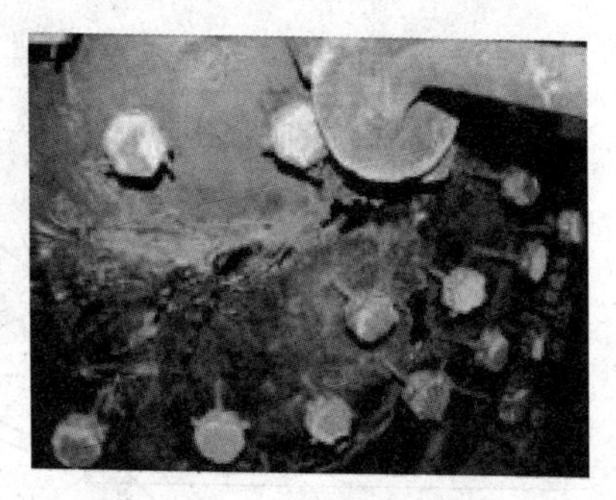

图2-44 磨损穿孔

2. 原因分析

原因主要是上次检修中贴板焊缝质量不合格，在开工后焊缝出现裂纹，造成再生烟气往汽提段泄漏，并裹挟催化剂冲刷汽提段壁板，将器壁磨穿。

3. 对策

(1) 加强检修质量管理，对缺陷处的检修方案进行可靠论证，对泄漏处进行加强。

(2) 加强检修深度，对隐蔽项目进行了检查和确认。

第3章 衬里脱落分析及对策

催化裂化装置衬里的质量好坏对装置的长周期运行起着非常关键的作用，衬里的质量与衬里材料、衬里结构设计、衬里施工、养护、烘炉有着非常密切的关系。

3.1 衬里典型故障分析

3.1.1 现状分析

催化裂化装置在工艺操作上有两大特点：一是高温；二是流态化和流动。这两个工艺操作的特点决定了催化裂化装置的设备区别于其它装置的主要特点也有两个：一是耐高温；二是耐颗粒流化和流动带来的磨损。因此，耐高温和耐磨损的衬里设备是流化催化装置的关键设备，要想延长催化裂化装置设备的使用寿命、满足催化裂化装置长周期安全运行的要求，采用先进技术、科学设计和施工、延长催化裂化装置设备的衬里寿命是最关键的一步。

通过在衬里材料、衬里结构设计、和衬里施工几个方面不断研究，可采用先进技术、科学设计和施工等对策，大大延长了设备的衬里寿命，满足了装置长周期安全运行的要求。达到了预先提出的“四年不小修，十年不大修”的目标。近年来，催化裂化装置设备衬里仍然存在经常损坏，检修频繁，如表3-1所示。例如：济南炼化催化裂化装置曾因再生器至外取热器接管及再生器龟甲网衬里大面积脱落，器壁过热，曾多次在器壁外帖焊钢板，但也无法维持生产，不得不停工检修；另外在各个斜管的接口经常造成龟甲网鼓胀、脱落，卡塞滑阀。严重影响催化裂化装置的安全、稳定、长周期运行，直接影响企业的效益。有的新建催化装置开工不到一年就因衬里脱落等原因被迫停工检修。严峻的事实说明衬里质量成了当时影响催化裂化装置安、稳、长运行的最大障碍之一，迫切需要解决。

表 3-1　衬里脱落现状与分析

序号	简要描述	失效形式	失效原因
1	扬子石化催化装置 2012 年 4 月 26 日因再生器二密床热点扩大，盒子焊缝处温度达到 460℃，停工抢修 25 天。	开裂	施工质量不到位
2	北海炼化催化装置 2011 年 11 月建成投产时，在催化衬里烘衬后进行检查时，发现两器衬里表面强度明显偏低，对衬里进行了重新制作，开工推迟 40 天。	粉化脱落	材料存在质量问题
3	2004 年 4 月 10 日，金陵石化公司催化裂化装置再生器催化剂跑损严重，装置停工抢修，检查发现旋分器内部衬里脱落。	龟甲网衬里脱落	施工质量不到位
4	九江石化 2010 年 7 月 5 日至 15 日 2# 催化装置因催化剂跑损较大，停工小修。经检查是旋分衬里脱落，堵塞料腿，导致跑剂。	旋分衬里脱落	超温
5	齐鲁石化 2010 年 12 月 30 日 1# 催化装置因催化剂跑损量到大，装置停工检修，焊缝开裂以及衬里脱落。	脱落	超温
6	杭州石化 2008 年 5 月 15 日催化裂化装置因再生斜管催化剂循环受阻，装置停工处理。检查发现再生斜管上出口衬里及龟甲网脱落。	脱落	运行存在振动
7	高桥石化 3# 催化装置 2015 年 2 月 24 日再生斜管泄漏催化剂，再生斜管衬里耐磨层出现贯穿性裂纹。	开裂	施工质量不到位和运行晃动

续表

序号	简要描述	失效形式	失效原因
8	南阳石化2008年7月21日，催化裂化装置因沉降器催化剂跑损，装置停工处理。提升管进快分的方圆变径段龟甲网脱开，造成催化剂循环跑损。	开裂	焊接质量控制不过关
9	茂名石化3#催化装置2006年12月7日开工中发现沉降器跑剂，再次停工处理。单旋喇叭口左侧衬里向内卷翻挡住了旋分器入口。	开裂	焊接质量差
10	上海石化催化装置2009年9月15日开工后，催化剂循环量受到限制，装置无法维持操作，再次停工处理。待生分配器的两根待生分配管内有衬里，造成部分催化剂分配孔被衬里和焦块堵塞。	脱落	衬里修补不彻底
11	巴陵石化催化装置2012年1月24日因沉降器过渡段及再生器器壁穿孔，装置停工抢修。沉降器、再生器穿孔处衬里脱落。	脱落	焊缝质量差，未焊透
12	齐鲁石化1#催化裂化装置2008年4月大修时对再生器筒体焊缝进行磁粉检测，结果检查共发现再生器筒体环缝裂纹10处，其中最长裂纹长度有1900mm。	开裂	焊缝和衬里质量不到位
13	金陵石化3#催化2018年8月3日，沉降器大油气管线变径段衬里段与保温段交接处漏大量油气，装置停工。	开裂	施工质量不到位
14	金陵石化1#重油催化裂化装置MIP改造开工后不久于2007年1月1日发现再生斜管抖动明显，再生斜管流化阶段性失常	开裂	施工质量不到位和运行晃动

3.1.2 影响因素

(1) 焊接质量差和材料质量问题

焊接质量差，部分内构件厂家只重视内件质量、忽略衬里施工质量也是造成内构件使用寿命不长的主要原因。茂名石化公司 3#催化装置 2006 年 12 月 7 日开工中发现沉降器跑剂，停工处理。单旋喇叭口左侧衬里向内卷翻挡住了旋分器入口。由于衬里施工的时效性要求，设备内部衬里只能分段施工。为了保证衬里前后施工部分的连贯性，因此需要在不同时段施工的衬里之间设置衬里挡板。如果衬里挡板没有设置膨胀缝，则衬里挡板受热卷曲变形，从而损坏衬里。2004 年 4 月 10 日，金陵石化公司催化裂化装置再生器催化剂跑损严重，装置停工抢修，检查发现旋分器内部衬里脱落。材料存在质量问题。北海炼化公司催化装置 2011 年 11 月建成投产时，在催化衬里烘衬后进行检查时，发现两器衬里表面强度明显偏低，对衬里进行了重新制作，开工推迟 40 天。

（2）衬里施工不合规范

衬里施工的技术性很强，如水质不合要求、环境温度超标、手工捣制密实度严重不足、施工缝为直口、支模浇注振捣不均匀、过振致衬里分层、养护不足、未上强度的吊装、振动、烘炉升温曲线偏差太大等不按规定要求的施工都会影响衬里质量。

（3）操作不当导致衬里损坏

由于管理人员对衬里性能缺乏了解，对衬里的检查维护不到位，防止沉降器焦块自燃时采取不当方式破坏了衬里性能。另外，操作人员责任心不强、操作失误导致系统超温也会破坏衬里稳定性。九江石化 2010 年 7 月 5 日至 15 日 2#催化装置因催化剂跑损较大，停工小修。经检查因超温旋分衬里脱落，堵塞料腿，导致跑剂。齐鲁石化 2010 年 12 月 30 日 1#催化装置因催化剂跑损量到大，装置停工检修，超温致使焊缝开裂以及衬里脱落。

3.2 衬里典型故障对策

根据分析得出的原因，并借鉴国内同类事件的经验和教训，提出衬里完整性管理策略，从设计、选材、施工、运行管理等各个环节进行体系化管理，如图3-1所示，衬里完整性管理才能得到加强。

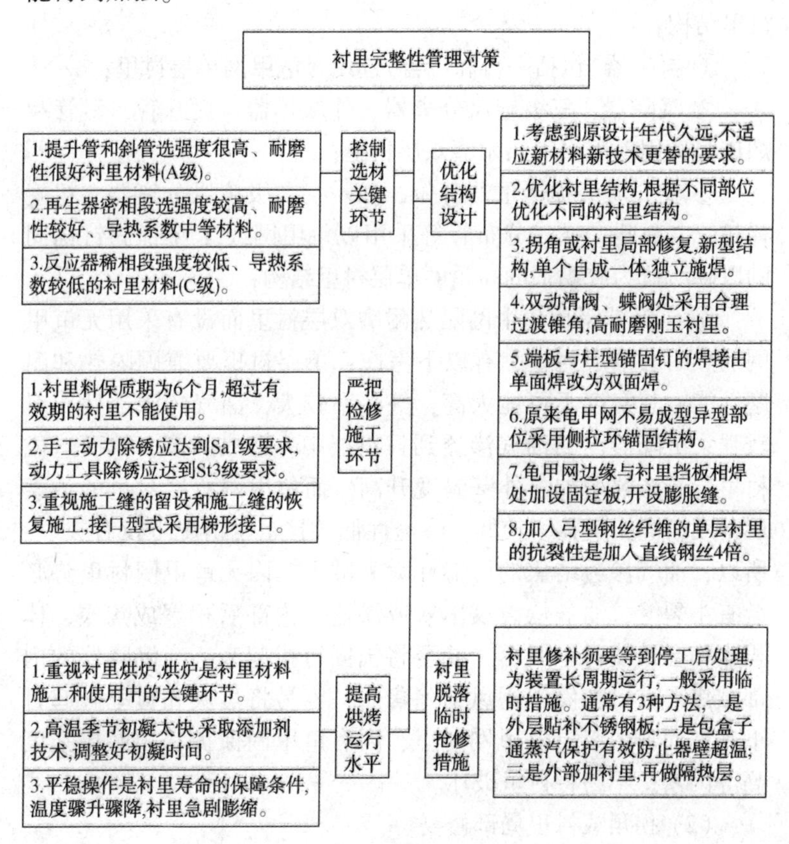

图3-1 衬里典型故障管理对策导图

3.2.1 优化结构设计

设计图纸中多数设计符合装置长周期运行的要求，但考虑到原设计图纸年代久远，不能满足当前装置长周期要求和新材料新技术更替的要求，所以，很有必要对衬里结构和材料选择需进行优化。

(1) 优化衬里结构

根据不同设备、不同的操作条件和不同的部位选择不同的衬里结构：

① 再生器(包括一再和二再)选用无龟甲网单层衬里；

② 沉降器、三级旋风分离器、外取热器、提升管、斜管和烟道等选用龟甲网隔热耐磨双层衬里；

③ 受介质磨损严重的部位，如一、二级旋风分离器、粗旋稀相管、料腿、空气分布管等采用以龟甲网或Y型锚固钉锚固的以磷酸盐为胶黏剂的高耐磨单层衬里结构；

④ 沉降器采用龟甲网隔热耐磨双层衬里而没有采用无龟甲网隔热耐磨单层衬里，有以下考虑：单层衬里要兼顾隔热和耐磨性能，其密度不可能太高，气孔率较大，油气的渗透性相对较强。沉降器内的油气渗透到衬里层中，造成结焦，从而造成衬里导热系数增加，外壁温度升高。而龟甲网双层衬里的耐磨层密度较高，气孔率较低，渗透性低，且正常情况下没有裂纹。所以，油气渗透结焦的可能性大大减少。因无龟甲网衬里势必会有小裂缝，油气从裂纹串入或渗透到内部后积聚成焦炭，体积膨胀会致使衬里脱落，甚至将锚固钉拔起来。当沉降器的内部结焦严重，在停工用风铲除焦时，容易将焦炭和衬里一起打下来。而若用双层龟甲网衬里，因有龟甲网保护和耐磨层强度高等因素，不易将衬里破坏。

(2) 拐角或衬里局部修复

如果衬里损坏的面积小，可以适当敲掉扩大点进行修补区域；无论是否是龟甲网衬里，修补都不要用龟甲网，应该选用新型无龟甲网衬里保温钉(单个自成一体，独立施焊)，这样能够增加修补区域保温钉的抓牢度，也能修补衬里缺陷，保证质量。对于局部结构如分布环，特别是拐角等应力集中的部位，侧拉型圆环锚固钉结构有一定优势，但大面积推广应用尚存在衬里造价高，结构导热系数大等缺陷。

（3）特殊部位采用特殊衬里结构

提升管Y型部位（俗称裤衩部位）由于形状特殊，原采用龟甲网双层衬里，经常发生龟甲网开裂、衬里脱落。现在采用密度较大的无龟甲网隔热耐磨单层衬里，用Ω锚固钉锚固，规定采用支模振捣法施工，不允许手工涂抹。

双动滑阀、蝶阀出口处，由于携带高速催化剂颗粒的烟气，在该处产生湍流，冲刷磨损严重。为此对该结构可优化：采用合理的过渡锥角，耐磨层采用高耐磨刚玉衬里，并将耐磨层的厚度加厚，在高耐磨料中掺入不锈钢纤维增强。

（4）改进传统的龟甲网隔热耐磨双层衬里

龟甲网材质不用Q235A碳钢而选用0Cr13不锈钢，因为0Cr13与Q235A碳钢相比，膨胀系数相近又能耐高温和腐蚀；也不选用0Cr18Ni9Ti，因为不锈钢膨胀系数太大。

端板与柱型锚固钉的焊接由单面焊改为双面焊。

在特殊部位，锚固钉适当加密或改为侧拉环。在原来龟甲网不易成型的异型部位和曲率半径较小的部位，采用相当于离散的龟甲网的侧拉环锚固结构，既保证了结构尺寸和形状，又避免了龟甲网的撕裂和鼓包。龟甲网边缘与衬里挡板相焊处，加设固定板，衬里挡板和固定板都开设膨胀缝。

（5）改进传统的隔热耐磨单层衬里

采用带塑料帽的Ω型锚固钉，有效地提高了衬里的锚固强度、避免了锚固件和衬里料膨胀系数不一致带来的问题。采用弓型钢丝纤维。过去传统的钢丝纤维是从常温混凝土移置而来，截面呈直线月牙型，抗裂纹扩展的能力不强，采用熔拔法生产，化学成分和机械性能不易控制，无法保证。现在最新型式的钢丝纤维一般18-8的弓型钢丝纤维，采用冲压钢丝方法生产的，可以保证化学成分和机械性能。其特点是，加入弓型钢丝纤维的单层衬里的抗裂性是加入直线钢丝纤维的4倍，加入弓型钢丝纤维的单层衬里的韧性是加入直线钢丝纤维的2倍。

3.2.2 精心选材和检修施工

近年来衬里材料的发展很快，品种很多，应根据不同部位，不同的操作条件选用不同类型的衬里材料，

（1）根据催化裂化装置不同设备、不同部位的衬里材料的选用通常遵循以下原则：

① 提升管和斜管等设备，由于其内部介质催化剂浓度高、流速高，通常会选用强度很高、耐磨性很好、导热系数较高的衬里材料，接受较高的设备壁温，衬里厚度通常为100～125mm；

② 反应器、再生器等设备的密相段，由于其内部介质催化剂浓度高且为流态化操作，通常会选用强度较高、耐磨性较好、导热系数中等的衬里材料，衬里厚度通常为100～125mm；

③ 反应器、再生器等设备的稀相段，由于其内部介质催化剂浓度低、流速低，通常会选用强度较低、导热系数较低的衬里材料，衬里厚度通常为100mm。

高强高耐磨（A级）衬里材料，广泛使用在旋风分离器、分布板等设备部件上。隔热耐磨单层（C级）衬里材料是一种既能隔热又有一定耐磨性的衬里材料。国内的催化裂化装置中，当介质为油气或设备直径较小时，反应器、提升管、斜管、烟道等设备壳体都普遍采用隔热耐磨双层衬里。

（2）重视到货衬里材料的验收

首先要重视衬里材料的采购，一般衬里料保质期为6个月，超过有效期的衬里不能使用。材料进厂后，要对名称、牌号、特性数据、检验印章等进行检验，现在国内对衬里材料的常温耐磨性、Al_2O_3含量、Fe_2O_3含量也有了明确的要求。同时检查隔热耐磨衬里材料的类别、级别是否符合设计文件的规定。还要在建设方或监理的见证下取样并在有资质实验室进行试样检验。

重视产品指南说明，包括集料的组成、性质、施工方法、工艺要求参数等。在现实中，到货材料的检查容易被忽视，往往由于厂家赶工期而造成衬里料质量不合格，或级别、类别错用，或积压过期的材料，一旦使用将造成极大安全生产隐患，所以必须高度重视。另外对刚纤维及龟甲网等锚固件的的材质也要进行光谱分析，确认材质成分符合规范要求。

（3）精心选择施工方法、衬里施工过程要规范化

重视衬里设备除锈质量，衬里施工前，都要对施衬设备进行除锈处理。规范要求要对施衬设备喷砂除锈，局部可以采用手工动力除锈，且喷砂除锈应达到Sa1级要求；动力工具除锈应达到St3级要求；可见除锈质量对衬里施工质量很重要。实际施工中除锈质量经常被轻视，达不到规范要求，甚至以除尘代之。

重视锚固件焊接质量，锚固件的焊接质量非常重要，规范上对不同类型的锚固钉，龟甲网等都有具体的焊接位置、尺寸要求，因为锚固件焊接的牢固程度直接决定了衬里附着的牢固程度，焊接不牢容易导致衬里脱落。在实际施工中由于施工人员技术水平差，责任心不强，以及赶工期等因素影响，出现焊接位置错误、未避开设备本体焊缝、焊缝长度不足、未做药皮药渣清除处理等，不符合规范要求，影响衬里的牢固。

重视混凝土拌制的规范化，施工中衬里混凝土应采用强制性搅拌机搅拌，搅拌时间根据产品指南确定，且不得少于2min，确保搅拌均匀，并不得混入杂物。搅拌好的混凝土不得二次加水使用，并应在30min内使用完。另外掺如入钢纤维时，纲纤维不得有油物，钢纤维必须均匀投入；干料搅拌时间不少于1min，加水搅拌时间不少于2min，确保搅拌均匀不得成团。在实际施工中，往往存在搅拌时间不足、搅拌的不够均匀以及存在超过初凝时间使用的现象。另外加水率对凝结时间及衬里强

度也产生较大的影响；一般加水率高衬里强度会下降，但加水率不足，水化不能进行到底，也达不到应有的强度，所以要控制好加水率。

重视施工缝的留设和施工缝的恢复施工，对于分段施工或因故中断施工，间隔时间超过初凝时间时应设施工缝，施工缝的接口型式一般采用梯形接口和直型接口两种，接口每侧应留有 200mm 不衬的距离，双层衬里接口要相错开 200mm，施工缝恢复施工要清除结合面的松动或残余的衬里混凝土，另外结合面应充分润湿。实际施工中存在接口型式不够规范，错开距离不够，施工缝恢复施工时结合面没有清除和润湿，这些问题将导致施工缝结合不牢固，形成衬里的薄弱点，容易造成施工缝处衬里的脱落，在斜管位置尤其突出。

施工时强调“一次成功”，力争做到百分之百合格，避免返工。因为施工完了发现不合格再打掉重衬，将危及周围衬里的质量。越返工，衬里质量越差，会造成恶性循环。施工质量标准严格把关，钢纤维增强单层衬里质量标准见表 3-2，隔热耐磨双层衬里质量标准见表 3-3，高耐磨衬里质量标准(用于旋风分离器系统)见表 3-4。

表 3-2　钢纤维增强单层衬里质量标准

项　目			允许偏差
衬里表面	蜂窝、麻面、疏松、掉渣		不准有
	裂纹	贯穿裂纹(任何宽度)	不准有
		非贯穿裂纹(烘炉后)不大于	5mm
衬里密实度	用 0.5kg 手锤，每隔 20cm 敲击检查		无空洞声
衬里厚度	不大于		5mm
衬里平整度	环向用弦长 = 1/4R 样板(样板弦长不大于 1.5m，且不小于 0.5m)		间隙不大于 5mm
	轴向用 1m 长直尺检查，其间隙不大于		3mm

表 3-3　隔热耐磨双层衬里质量标准

衬里类别	项目	
耐磨衬里	衬里表面	高出龟甲网的高度不大于
		高出龟甲网的面积不超过衬里总面积
		低于龟甲网
		麻面、扒缝
	密实度	用 0.5kg 手锤每隔 200mm 敲击检查

表 3-4　高耐磨衬里质量标准(用于旋风分离器系统)

	项　目
衬里表面	高出龟甲网的高度不大于
	高出龟甲网的面积不超过衬里的总面积
	低于龟甲网
	麻面、扒缝、表面鼓胀
密实度	用 0.5kg 小锤每隔 200mm 敲击检查
衬里硬度	用焊条在衬里表面划痕检查，表面仅留有焊条磨损痕迹。

在标准列出的 3 种施工方法中，如表 3-5 所示，常使用的是手工捣制法和支模振捣法(内部振捣棒)。对于不同的设备、不同的内件、不同的部位，使用的衬里施工方法如表 3-6 所示。

表 3-5　国内衬里的施工方法

衬里级别	施工方法		
	手工捣制法	支模振捣法(内部振捣棒)	喷涂法
A 级	★		
B 级	★		
C 级	★	★	★
D 级	★		

表3-6 不同设备使用的衬里施工方法

设备、内件或部位	常用施工方法
内部旋风分离器、分布板、分布管	橡胶锤手工捣制法
反应器壳体、再生器壳体、三旋壳体、大直径烟道	内部振捣棒支模振捣法
外部旋风分离器、提升管、斜管、中小直径烟道	普遍采用橡胶锤手工捣制法，个别采用内部振捣棒支模振捣法

（4）严格执行衬里施工规范及质量标准

对衬里的施工必须严格执行有关规范，如图3-2所示。

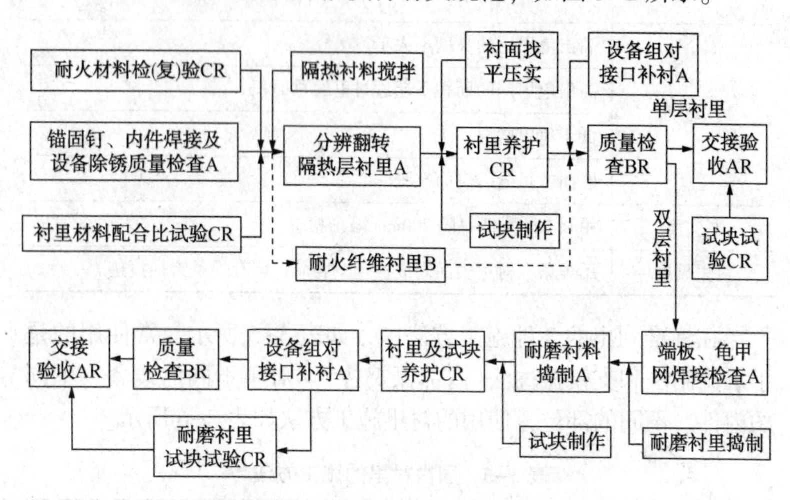

图3-2 衬里施工规范及工序流程图

注：A：为建设单位、工程监理单位和施工单位三方共同检查项目。

B：为工程监理单位和施工单位二方共同检查项目。

C：为施工单位检查项目。

R：为检查项目有记录。

施工工序到达控制点时，应提前通知参检单位，检查合格后，参检单位应在检查记录上共同签字认可。

单层衬里或双层衬里的选择根据设计确定，A、B、C及

AR、BR、CR为质量控制点。首先是保温钉及龟甲网的焊接要焊牢，符合规范要求。保温钉的矩阵排列要注意使用中的介质流向，否则将会大大削弱衬里的运行寿命。特别是龟甲网的卷制方向不要弄错。此外，衬里材料拌和时应严格控制好胶结剂及水的用量，前者将使衬里容重、导热系数及线变化率增大，后者将使衬里水灰比增大，在衬里烘干时，由于水分的脱除，使衬里中孔隙增多，导致衬里结构疏松，强度下降。

3.2.3 精心操作

(1) 烘烤及维护方面

要重视衬里烘炉，烘炉是衬里材料施工和使用中的关键环节，其主要作用是排出衬里中的游离水和化学结合水以获得高温使用性能。在实际中存在烘炉控制设备简陋，温度曲线控制不好，甚至没有自动记录指示，靠人工对温度记录和人工描绘曲线，不能真实反映烘炉温度状态。

由于各个设备离热源的远近不同，升温快慢不一，应充分考虑设备及各管道的各个部位都能按规范要求进行烘炉，可延长烘炉时间，使衬里各部位达到或接近热处理要求。

选择适宜的施工气候和养护条件。最为合适的施工现场条件，气温10~30℃，相对湿度≯75%。如果施工现场的气温低于10℃，须采取相应的升温保暖措施施工，如施工现场的气温高于30℃，须采取必要的降温措施或其它措施。否则，会造成施工困难或性能下降。

养护环境的温度最好在15~35℃之间，如果养护现场的温度低于15℃，须采取相应的升温保暖措施，可采用通热风的办法来控制。有条件可采用预烘干措施，使衬里中游离水排除并促使衬里中高铝水泥水化产物变成稳定相水化铝酸三钙，并密封保管不得受潮，防止衬里表面粉化起皮。

高温季节初凝太快，采取添加剂技术，调整好初凝时间。

采取加入缓凝剂措施，衬里就可在40℃ min左右高温下施工，而且不需在20~30min内施工完，可根据缓凝剂加量把一次施工时间延长到50~60min。衬里材料随时间延长，性能逐步降低。由于胶结剂属铝酸盐水泥，所以，随时间延长，衬里材料性能将会逐步下降。既是在保存期内，也是如此。为了保证衬里有良好的耐磨性能，应采取如下措施。要加强材料在运输、库存中的保护。缩短库存时间，加快施工进度。

(2) 衬里施工完成后，由装置操作人员烘炉，烘炉的时间要求衬里规范都有规定，如条件允许，烘炉时间长一些更好，使衬里中的水分有充分时间排出，特别是350℃以前的升温阶段。反再系统各设备管道连接成多个回路，各设备距热源位置和工艺流程的不同，升温速度和温度差别很大。距热源越远，滞后时间越长，要兼顾设备和管道的烘干要求，所需的时间也就越长。在主风机试车时就将热风送入反-再系统内。为统筹考虑各部位的温度，应适当增设恒温点并延长恒温时间，尽可能地做到将衬里中的水分缓慢地蒸发。济南140×10^4t/a重油催化裂化装置烘衬里实际时间约17d(406h)，海南280×10^4t/a重油催化裂化装置烘衬里实际时间约11d，烘炉效果都比较好。

(3) 催化装置的平稳操作是衬里寿命的保障条件，如果操作不平稳或造成事故状态，经常开停工，温度骤升骤降，会使衬里急剧膨胀和收缩，衬里裂缝就会越来越大，越来越多，到了一定程度衬里就会脱落，器壁就会超温。济南140×10^4t/a重油催化裂化装置操作一直比较平稳，三器系统温度大幅度变化的次数很少。十年来开停工总数才3次，所以操作对衬里寿命的影响很小。

(4) 加强装置开工运行阶段的保护和检查。考虑到装置在停工期间，衬里会吸收空气中的水份，两器内蒸汽也对衬里有浸湿作用。因此必须在升温过程中严格按照升温曲线、控制升温速率，直至升温到操作温度。重视衬里运行时的热点检查，为了掌握衬里的运行状态和防止衬里破坏、脱落，影响生产，要进行定期的热点检查。按衬里部位、重要程度进行分级管理。对于新施工的衬里，升高一级进行管理，确保衬里在设计、施工、运行各阶段全过程受控，并为检修计划提供可靠根据。

3.2.4 抢修措施

热点多是由于衬里结构原因或者施工原因，多出现在双层龟甲网衬里部分，由于耐磨层鼓包脱落导致隔热层掏空而引起，扩展速度很快，由于衬里修补须要等到停工后处理，为了装置长周期运行，一般采用临时措施。通常有3种方法，一是采用外层贴补不锈钢板加强，这种方法简单，施工方便，热点扩展后能及时处理；二是包盒子通蒸汽、风、或水保护，这种方法施工相对复杂一些，能有效防止器壁钢板工作在超温区；三是外部加衬里，再做一层隔热层，这种方法成本较高，但在较长时间里能起到保护作用。采用何种方法要根据具体情况，如位置、运行周期等因素。当然，这都是治标之法，只有从工作温度(防超温)、衬里结构改进、施工方法和衬里材料选用方面进行改进。

从衬里结构设计、施工、维护和检修都应加强管理，按规范对修复衬里进行养护和烘干，并采用低水泥高强浇注料衬里材料，应用先进的检修手段和科学的施工方法，这些都是保证衬里质量的重要措施。同时还要稳定工艺操作，避免超温是绝对不可轻视的条件。只有这样，才能保证催化裂化装置衬里良好运行，以确保装置平稳长周期安全生产。

3.3 衬里典型故障案例

案例37 再生器衬里大面积贯穿性裂纹造成装置停工

1. 故障经过

南京某石化催化装置2012年8月检修时对衬里进行了更换，开工后不久再生器二密床、再生器斜管下料口外壁就出现热点，

2013 年 1 月进行包盒子、贴板处理，如图 3-3 和图 3-4 所示。4 月 26 日因再生器二密床热点扩大，如图 3-5 所示，盒子焊缝处温度达到 460℃，停工抢修 25 天。检查发现再生器二密床衬里出现大面积纵向贯穿性裂纹，宽度>5mm，如图 3-6 所示。

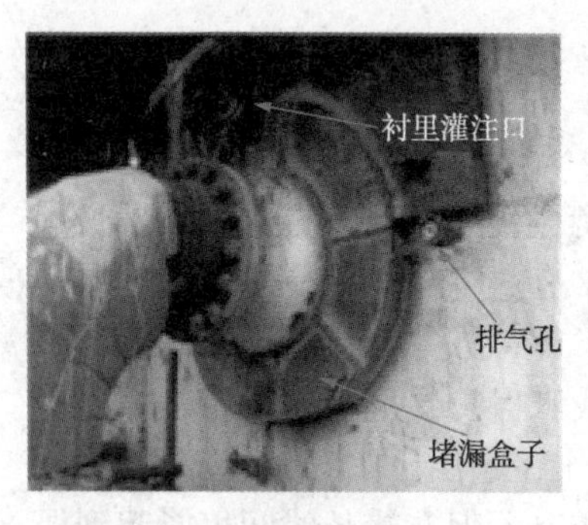

图 3-3　2013 年 1 月份包盒子

图 3-4　贴板处理

图 3-5　再生器密床热点扩大

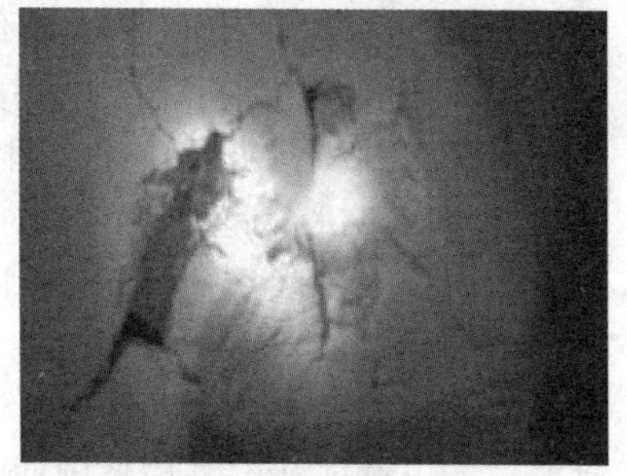

图 3-6　再生器密床衬里开裂

2. 原因分析

（1）更换衬里时由于空间狭窄，没有进行支模振捣，采用人工涂抹，施工质量难以保证；施工队伍水平不高、责任心不强。

（2）开工时应在 315℃恒温，但实际在 400℃恒温；没有严格按照烘衬曲线进行。

（3）主风分布管支管变形后直吹衬里。

3. 对策

(1) 按照衬里标准进行修复，严格控制施工质量。

(2) 提高施工队伍责任心和责任心。

(3) 严格按照烘衬曲线进行。

案例38 再生器出现大面积超温现象造成装置停工

1. 故障经过

南京某石化1#催化裂化装置2015年8月，再生器的陆续出现器壁超温现象，逐步发展增至35处，面积约合25m²，装置于2015年8月24日开始检修消缺，对再生器内部进行了详细的检查，发现再生密相的内部衬里呈现多条长3~5m，宽约1cm的贯穿性裂纹，裂纹贯穿衬里，可见器壁，见图3-7。这与停工前再生器热成像结果显示的超温部位吻合。

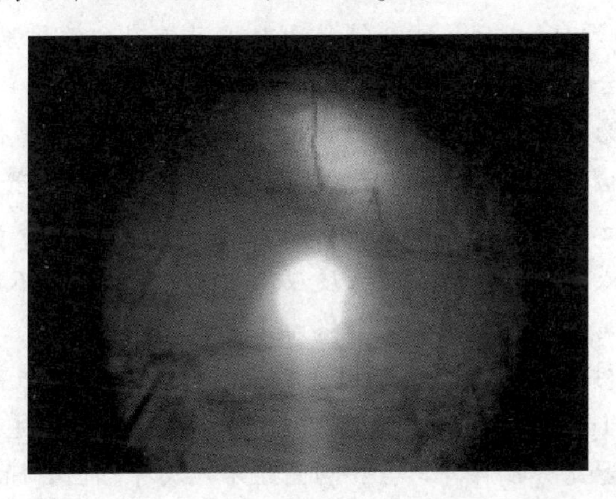

图3-7 再生器密相衬里多处贯穿性裂纹

2. 原因分析

上次大检修施工时，修复衬里过程中，将Ω型锚固钉改为侧拉环形式，但施工方式还是按照Ω型锚固钉形式施工。根本原因是施工方法上错误。具体错误是：一是在施工时，侧拉型圆环的安装是将柱型螺栓和环帽两者一体安装在器壁上，未按规范要求分开安装；二是衬里施工的过程中，也未按要求2次布料，而是1次布料，直接手工涂抹。这种错误的施工方式造成衬里与锚固钉之间无法完全捣实，存在间隙，在装置运行过程中，催化剂持续对衬里进行冲刷，逐步形成了贯穿性的裂纹，致使再生器的陆续出现器壁超温现象。由于超温面积不断增大，考虑安全风险，装置停工对衬里进行修复消缺。

3. 对策

(1) 考虑到侧拉型圆环锚固钉存在施工工序复杂，耗时长等因素，本次再生器衬里修复工作，决定将原有的侧拉型圆环替换为Ω行锚固钉，同时采用支模浇注法施工。

(2) 对老衬里进行修口，下口采取了台阶式，上口采取了上八字式。其主要目的都为避免出现直线，能够使新老衬里结合紧密。修口完成后，清除接合面处松动或残余的衬里混凝土，用风将结合面清理干净，结合面不留颗粒残留物。

(3) 为确保锚固钉安装质量，在安装前，施工单位做好放线工作，检查合格后再进行焊接施工。在焊接完毕后，组织人员用0.5kg小锤对锚固钉逐个敲击检查，同时，检查锚固钉两直段内侧或外侧焊接的焊缝长度应不小于25mm，对不符合要求的锚固钉需重新施工，直至合格为止。

(4) 衬里浇注施工均采用支模浇注法，每层模板高度不得高于环向1m，应保证足够的刚度及光洁度，在浇注过程中，须使用振捣器充分搅拌均匀，移动间距不应大于锚固钉间距。

注料中，如果发现衬里料凝结就作废不用。初凝后的料应弃之不用，不得加水重新搅拌后使用。使用小型振捣器振捣，每一次布料高度不大于30cm，使用小型振捣器插入两列Ω钉中振捣。振捣需要到位，有两个标准，即一是衬里料不再沉降、能保持水平状态；二是不出气泡。特别注意的是拔出振捣器时要慢一些。

(5) 通过分析了本次衬里损坏的原因，改进了锚固钉的形式，加强了衬里施工质量控制。从近8个月来的使用情况来看，本次衬里修复的结果是十分成功的。

案例39　两器新浇筑衬里粉化脱落造成装置停工

1. 故障经过

北海某炼化催化装置2011年11月建成投产时，在催化衬里烘衬后进行检查时，发现两器衬里表面强度明显偏低，如图3-8和图3-9所示，对衬里进行了重新制作，开工推迟40天。衬里结构为无龟甲网单层隔热耐磨衬里。原料是江苏宜兴某耐火材料公司LC4型衬里，工程监理为北京某工程建设监理公司，施工方式为支模浇注，整个施工从2011年3月开始到2011年10月结束历时7个月。

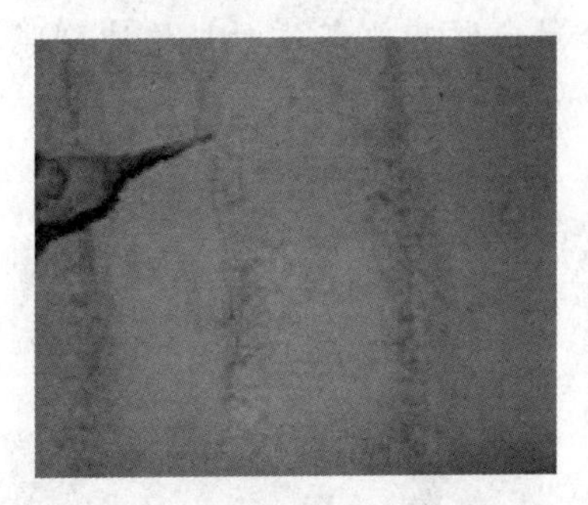

图3-8　催化新浇筑衬里粉化脱落

图3-9　衬里尚未开始烧结

2. 原因分析

(1) 衬里材料存在质量问题是主要原因。衬里骨料使用的大颗粒珍珠岩烧结不均匀、骨料强度有挥发变化，烧透性存在问题。

(2) 衬里施工的质量监管存在漏洞。到事故发生时其所送出的试块尚有近一半未返回检测报告；部分衬里初凝时间延长。

(3) 烘衬曲线可以看出，部分温控点未达到540℃，没有严格按照烘衬曲线进行。

3. 对策

（1）规范衬里材料供应，衬里材料实施准入制度，建立衬里材料供应商名单，对进场材料按照标准严格检验和验收。

（2）衬里施工标准化，从管理制度、技术规范、现场定置三个方面来规范安全施工、标准施工和文明施工；严格施工过程质量监控。

（3）加强烘衬管理，制订了烘衬和巡检的细则；对新建装置加强衬里升温过程监督管理，提高烘衬质量。

案例40　旋分器衬里脱落造成装置停工

1. 故障经过

2004年4月10日，南京某石化催化裂化装置再生器催化剂跑损严重，装置停工抢修，检查发现旋分器内部衬里脱落，如图3-10所示，堵塞料腿，旋分器内壁其他部位衬里均冲刷减薄，如图3-11所示。

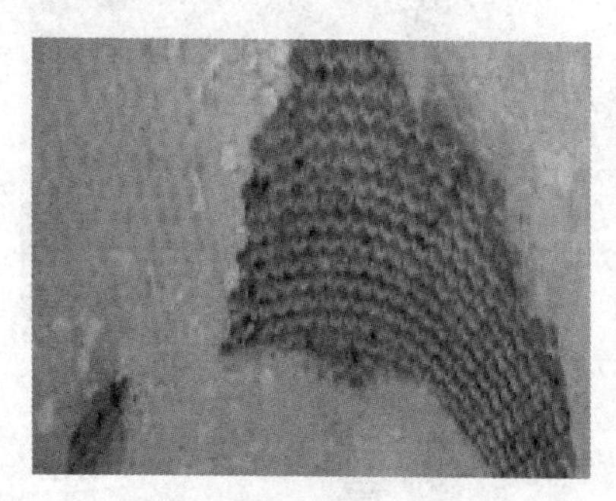

图3-10　龟甲网衬里脱落

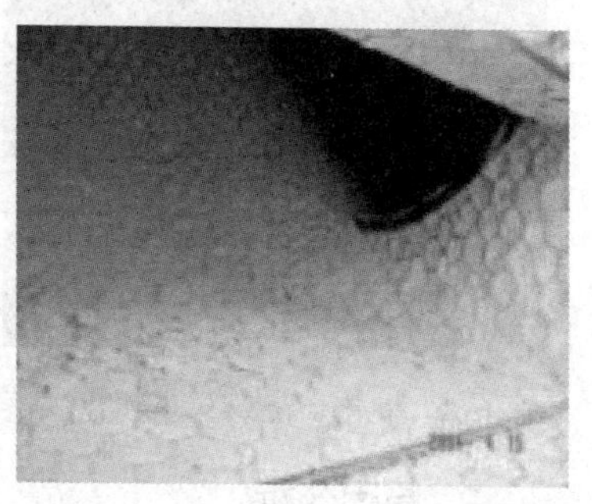

图3-11　衬里均冲刷减薄

2. 原因分析

旋风分离器的磨损主要在内表面，特别是在入口段及出料口比较严重，主要表现为衬里鼓包或脱落至使器壁磨穿，导致旋风分离器分离效率下降、催化剂跑损，从而影响装置的正常操作。据统计，近年来中国石化因衬里磨损、脱落造成旋分器更换的比例占旋分器更换总数的75%。

3. 对策

(1)严格按照《高耐磨单层衬里工程技术条件》龟甲网与器壁之间全部逐孔焊接。

(2)取消V形锚固钉。

(3)半圆环形锚固板适用的管子外径由114mm增加至168mm，增加管外直接焊接龟甲网条的结构。

案例41 旋分器衬里开裂造成装置停工

1. 故障经过

海南某炼化280×10^4t/a重油催化裂化装置2017年11月29日大检修，在检查再生器时，发现12组旋风分离器，其中7组旋分入口衬里损坏较为严重，特别是入口内侧龟甲网开裂变形较为突出，如图3-12所示。

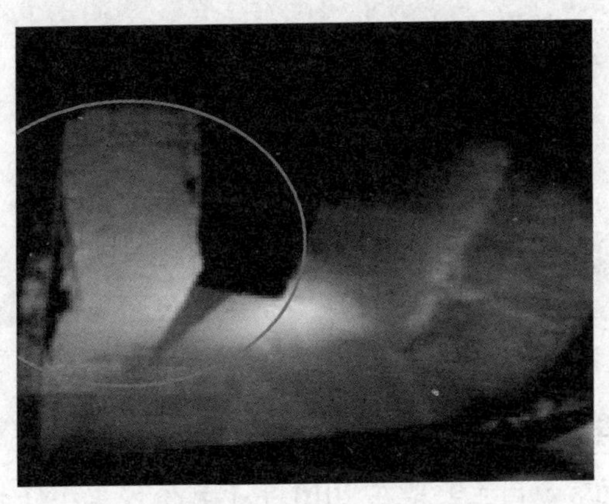

图3-12 再生器旋分入口衬里开裂情况

2. 原因分析

衬里开裂的主要原因是制造质量缺陷，旋风分离器制造厂家质量有问题，厂家不重视衬里施工质量。

3. 对策

(1) 对旋风分离器设备更新。

(2) 对衬里施工过程进行监造。

案例42 原料油进入再生器超温导致衬里脱落造成装置停工

1. 故障经过

九江某石化2010年7月5~15日2#催化装置因催化剂跑损较大，停工小修。经检查是旋分衬里脱落，堵塞料腿，导致跑剂，如图3-13所示。

图3-13 旋分内部龟甲网衬里脱落

2. 原因分析

衬里脱落原因主要是在2010年1月份停工小修时，因进料阀门关闭不严，原料油进入再生器造成超温，导致再生器旋分衬里受损脱落严重。

3. 对策

(1) 停工检修消缺，对脱落衬里进行修复。

(2) 加强工艺操作管理，加强开工管理，杜绝此类事故发生。

案例43　超温导致衬里脱落造成装置停工

1. 故障经过

齐鲁某石化2010年12月30日1#催化装置因催化剂跑损量增大，装置停工检修。经检查发现再生旋分器第4组二级料腿环焊缝整体断裂，第4组、第5组、第6组二级料腿各有一处环焊缝开裂，如图3-14和图3-15所示。一、二级旋分器料腿拉杆多处变形断裂。

图3-14　第4组料腿焊缝开裂　　图3-15　第5组的料腿焊缝开裂

2. 原因分析

原因主要是再生器实际运行时有超温情况，超温导致料腿发生变形、焊缝开裂以及衬里脱落等。

3. 对策

（1）加强操作工艺管理，杜绝超温超压现象。

（2）提高焊接质量，料腿的对接焊缝、料腿与旋风分离器之间的对接焊缝应采用氩弧焊打底的全焊透结构。

（3）改进拉杆的活连接结构，使拉紧装置保持一定的弹性。

案例44　再生斜管龟甲网脱落造成装置停工

1. 故障经过

杭州某石化2008年5月15日催化裂化装置因再生斜管催化

剂循环受阻，装置停工处理。检查发现再生斜管上出口(二密与再生斜管连接处)有部分(约0.7m^2)衬里及龟甲网脱落，如图3-16和图3-17所示。

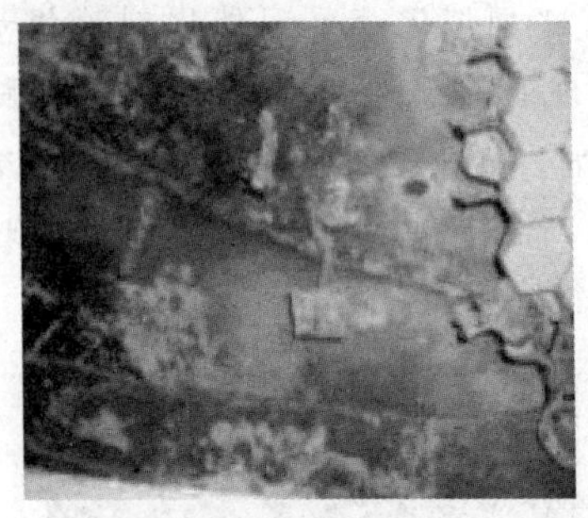

图3-16　再生斜管上出口衬里脱落

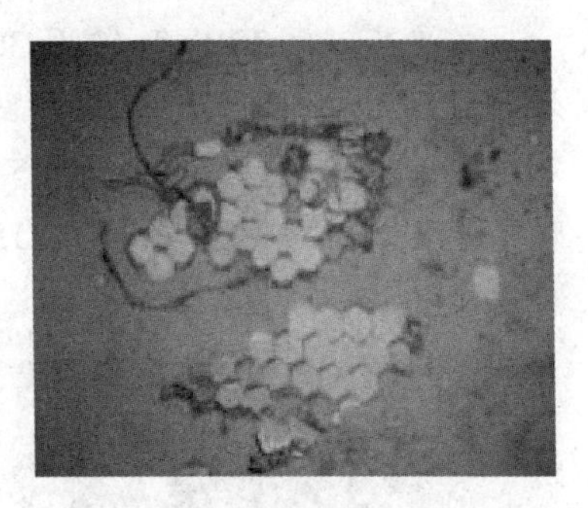

图3-17　脱落的龟甲网衬里

2. 原因分析

主要原因是龟甲网焊接质量差以及斜管运行存在振动，运行中发生焊缝脱焊。

3. 对策

(1) 针对斜管衬里质量，斜管部分用支模振捣法，用模板来保证所需厚度，用振捣棒捣实。

(2) 考虑到斜管运行环境的恶劣性(高流速、小曲率半径、热震影响)，斜管的铆固钉间距由200m改为150mm，加大了铆固钉的密度，较为有效地减缓热点扩散的速度。

案例45　再生斜管贯穿性裂纹造成装置停工

1. 故障经过

上海某石化3#催化装置2015年2月24日再生斜管泄漏催化剂，装置切断进料封堵泄漏点，开工中因沉降器焦块脱落堵塞汽提段，催化剂流化中断，装置停工处理。经检查，再生斜管衬里耐磨层出现贯穿性裂纹，如图3-18所示。

图3-18　再生斜管衬里开裂

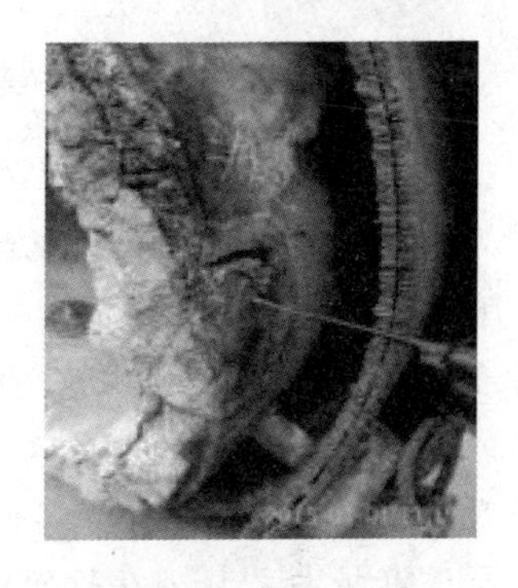

图3-19　热点包套

2. 原因分析

再生斜管的衬里损坏是个比较普遍的问题，其原因是再生斜管运行过程偶有晃动，对衬里施工要求更高。九江、茂名催化斜管改造中采用同样的衬里结构，开工后不久斜管表面均出现了大面积热点，设计选用新型衬里结构存在缺陷，不适合斜管工况。

主要原因：一是双层衬里的隔热层的施工采用卧式手工捣制，不符合支模浇注的设计要求；二是接口不按设计要求设衬里挡板；三是隔热层的钢纤维混合不均匀，耐磨层未按设计要求添加钢纤维。

3. 对策

（1）减振：协助工艺专业选择合理的结构。选择和设计合理可靠的膨胀节、弹性支撑、减振、止推等结构。

（2）提高衬里质量，隔热耐磨双层衬里，隔热层衬里支模浇注，采用适合隔热层支模浇注的环形锚固钉，隔热层和耐磨层衬里均需添加钢纤维。标准：70BJ041—2012《环形锚固钉隔热耐磨双层衬里工程技术条件》，隔热层衬里的支模浇注需要设备立置。

案例 46　再生斜管衬里脱落造成装置停工

1. 故障经过

南京某石化 1#催化裂化装置 MIP 改造开工后不久于 2007 年 1 月 1 日发现再生斜管抖动明显，再生斜管流化阶段性失常，1 月 3 日再生斜管出现红斑，并包套处理，如图 3-20 所示，包套后的第 7 天，包套的地方又出现红斑，面积约为 $1.6\times10^6mm^2$，同时，在斜管的接缝处等其他特殊部位出现了不同程度的红斑，并呈逐渐扩大之势。在短短四个月中，再生斜管面积较大的红斑包套了 5 次，包套处理后，再生斜管的表面温度较高，斜管与直管连接部位为 530℃，其他包套的地方都在 500℃以上，伴随着的是再生斜管筒壁膨胀量较大，并且膨胀很不均匀，包套与无红斑区的温度差达到 300℃，使膨胀节（东西面）相差为 140~150mm，筒壁的强度和材料应力也随着超温而下降，这些设备隐患和产生的现象严重威胁着装置的安全生产。

图 3-20　再生斜管包套现场图

5月3日该装置停工抢修，5月5日，进入再生斜管对衬里进行检查发现，再生斜管出现了面积为$3\times10^6mm^2$，体积为$4.5\times10^8mm^3$的衬里脱落。

2. 原因分析

(1) 施工不均匀。同一设备、相近部位，相近工况的衬里却有着不同寿命，主要问题就在于施工不均匀性。在进入该装置再生斜管检查时，发现非特殊部位的衬里也出现了不同程度的脱落，面积大约$0.3\times10^6mm^2$。由于施工不均匀性，产生质量问题在其他装置也是经常发生的，这就主要表现在：施工中供水量发生变化，改变了衬里含水率，不仅影响成型衬里的密度，也影响初凝、终凝时间，水化深度，还会导致大颗粒骨料滑落，影响材料级配，最终也是性能下降；作业人员熟练程度存在一定的差异，敬业精神也有差别，这都给施工不均匀性带来影响，甚至出现重复加水，超时涂抹等情况。

(2) 再生斜管运行条件恶劣。再生斜管不间断的抖动，再生温度每8h波动数次，衬里随之急剧膨胀和收缩，这给衬里造成了极大的危害。装置开工后不久于2007年1月1日发现再生斜管抖动明显，并伴随着再生滑阀压降PDIC115、反应温度TIC101、反应压力PIC110等相关参数波动。

3. 对策

(1) 适应生产工艺要求，提高衬里材质的品级

根据以上对再生斜管衬里多发问题症结所在及简析，可知提高衬里材料的品级，是延长复杂结构、部位冲刷严重的衬里寿命的有效途径。对于斜管，应采用磷酸盐高耐磨衬里或纯铝酸钙高耐磨衬里加适量钢纤维。针对再生斜管的斜管部分及喇叭口区域，由原来的EM—1.6(抗压强度为40~50MPa)升级为EM—2.3(抗压强度为70~80MPa)；针对再生斜管的虾米段(再生斜管的斜管与直管连接部分)区域和接缝处，由原来的EM—

2.3(抗压强度为70~80MPa)升级为EMP—4(抗压强度为100~110MPa)；针对再生斜管的直管部分(待修复部分)区域，由原来的EM—1.6(抗压强度为40~50MPa)升级为EM—2.3(抗压强度为70~80MPa)。

(2) 部署、组织施工，提高施工过程中的各项技术水平

① 施工明确职责，该装置在施工前，利用技术研讨会、负责人碰头会等会议强调施工过程中的施工、管理和监督职责。由生产车间掌握施工全过程管理，对工程负责计划安排、检查、监督和验收；生产车间设备员对工程负主要的技术职责；设备主任负主要的管理职责。施工单位要负责工程施工方案的起草工作，并对工程质量负全责，给生产造成损失，要予以赔偿。机动处主管人员对生产车间负指导责任，对工程负管理责任，保证衬里材质打实打牢。

② 确定施工方法。再生斜管的斜管部分用支模振捣法，用模板来保证所需厚度，用振捣棒捣实，这样不但避免了衬里料的回弹，减少了用料，节约了费用，施工质量受人为因素的影响较少，而且能保证钢纤维在衬里料中的均匀分布，能获得良好的增强效果。同时，这次的斜管部分的施工采取了连续施工，减少了施工缝。考虑到再生斜管空间有限，振捣棒和施工人员无法进入，所以再生斜管直管部分和连接部位用手工涂抹法，虽然这种方法受人为因素影响较大，但小面积施工时，只要施工人员尽职尽责，也可保证衬里的均匀和密实。

③ 铆固钉间距。虽然有的部位和大曲率半径的再生器、外取热器等设备相同，条件一致，但考虑到再生斜管运行环境的恶劣性(高流速、小曲率半径、热震影响)，斜管的铆固钉间距由200m改为150mm，加大了铆固钉的密度，较为有效地减缓热点扩散的速度。

案例47 外取热器斜管衬里脱落造成装置停工

1. 故障经过

巴陵某石化催化裂化装置2008年1月出现外取热器入口斜管衬里先后三次出现脱落，严重影响装置安全运行，脱落的衬里层比较坚硬，往往沉积在外取热器的下部流化风分布管处，引起外取热器的流化，影响再生器的热平衡，从而影响装置加工量，同时也降低了外取热器的产汽量。隔热层脱落后，高温的催化剂直接冲刷材质为16MnR的筒体，容易造成筒体穿孔，在筒体外壁往往形成高达550℃以上的热区。

2. 原因分析

双层龟甲网隔热耐磨衬里，隔热层厚度124mm，耐磨层厚度26mm，由柱形锚固钉、端板、龟甲网、隔热衬里、耐磨衬里组成。柱形锚固钉用ϕ12圆钢加工而成，长度由所需衬里的厚度来确定。端板的尺寸一般为50mm×50mm，厚度约6mm，端板固定在锚固钉上，在中心孔处与锚固钉塞焊。龟甲网由宽度为20mm±0.3mm、厚度为2mm的钢带制成。

温度升高时，龟甲网周向净膨胀量造成龟甲网压缩变形或衬里产生翘曲，当温度下降时，龟甲网由于冷缩而产生较大的拉应力，焊缝容易疲劳破坏。由于焊接质量的影响，造成锚固钉与壳壁上脱焊，端板与锚固钉脱焊，龟甲网与端板脱焊；龟甲网与龟甲网脱焊，使衬里产生鼓包、脱落，造成器壁超温。衬里投用后，由于升降温及流化产生热震的情况下，衬里的焊接接头在叠加内外应力的作用下也容易发生断裂，导致衬里损坏，引起设备局部超温。

3. 对策

(1) 临时措施是在外壁直接增加一层耐磨衬里，形成一个保护“盒子”。

(2) 结构优化。采用侧拉环结构。拉型圆环锚固钉是针对龟甲网在异型部位使用时施工困难、内应力大、容易产生衬里破坏的缺点而开发的一种新型锚固方式。它摒弃了龟甲网衬里高温下变形翘曲、鼓包开裂、脱落的质量缺陷。另外，侧拉圆环锚固钉衬里的施工工序少，降低了劳动强度，缩短了施工周期，特别适用于介质流速大，操作温度高、冲刷力强的部位。

(3) 正确选择钢丝纤维的类型和材质。外取热器入口斜管处温度较高，温度变化较大，对材料有一定要求，为了避免高温下钢纤维材料性能下降，抗裂性能变差，采用Cr25-Ni20材质。钢纤维的类型选用新型的弓型钢丝纤维，当量直径长度为0.2mm×1.0mm×25mm，因为加入弓型钢丝纤维的单层衬里的抗裂性是加入直线钢丝纤维的4倍，加入弓型钢丝纤维的单层衬里的韧性是加入直线钢丝纤维的2倍，可以有效避免外取热器开停频繁衬里由于热胀冷缩的裂纹扩展趋向。

(4) 精细施工。优化单层衬里向双层衬里过渡段的结构，选用合理的衬里施工方法，保证施工质量。分段制作，现场组装。第一部分为再生器与斜管连接处衬里，第二部分为斜管衬里，第三部分为外取热器与斜管连接部分衬里。

案例48 提升管快分变径段龟甲网脱开造成装置停工

1. 故障经过

河南某石化催化裂化装置2008年7月21日因沉降器催化剂跑损(2.67kg/t)，装置停工处理。检查发现，提升管(直管段)进快分的方圆变径段龟甲网脱开，如图3-21和图3-22所示，龟甲网与导向钢板中夹大量焦块，造成流通截面变小，造成催化剂循环跑损。

2. 原因分析

龟甲网变形原因主要是快分制造厂龟甲网焊接质量控制不过关，龟甲网局部点焊在本体上，未满焊，在运行过程中，发生脱焊变形。

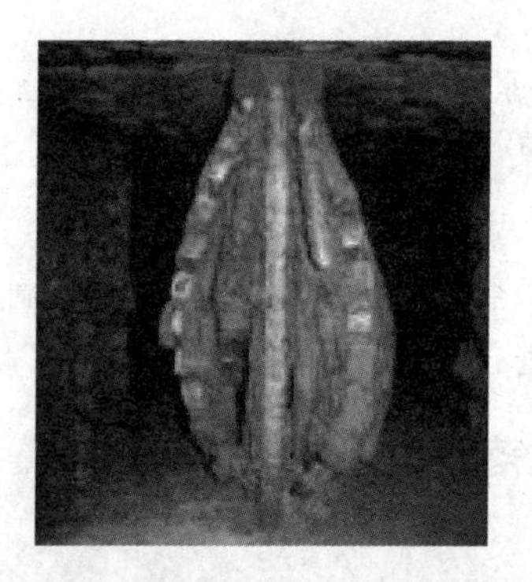

图 3-21　快分入口龟甲网脱焊变形

图 3-22　喇叭口变形耐磨层脱落

3. 对策

(1) 更换提升管快分，加强制造厂龟甲网焊接质量控制。

(2) 快分制造厂龟甲网焊接关键点进行旁站监理。

案例 49　沉降器旋分衬里向内卷翻造成装置停工

1. 故障经过

广州某石化3#催化装置2006年12月7日开工中发现沉降器跑剂，再次停工处理。检查中发现一根单旋(东北方向)喇叭口左侧衬里向内卷翻，如图3-23所示，几乎完全遮挡住了旋分器入口，如图3-24所示。

图 3-23　单旋入口龟甲网脱焊卷起部位

图 3-24　卷起形貌

2. 原因分析

造成旋分器效率下降，导致跑剂。原因主要是龟甲网焊与旋分本体焊接质量差，运行中脱焊。

3. 对策

(1) 更换沉降器旋分器，加强制造厂龟甲网焊接质量控制。

(2) 制造过程，关键控制点进行验收。

案例50　沉降器衬里脱落严重造成装置停工

1. 故障经过

广州某石化3[#]催化裂化装置2006年12月16日开工过程中发现待生立管下料不畅，沉降器流化不正常，停工检修。检查发现沉降器内大隔栅以上约1m高度范围内衬里有较大面积剥离、开裂和脱落，如图3-25所示，过渡段锥体表面龟甲网衬里鼓泡，衬里块和焦块掉落至待生立管出口，导致下料不畅，如图3-26所示。

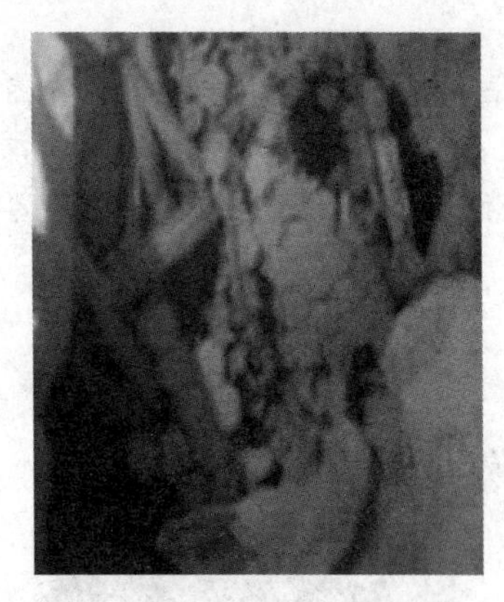

图3-25　脱落的龟甲网衬里

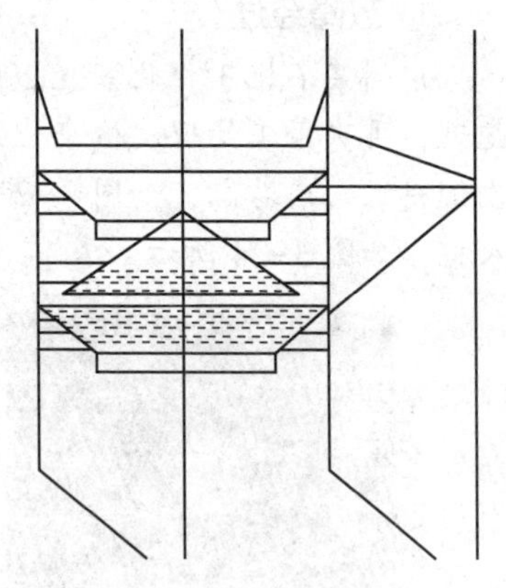

图3-26　衬里脱落部位

2. 原因分析

原因主要是每次停工为防止焦块自燃在打开沉降器后立即通入水冷却，加剧了龟甲网衬里的损坏，致使内衬里寿命提前到期。

3. 对策

(1) 沉降器下半部分、汽提段的单层隔热耐磨衬里的容重可适当提高，由LC4级提到LC2级。

(2) 沉降器、汽提段的单层隔热耐磨衬里采用支模浇注。

(3) 龟甲网与器壁的焊接全部改为逐孔焊接。

(4) 有可能接触水的高耐磨衬里采用水硬性结合剂，而不采用化学结合剂，如内提升管外表面、汽提挡板等部位。

案例51　待生分配管衬里堵塞造成装置停工

1. 故障经过

上海某石化公司催化装置2009年9月15日开工后，催化剂循环量受到限制，装置无法维持操作，再次停工处理。检查发现待生分配器的两根待生分配管内有衬里和焦块，如图3-27所示，造成部分催化剂分配孔被衬里和焦块堵塞。

图3-27　待生分配器管内取出的衬里和焦块

2. 原因分析

从现场检查情况看，导致本次催化开车不成功原因，一是检修时衬里修补不彻底，造成开车过程中部分脱落的衬里进入待生分配器，使待生分配器压降上升，催化剂循环受阻，无法维持正常运行；二是设计上考虑不周，分配器卸料口设计偏小、分支开口面积也偏小，且开孔角度不合理。

3. 对策

（1）为避免以后掉落的衬里再次堵塞催化剂分配口，洛阳院对待生分配器进行了结构调整。

（2）对主分布器上原来待生催化剂卸料口由150mm×150mm扩至ϕ200mm。

（3）对原来两个分支上共计16个ϕ50mm孔更改为18个100mm×80mm方型孔，保留16个ϕ50mm孔，并对开孔角度进行了调整。

（4）对待生分配器增加松动风，分布管上开孔面积由约0.12m^{2}增加至约0.25m^2。

案例52 沉降器过渡段及再生器器壁穿孔造成装置停工

1. 故障经过

巴陵某石化催化装置2012年1月24日因沉降器过渡段及再生器器壁穿孔，如图3-28所示，装置停工抢修。检查发现沉降器溢流斗下部汽提蒸汽管线(规格ϕ219×10mm、材质20$^{\#}$钢)弯头穿孔，如图3-29所示，沉降器过渡锥段有200mm×150mm孔洞，再生器器壁有直径ϕ50mm孔洞，沉降器、再生器穿孔处衬里脱落。

图3-28 催化剂泄漏

图3-29 穿孔弯头补焊处

2. 原因分析

原因主要是2011检修发现汽提蒸汽管线泄漏，采用外部贴板的方法进行堵漏，堵漏焊缝质量差，存在未焊透情况，如图3-30所示，在运行时该部位再次发生泄漏。

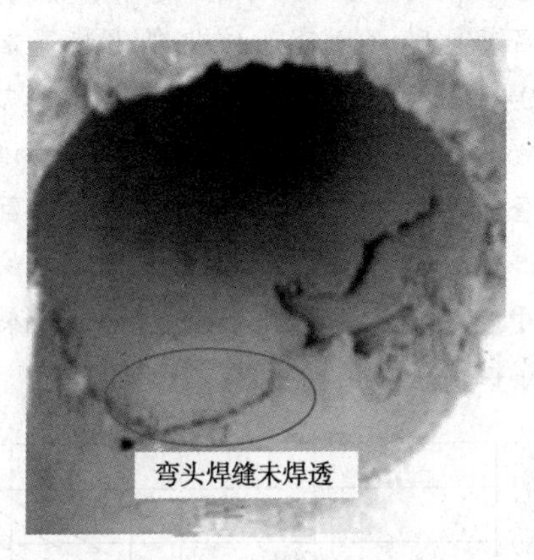

图3-30 弯头焊缝未焊透

3. 对策

（1）汽提挡板上表面提高至衬高耐磨衬里。

（2）汽提蒸汽盘管的外表面提高至高耐磨衬里。

（3）同轴式两器的汽提蒸汽管穿挡板时应与挡板密封焊。取消汽提挡板的可拆结构，全部采用整体结构。

案例53 再生器筒体焊缝开裂

1. 故障经过

齐鲁某石化1#催化裂化装置2008年4月大修时对再生器筒体焊缝进行磁粉检测，结果检查共发现再生器筒体环缝裂纹10处，其中最长裂纹长度有1900mm。

2. 原因分析

壳体开裂可检测到烟气中的SO_x和NO_x酸性介质，酸性介质腐蚀环境是造成再生系统设备壳体应力腐蚀开裂的主要原因。烟气内含有一定数量的水蒸汽，焦炭中的硫在燃烧后生成二氧化硫及三氧化硫，当三氧化硫与烟气中的水蒸汽结合，便形成硫酸蒸汽，随着三氧化硫浓度以及烟气中水蒸汽的含量的增加，烟气的酸露点温度也随之增高。催化裂化装置烟气的实际露点温度可达到140~150℃，如图3-31所示，当季节、气候等外在因素变化时，金属壁温很多时间是在露点温度以下，当再生烟气穿过隔热耐磨衬里以后，高温烟气中的硫、氮等元素的氧化物在器壁附近出现冷凝形成的硝酸盐和硫酸盐溶液，造成了设备的应力腐蚀开裂。再生系统设备应力腐蚀开裂的裂纹很难修复，尤其是贯穿性裂纹修复后会再次开裂。

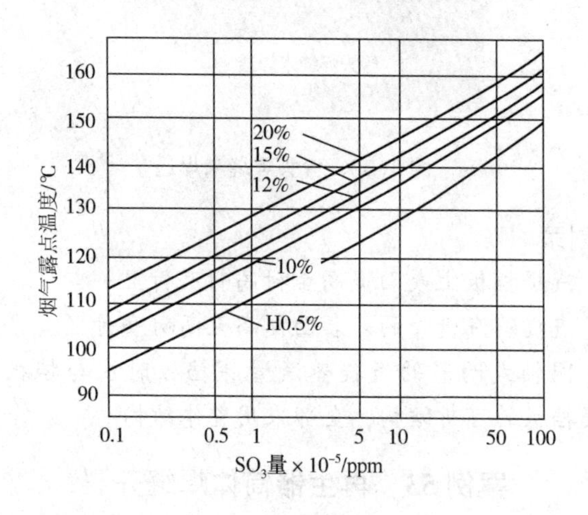

图3-31 烟气的酸露点温度曲线图

3. 对策

(1) 严格把控衬里施工质量，尤其是衬里接口等不连贯部位的施工质量，增加衬里成型后的抗拉、抗折性能，减少腐蚀性烟气与壳体内壁的接触；

(2) 提高设备壁温使其达到烟气的露点温度以上，同时也能够减少设备的热损失。这种方法目前在多个装置设计中采用，设计金属壁温在160~200℃，涂层外表面温度在100℃以下，既可使器壁温度高于烟气的露点温度，又使设备外表面温度在合适的温度范围内，达到了节能和安全生产的要求。

(3) 再生系统设备的壳体内除工作应力外，焊缝内也存在较大的焊接残余应力，因此减少焊接残余应力也是降低应力腐蚀开裂的有效方法；残余应力的缓和方法有：消除应力热处理。

案例54　大油气管线变径段衬里交接处穿孔造成装置停工

1. 故障经过

南京某石化3#催化装置2018年8月3日，沉降器大油气管线变径段衬里段与保温段交接处漏大量油气，如图3-32所示，装置停工。介质：反应油气，工作温度505℃，工作压力0.26MPa；油气线垂直段(EL+18487以上)规格ϕ1312×12，为碳钢+衬里冷壁结构，此种结构为保证垂直段管线与沉降器(冷壁)同步位移；油气线水平段(EL+18487以下)规格ϕ1118×12，为15CrMoR+保温热壁结构，此种结构为防止冷壁结构结焦处理时对衬里的破坏。

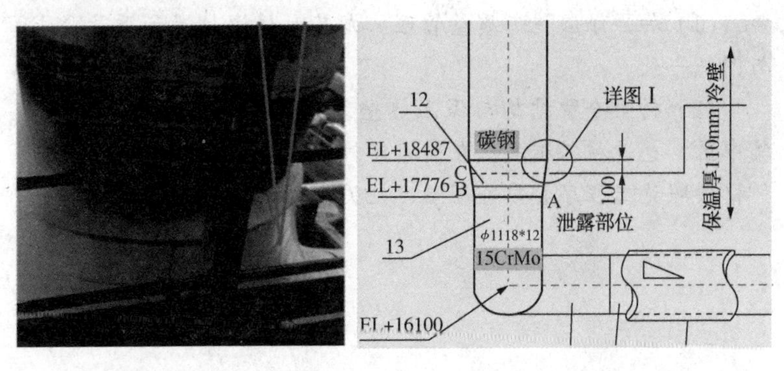

图3-32　油气管线变径段衬里段与保温段交接处泄漏

2. 原因分析

(1) 保温施工尺寸不足造成约200mm长度的高温铬钼钢管道裸露，泄漏焊缝部位处于温差应力集中部位。

(2) 焊接质量不高，裂纹焊缝为变径大小头处，热处理时大小头弧形部位保温棉包裹不紧实、如图3-33所示，有空隙，热处理效果打折扣。

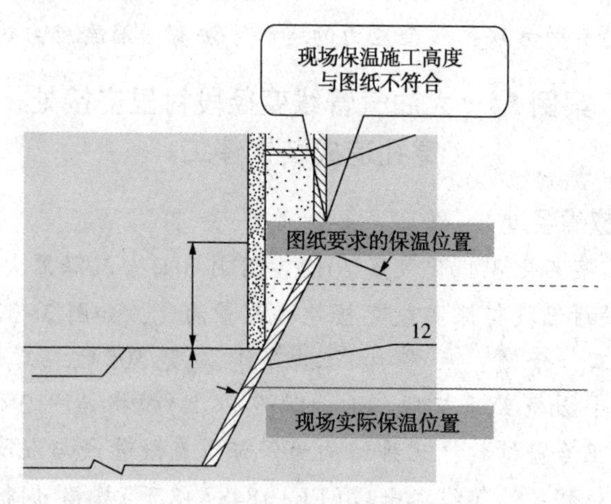

图3-33 保温位置与图纸不符

3. 对策

(1) 加强保温施工质量管理，尤其时保温位置和质量要求，与图纸一致。

(2) 衬里冷壁结构与保温热壁结构交接处往往是交变应力集中区，也是施工难点，在检维修过程中要加强施工质量管理，严格按照施工程序和热处理温度把关。

第 4 章　结焦问题分析及对策

催化裂化装置在中国炼油企业的重油加工流程中占据重要地位。随着石油需求量的不断增长以及重油开采技术的不断进步，炼厂加工重质原油的品种和比例在不断增加。受此影响，催化原料劣质化趋势明显，不断给装置的长周期稳定运行工作带来新的问题与挑战，沉降器结焦已成为我国催化裂化装置长周期平稳运行的一个主要影响因素，也是催化裂化装置切断进料最主要的原因之一。

近年来，针对催化裂化装置结焦问题进行了多种形式的技术攻关，取得了卓有成效的成果，目前有些部位的结焦问题得到了解决和有效控制，如反应油气管道和分馏塔底及油浆循环系统；但对装置长周期运行威胁较大的一些部位，如沉降器顶部和沉降器旋风分离器升气管外壁，还没有得到根本解决，影响催化裂化装置的长周期运行。

4.1　结焦问题分析

4.1.1　现状分析

分析了近年来 11 家企业催化装置结焦典型情况，结焦情况存在如下几个特点：①结焦层次分明。从汽提段防焦格栅上部开始，越往上部结焦现象越重，焦块尺寸也越厚，到粗旋出口和顶部防焦蒸汽附近，焦块已基本占据了大部分沉降器空间。②结焦程度。粗旋和单旋的部位被焦块基本糊死，沉降器器壁焦块的厚度在 100mm 以上，旋分器外壁上焦块厚度从

30～50mm。③焦块密度及成分随结焦部位的不同而有所区别。软连接位置采集的焦块样品密度最高，含碳量较高，燃烧后的固体物为10%左右，属于典型的高温缩合生焦；旋分器等内构件外壁上的挂焦密度和含碳量次之，沉降器器壁周围的挂焦组织疏松，含有大量的催化剂成分，燃烧后的固含量高达60%以上。

催化裂化沉降器结焦机理主要有3种：①液相重组分高温缩合机理。原料中的胶质、沥青质等重组分进入提升管后未能充分气化，仍以液相形式黏附在催化剂颗粒表面，并随催化剂进入沉降器中，这些重组分在沉降器操作温度条件下发生缩合反应而生成焦炭，这是沉降器结焦的主要来源；②相分离生焦机理。油浆、减渣等重馏分具有胶体体系的行为特征，重油液相热转化过程中的结焦结垢，实际上就是胶体体系的相分离过程；③自由基反应机理。沉降器反应油气中包含了水蒸气、干气、液化气、汽油、柴油、回炼油和油浆等组分，这些组分在沉降器高温条件下，发生自由基反应而产生大量的聚合物，这些聚合物进一步缩合，在器壁沉积并最终生成焦炭。

原料性质是沉降器结焦的内在因素，原料性质越差、残炭越高；原料中稠环芳烃、胶质和沥青质等重组分含量越多，在相同的沉降器结构和反应条件下，沉降器就越容易结焦。沉降器内反应油气的流动状况对结焦的影响较大，沉降器结焦部位主要在温度、流速相对较低的“死区”，如沉降器稀相空间内壁、旋分器及内提升管上部外壁及内集气室周边等。沉降器结焦与油气停留时间有很大关系，常规结构的沉降器中，反应油气在沉降器平均停留时间大于30s，且边壁附近油气流动速度较慢，停留时间可能高达数分钟，使得边壁处容易结焦，沉降器温度随高度增加而降低，使反应油气中重组分冷凝出来并粘附在沉降器及内构件表面进一步碳化结焦。

4.1.2 影响因素

(1) 反应温度：反应温度对结焦的影响有两方面，一方面影响重组分油气的液相形成，另一方面影响油气的反应速率，温度降低使得部分重组分达到露点而冷凝为液滴，导致局部区域液滴数量增加，黏壁概率增大，在器壁上生成结焦的机会加大。

(2) 油气停留时间是造成沉降器壁结焦的另一个主要影响因素。催化剂与油气混合物通过提升管反应器的时间约为2～4s。油气和催化剂离开提升管反应器进入沉降器后，油气如果不被及时引出，使反应终止，其在沉降器内长时间停留就会继续发生热裂化反应，时间越长，生焦速率越大，黏附在器壁上的液滴固化、结焦的量也越大。

(3) 流动状态：沉降器内的流场分布表明，沉降器内各个区域的油气流速有很大的差别，可分为三种，油气静止区域、油气低速流动区域和油气高速流动区域。油气的流动速度决定着器壁表面的剪切力大小，影响液滴或颗粒的沉积与扬起。在油气静止区域和低速流动区域，这种结焦表面的剪切力很小，焦块的增长不受限制，可以形成较大的焦块，如产生在沉降器内壁、旋风分离器外壁的焦块。在油气流速比较高的区域，器壁表面的剪切力大于液滴和细小催化剂对器壁表面的黏附力，使之不能沉积，就可以限制结焦厚度的增长，如旋风分离器升气管外壁、集气室内壁、大油气管线等。

(4) 油气中的催化剂颗粒和液滴是否向器壁沉积还取决于两者浓度之间的关系。油气中的催化剂颗粒浓度和液滴浓度之间存在着一定的平衡，当油气中含催化剂的浓度较高时，流动的催化剂颗粒有利于对黏附在器壁上的结焦母体起到“冲刷作用”，同时对弥散在沉降器的液滴也有“清扫作用”。结焦一般发生在沉降器内催化剂颗粒浓度相对比较低、液滴相对比较多的区域，例如在汽提段的上部区域，催化剂浓度急剧下降，而刚汽提的油气液滴比较大，上升高度有限，液滴易直接黏附在器壁上，常常形成一段很厚的结焦焦块。

4.2 结焦典型故障对策

沉降器结焦是影响催化裂化装置长周期运行的主要因素之一，如何延缓或避免沉降器结焦是各炼化企业着重解决的主要问题之一。不同装置沉降器的结焦原因不尽相同，需要结合实际生产情况“量体裁衣”，制定出防止沉降器结焦的主要措施，如图4-1所示。在分析沉降器结焦的原因基础上，有针对性的制定出防结焦的措施，通过粗旋单旋直联结构、VQS、旋流式快分结构等防结焦技术改造，成功应用到本装置，实际生产中取得了较好的效果。这些防结焦技术的成功应用，能从结构上消除重油催化装置沉降器结焦对装置运行的危害，达到延长装置运行周期、减少非计划停工的目标。

4.2.1 清焦方法

沉降器清焦是抢修和检修的重点，直接关系到检修进度和质量。由于沉降器内焦块反复复燃，温度长时间维持在100℃左右，无法进人，清焦工作受到很大制约；同时清焦过程中，上部焦块存在无规律脱落风险。鉴于空间小、温度高、脱落风险等困难，建议采取如下措施：①为了防止焦块复燃，可用蒸汽隔离氧气，再结合用水喷淋降温；②为了避免上部焦块掉落对清焦人员造成伤害，同时防止焦块塌方，清焦工作只能从上向下进行。③装卸孔内部紧靠旋风，空间小，清焦人员进出困难，清出的焦块运出进度慢。经研究，再在器壁上开2个天窗，这

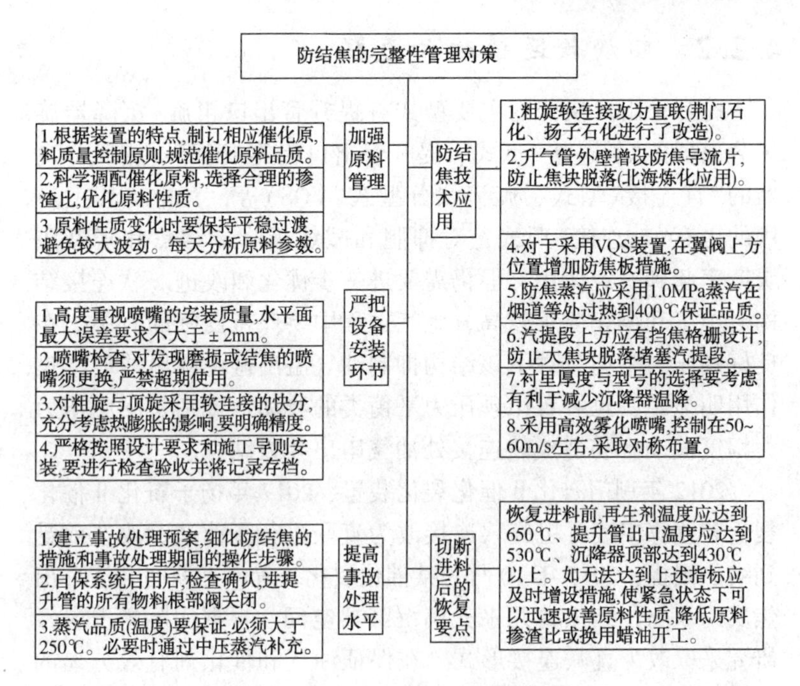

图4-1　防止沉降器结焦的主要措施

样清焦人员进入后作业空间较大，具体位置为：人孔南侧天窗以沉降器上封头焊缝标高为基准，向下约350mm为天窗的上口，所开天窗中心与人孔中心线之间弧长距离为2200mm；天窗尺寸约为弧长1200×高度1600mm。人孔北侧天窗还是以沉降器上封头焊缝标高为基准，向下约500mm为天窗的上口，天窗中心线与人孔中心线之间弧长距离为5400mm左右，天窗尺寸约为弧长1200×高度1600mm。将开天窗方案发给沉降器设计单位确认并报特检院报检后，安排施工单位作业。通过以上措施，清焦工作才顺利展开。天窗的恢复时，严格按照压力容器的有关规定进行，内外焊接并进行X光探伤检测。

4.2.2 粗旋软连接改为直联

提升管出口快分的主要型式有提升管出口粗旋+沉降器旋风分离器的“软连接”型式、提升管出口粗旋+沉降器旋风分离器的“直连接”型式、旋流快分型式(VQS)等，其中工程上应用的也有“软连接”型式，对抑制和减缓沉降器结焦和降低焦炭产率起到一定作用，但仍需要进一步优化和改进。软连接结构对施工和操作要求较高，施工过程中要保持良好的对中，在良好的压力平衡条件下该结构抑制油气溢出避免溢出油气结焦作用明显，一旦装置出现压力平衡类的波动，特别是反应压力大幅度波动容易造成软连接处油气串出导致结焦。

2012年荆门石化Ⅱ催化裂化装置、2017年扬子石化Ⅱ催化裂化装置等相续对粗旋软连接改为直联进行了改造，改造前受到结焦困扰，2015年10月，某催化裂化装置停工期间共清理出焦炭约300t，结焦物几乎充满沉降器空间。根据实际情况，经研究采取改为直联连接形式。在保证油气和催化剂有效分离的前提下，可以有效抑制或减少沉降器结焦。荆门石化Ⅱ催化裂化装置改造开车一次成功，改造后装置运行期间未因结焦问题引发停工。

粗旋单旋直联结构是提升管末端反应油气进入粗旋，分离出绝大部分夹带的催化剂后，大部分油气和少量催化剂经粗旋升气管进入进入单旋；粗旋和单旋料腿正压排料夹带的油气及汽提段汽提出来的油气，在防焦蒸汽作用下，通过中心导流管进入油气集合管。由于绝大部分油气都通过油气集合管进入单旋而不再进入沉降器稀相空间，使油气平均停留时间大大降低，从而减少了沉降器结焦的可能性。

4.2.3 旋风分离器防焦导流片技术

2013年7月某催化裂化装置两器藏量下降，单级旋风压降突然下降，油浆固体含量上升，停工打开发现料腿被焦块堵死，料腿内的焦块是单级旋分升气管外壁焦块脱落，造成旋分料腿堵塞，从而形成旋分器压降下降，催化剂跑剂的情况。

沉降器旋分的结焦出现在旋分升气管外壁、灰斗及料腿、翼阀口，其中旋分升气管外壁结焦最常见且危害性最大，旋分防结焦主要就指防止这部分结焦。存在重质组分未汽化或冷凝析出是旋分升气管结焦的内因，升气管外壁附近存在圆柱绕流附面层导致催化剂颗粒和重油液滴向升气管壁表面运移、黏附、沉积和固化、累积则是在此处结焦、结大块焦的外部条件。

鉴于油气结焦化学机理方面的必然性，防治这部分结焦的出路显然就在于改变升气管外壁的绕流附面层流动。为此，沉降器旋风分离器升气管外壁通过增设防焦导流片方式改变升气管外壁附近气相流场分布，并起到固定焦块和防止焦块脱落作用。

2013年北海炼化炼油二部催化裂化装置在沉降器单级旋分器的升气管外壁增设防焦导流片，防止焦块脱落。至2015年11月停工检修2年内，未出现因沉降器结焦而引起的非计划停工，改造效果明显。

4.2.4 应用新型VQS结构解决结焦

VQS由导流管、封闭罩、旋流快分头及环形挡板式预汽提器等4部分组成。在提升管出口外设一个封闭罩，将内提升管和部分汽提段罩在里面[6]。反应后的催化剂和油气通过旋流快分分离后，油气通过封闭罩上部承插式导流管将油气引进顶循。由于有封闭罩密闭，反应油气不能进到沉降器内部其他空间，从旋流快分出来的待生剂进入封闭罩内环形预汽提器，这部分汽提油气和蒸汽随反应油气通过导气管进入顶旋。顶旋料腿出来的待生剂进入沉降器下部汽提段，汽提油气、蒸汽通过封闭罩上的气体导管进入封闭罩内。

金陵石化130t/a重油催化装置的VQS系统改造后运行平稳，该系统能够把反应油气和催化剂一次分离所携带的油气快速引进顶旋，油气在沉降器内停留时间降到5s以下，而且可以预汽提出一次分离后催化剂所携带的油气，避免这部分油气中的重组分在沉降器内停留结焦。

2009年4月某催化裂化沉降器结焦脱落堵塞汽提段停工，打开检查发现沉降器内部结焦严重。2011年哈尔滨石化Ⅰ催化裂化装置提升管末端结构进行了改造，取消原有的粗旋加软连接形式，改为带有封闭罩的旋流式快速分离器(VQS)后，罩外与沉降器之间增加防焦隔板结构隔离旋风料腿催化剂携带的油气以及VQS下料口返回的油气，优化沉降器拱顶稀相防焦蒸汽分布器以提高用量，通过防焦隔板与器壁间隙形成有效驱赶油气环境，避免了油气的反串造成停留时间过长的行程结焦。2013年停工检修过程中发现，沉降器内部没有结焦，结焦问题得到彻底解决。

4.2.5 粗旋料腿增设溢流斗

针对沉降器结焦情况，洛阳石化工程有限公司给出了防结焦改造措施，即取消粗旋料腿出口防倒锥，在粗旋料腿出口增设催化剂溢流斗，增加粗旋料腿背压，显著减少粗旋料腿催化剂携带油气量。局部改造粗旋升气管出口尺寸，尽可能减少油气吹至单级旋分喇叭口边沿反吹回沉降器，减少油气结焦。在巴陵石化、沧州石化、安庆石化等多套同轴MIP催化装置应用该技术，应用后沉降器结焦显著减少。该技术于2015年11月也应用于洛炼1#催化装置，以解决洛炼1#催化装置结焦问题。

4.3 结焦问题的典型案例

案例55 沉降器翼阀结焦堵塞造成装置停工

1. 故障经过

安庆某石化重油催化裂化装置2010年4月15日沉降器大量跑损催化剂，料位无法维持，被迫停工抢修。该反应沉降器旋风分离系统为提升管出口三组粗旋加三组顶旋，粗旋出口和顶旋连接方式为升气管软连接。检查发现三组顶旋中有两组翼阀结焦堵塞，如图4-2所示，料腿和旋分器锥体内充满催化剂，沉降器内部大量结焦。如图4-3所示，造成沉降器跑剂的主要原因是翼阀结焦，旋分器下料不畅，油气携带催化剂进入分馏系统。

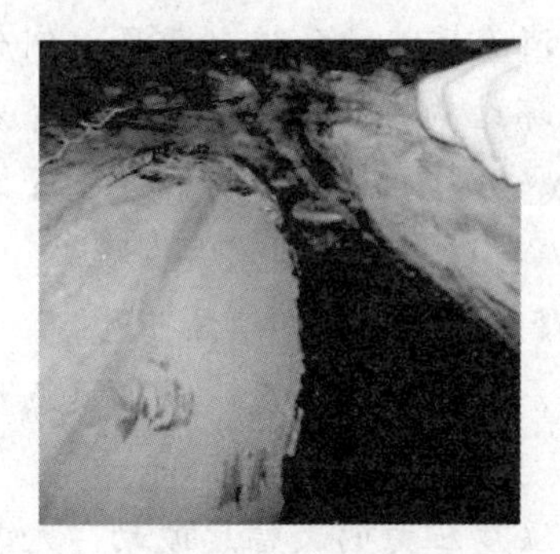

图4-2 翼阀结焦堵塞

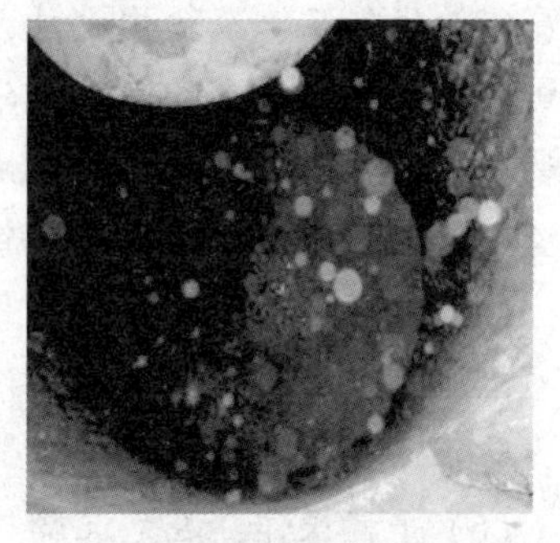

图4-3 旋分器料腿内催化剂堆积

2. 原因分析

反应系统的内部结焦主要发生在重油催化裂化装置中。结焦的原因是反应油气中重芳烃、胶质、沥青质等重组分在高温下发生缩合反应形成焦炭，甚至与催化剂颗粒附着在一起，沉积在原料油进料喷嘴出口、旋风分离器升气管外壁和沉降器内部其他构件上，严重时在汽提段下部、料腿底部、油气管线和分馏塔塔底处结焦造成堵塞，影响装置的正常生产。因此分析结焦的形成过程，以及造成结焦滞留在沉降器器壁上的原因是解决沉降器结焦的唯一途径。

3. 对策

针对沉降器结焦的原因，可采取以下几种措施降低结焦率，延长装置运行：

(1) 从沉降器内部设计中进行改进，采用粗旋和单级旋风分离器直连或软连接的方法可抑制油气重组分的冷凝，并缩短油气在沉降器内的停留时间，降低结焦的可能。另外采用新型旋流快分装置，例如VQS等避免反应油气在沉降器内的停留。

(2) 采用提升管反应终止剂技术，减少因过裂化反应生成的不饱和二烯烃。

(3) 优化沉降器结构设计，消除反应油气流动死区；例如改进沉降器顶部设置的防焦蒸汽环结构，使过热蒸汽在沉降器顶部均匀搅动，减少焦块的形成。另外在旋风分离器升气管的外壁可设置破焦结构或防结焦涂层，以有效抑制焦块的形成。

(4) 适当增加防焦蒸汽量，降低沉降器顶部结焦可能。

(5) 汽提蒸汽选用过热蒸汽，提高汽提温度，减少蒸汽水分，防止油气冷凝。

(6) 平稳操作，避免沉降器温度压力的大幅度波动，尤其注意开停工操作。

案例56　沉降器顶部及油气管线结焦造成装置停工

1. 故障经过

九江某石化2#催化装置2012年12月20日因反应器催化剂跑剂，装置停工进行消缺。打开反应器检查，沉降器顶部及油气管线结焦严重，如图4-4所示。对沉降器旋分器及进料喷嘴进行检查，发现3号、4号料腿被焦块堵塞；5号喷嘴的蒸汽腔出现开裂，如图4-5所示。

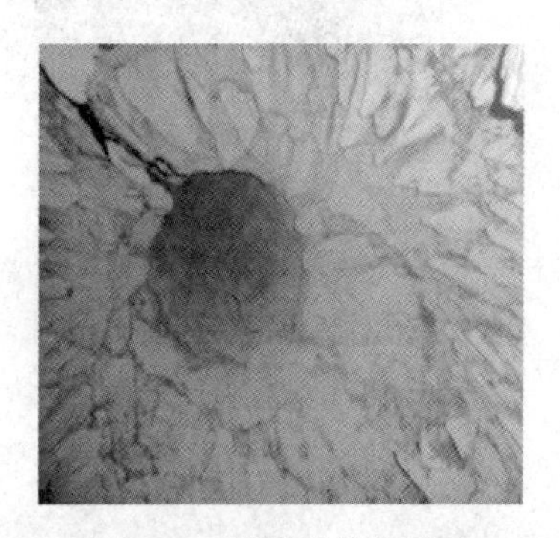
图4-4 沉降器结焦严重

图4-5 原料喷嘴蒸汽腔开裂

2. 原因分析

喷嘴损坏原因主要是制造质量存在问题。

3. 对策

(1) 停工消缺更换喷嘴。

(2) 加强喷嘴制造关键环节的验收。

案例57 粗旋和顶旋“软连接”处结焦严重

1. 故障经过

荆门某石化催化装置2010年12月停工沉降器人孔打开后，发现重反沉降器结焦严重，如图4-6所示。此次结焦有几个特点：①结焦层次分明。从汽提段防焦格栅上部开始，越往上部结焦现象越重，焦块尺寸也越厚，到粗旋出口和顶部防焦蒸汽附近，焦块已基本占据了大部分沉降器空间。②结焦程度。粗旋和顶旋半直连的部位结焦严重，如图4-7所示，沉降器器壁焦块的厚度在10cm以上，旋分器外壁上焦块厚度从几cm到40~50cm不等。③焦块密度及成分随结焦部位的不同而有所区别。

图 4-6 沉降器装卸孔处结焦情况

图 4-7 软连接处结焦情况

2. 原因分析

半直连位置采集的焦块样品密度最高，含碳量较高，燃烧后的固体物仅为 10% 左右，属于典型的高温缩合生焦；旋分器等内构件外壁上的挂焦密度和含碳量次之，沉降器器壁周围的挂焦组织疏松，含有大量的催化剂成分，燃烧后的固含量高达 60% 以上。

原料性质是沉降器结焦的内在因素，原料性质越差、残炭越高；原料中稠环芳烃、胶质和沥青质等重组分含量越多，在相同的沉降器结构和反应条件下，沉降器就越容易结焦。沉降器内反应油气的流动状况对结焦的影响较大，沉降器结焦部位主要在温度、流速相对较低的“死区”，如沉降器稀相空间内壁、旋分器及内提升管上部外壁及内集气室周边等。

3. 对策

(1) 停工清焦，并对衬里进行修复。

(2) 提升管出口粗旋+沉降器旋风分离器的“软连接”型式改为直联，如图 4-8 和图 4-9 所示。因软连接型式突出问题是一旦装置出现压力平衡类的波动，特别是反应压力大幅度波动容易造成软连接处油气串出导致结焦。

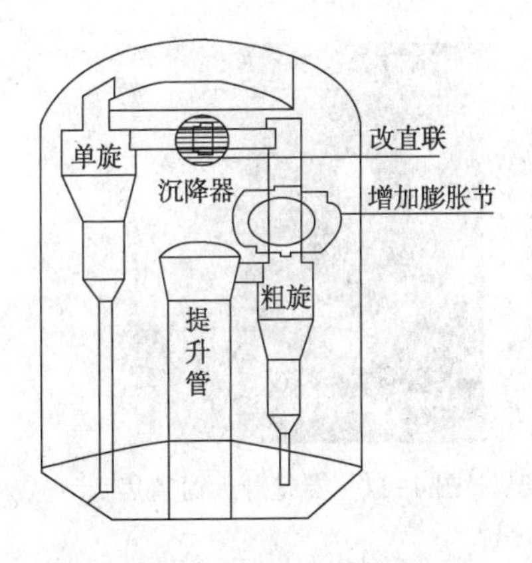

图 4-8　软连接改直联结构示意

图 4-9　改直联现场应用

案例 58　升气管外壁焦块脱落造成停工

1. 故障经过

北海某炼化催化裂化装置2013年7月2日上午受台风影响，厂区下大暴雨。14：00两器总藏量开始下降，同时发现沉降器单级旋分的压降由正常生产10.19kPa突降至8.98kPa，采样分析油浆固体含量由正常生产2~3 g/L突升至28.41 g/L。期间经过多次操作调整，单级旋分的压降仍不见上升，油浆固体含量最高上升至92.38 g/L。经公司初步分析认为是沉降器单级旋分故障，为保证安全，于2013年7月4日17：30组织非计划停工，进行抢修。于2013年7月23日恢复生产。由此可见，沉降器内结焦情况极其严重，粗旋、单旋外壁全部挂满了焦，如图4-10所示。里面空间小，且温度偏高，料腿堵。如图4-11所示，6个翼阀，有4个是开口的，从开口处明显看到有发亮的焦块，如图4-12和图4-13所示。

图 4-10　从沉降器顶部人孔结焦情况

图 4-11　器壁开天窗清焦

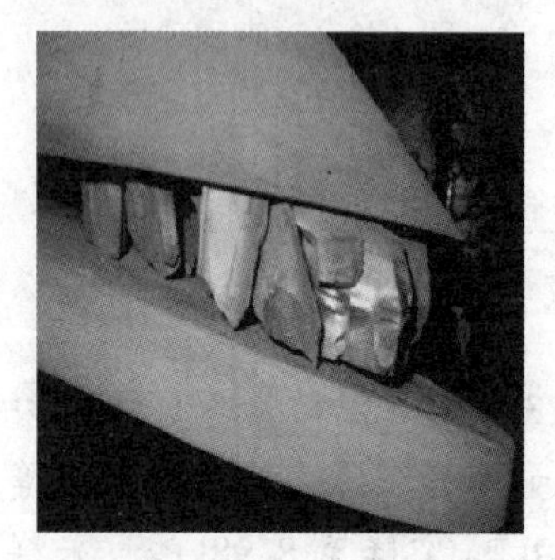

图 4-12　料腿结焦堵塞情况

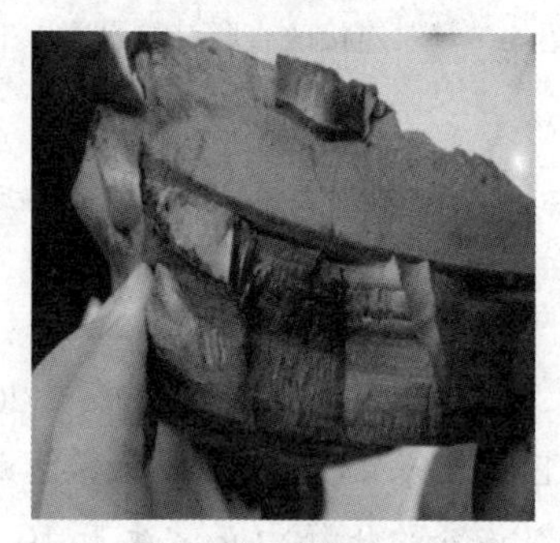

图 4-13　顶旋升气管结焦情况

2. 原因分析

料腿内的焦块是单级旋分升气管外壁焦块脱落(升气管外壁涂有新型防结焦涂料，该涂料更容易造成焦块脱落)，造成旋分料腿堵塞，从而形成旋分器压降下降，催化剂跑剂的情况。从单级旋分升气管外壁清除下来的焦块如图所示。

3. 对策

(1) 沉降器内结焦情况极其严重，粗旋、单旋外壁全部挂满了焦。里面空间小，且温度偏高，刚开始的时候给我们清焦工作的进行造成很大的困难。因此，在沉降器顶部开 2 个天窗，如图 4-11 所示，加强空气对流降低沉降器内温度，由此推进清焦的工作。天窗的恢复严格按照压力容器的有关规定进行。

(2) 找到了单级压降下降、料腿堵塞的原因，对此我们的处理方案就是用钢筋捅，把料腿内的焦块、催化剂捅下来。

(3) 针对此情况，目前我们所采用整改措施为在沉降器单级旋分器的升气管外壁增设由中国石油大学设计的防焦导流片，防止焦块脱落。如图 4-14 所示。

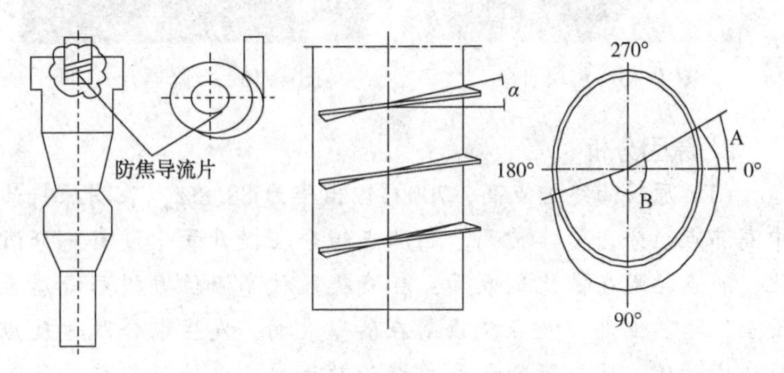

图 4-14　防焦导流片结构图

2013 年北海炼化炼油二部催化裂化装置在沉降器单级旋分器的升气管外壁增设防焦导流片，如图 4-14 所示，防止焦块脱落。至 2015 年 11 月停工检修 2 年内，未出现因沉降器结焦而引起的非计划停工，改造效果明显。

案例 59　两次非停导致结焦严重

1. 故障经过

南京某石化催化装置于 2014 年 7 月 21 日一次投料开车成功，2015 年 10 月 20 日按计划停工检修。沉降器结焦严重，沉降器内焦块反复复燃，如图 4-15 所示，温度无法彻底降下来，清焦工作受到很大制约，如图 4-16 所示。

图4-15　焦块自燃

图4-16　沉降器开大门

2. 原因分析

（1）原料油终馏点高，700℃馏出率为88.8%，表明原料油中高沸点组分含量非常高。高沸点组分在提升管中没有充分汽化，液点粘附在催化剂表面，在汽提段被高温位汽提蒸汽蒸至反应沉降器上部，液点先吸附在器壁表面，发生缩合脱氢反应后变成焦碳。反应器粗旋和单旋为软连接，设计时粗旋升气管出口90°方口和单旋吸入喇叭口间距(50mm)偏小，造成汽提出的油气难以进入单级旋风喇叭口，加剧了反应沉降器上部生焦。

（2）粗旋升气管出口90°方口和单旋吸入喇叭口安装时对中不一致，因为偏流导致油气未完全进入单旋，造成生焦量增加。

（3）因原料中V含量较高，造成平衡剂中V含量长时间在9500ppm左右。焦中氢燃烧生成水蒸气，催化剂上生成的V_2O_5在水蒸气环境下高温熔融，催化剂的“黏性”增加，进入反应器与原料油接触后，更加容易附着在线速较低的沉降器上部。同时，反应器汽提蒸汽总量约5t/h(设计上部汽提为1.5t/h，下部汽提为3t/h)，虽然操作过程中达到了设计值，但针对装置目前原料条件汽提蒸汽量可能偏小，造成汽提出的油气在沉降器上部线速低，停留时间长，生焦量增加。

（4）装置自开工以来出现过2次切断进料，反应器大幅降温，同时油气在沉降器上部停留时间变长，导致生焦量增加。这一次停工时，渣油加氢装置先停，催化原料较轻，为了增加生焦量，汽提蒸汽量从4.5t/h降至2.5t/h，可能也增加了反应沉降器的结焦。

3. 对策

(1) 为了避免上部焦块掉落对清焦人员造成伤害，同时防止焦块塌方，清焦工作只能从上向下进行。而当时在装卸孔上方只有17层辅装孔，且该人孔紧挨旋风，清焦人员进出不方便，清出的焦块运出也困难。经研究在17层人孔高度位置，再在器壁上增开2个大门，如图4-16所示，这样清焦人员进入后作业空间较大，10月31日在沉降器器壁开大门，具体位置为：17层人孔南侧大门(方位130°)以沉降器上封头焊缝标高EL60100为基准，向下350mm为开门的上口，所开大门中心与17层人孔中心线之间弧长距离为2200mm；大门尺寸为弧长1200×高度1600mm。现场北侧开门情况见图四清焦工作才顺利展开。防焦格栅以上的清焦工作到11月8日基本结束。

(2) 粗旋料腿增设溢流斗。针对沉降器结焦情况，洛阳石化工程有限公司给出了防结焦改造措施，即取消粗旋料腿出口防倒锥，在粗旋料腿出口增设催化剂溢流斗，增加粗旋料腿背压，显著减少粗旋料腿催化剂携带油气量。局部改造粗旋升气管出口尺寸，尽可能减少油气吹至单级旋分喇叭口边沿反吹回沉降器，减少油气结焦。在巴陵石化、沧州石化、安庆石化等多套同轴MIP催化装置应用该技术，应用后沉降器结焦显著减少。该技术于2015年11月也应用于洛炼1#催化装置，以解决洛炼1#催化装置结焦问题。

(3) 粗旋单级软连接改为直联。粗旋单级软连接改为直联，在粗旋升气管增设膨胀节，增加6根汽提蒸汽和汽提油气导气管。该技术在中石化系统的荆门2#催化装置和北海催化装置应用。该技术对操作工要求较高，需生产过程中避免反应压力波动引起旋分跑剂。

案例 60　流化不稳定使结焦严重致装置停工

1. 故障经过

2015 年 12 月 19 日 3：56 时，上海某石化 2#催化装置沉降器单旋压降下降 1.5kPa，严重跑剂，油浆外排管线堵塞，油浆不能外送，导致装置停工。停工检查发现以下问题：西组单级旋风分离器灰斗内部堆满催化剂，已经完全失效，清理催化剂后发现有焦块堵塞住料腿耐磨短管入口，结焦的部位主要是集气室、单旋料腿、大油气管、分馏塔底，特别是单旋料腿结焦严重，如图 4-17 所示，集气室结焦量多且硬脆，如图 4-18 所示，以前没有出现类似情况。

2. 原因分析

焦块脱落堵塞料腿是引起本次沉降器跑剂的主要原因。再生斜管流化不稳定，部分原料油未完全汽化反应，从而结焦。一是再生器稀相管变形、倾斜与旋分料腿接触，影响旋风分离器效率，至使平衡剂中细粉偏少，从而造成再生斜管流化不稳定，剂油接触不充分，部分原料油未完全汽化反应，从而结焦。二是由于再生斜管下料不稳定，引起再生斜管内的导气管线振动、损坏，影响再生斜管脱气，进一步影响了再生斜管的流化状况。单旋料腿结焦主要是以上因素引起。

图 4-17　单旋料腿的结焦情况

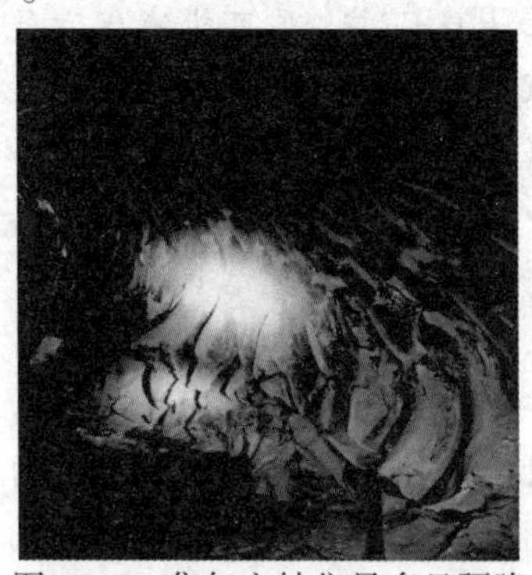

图 4-18　集气室结焦量多且硬脆

3. 对策

(1) 改善再生线路流化状况，整改再生器稀相管变形倾斜，提高旋分器效率，减少平衡剂细粉跑损，改善催化剂流化。

(2) 更换变形的分布板，改善烧焦罐流化状况。

(3) 取消再生斜管脱气线，同时再生斜管增加4个松动点，将原脱气线3个反吹点改成松动点，改善再生斜管流化。

(4) 做好装置开工准备工作，适当延长“两器”流化时间，待沉降器内部温度与提升管出口温度趋于一致，在提升管出口温度不低于530℃时方可组织提升管喷油，并且喷嘴进料要求对称喷入，保证各路喷嘴的原料和雾化蒸汽流量均匀，防止偏流，减少开工初期设备结焦。

(5) 集气室顶测量热电偶移位，避免热电偶结焦部位的焦块脱落直接掉落进旋风分离器。

(6) 借鉴长岭石化沉降器粗旋与单旋直联改造，沉降器粗旋升气管与单级旋风分离器入口直联，汽提段顶部设置密闭罩，粗旋和单级旋风分离器的料腿伸入密闭罩；同时在密闭罩上设计汽提蒸汽的导流管，将汽提后的油气经导流管直接引入单级旋风分离器的入口；同时在粗旋升气管和单级旋风的直联段处设置平衡管，用以采集和吸收沉降器空间的防焦蒸汽和零星油气。密闭罩内外的差压用防焦蒸汽维持。

案例61　料腿结焦严重导致催化剂跑损

1. 故障经过

南京某石化1#催化装置2018年5月7日反再单元跑剂，检查发现油浆泵电流从24A上升至28A，油浆固含催化剂超标，化验分析油浆固含，高达95.6g/L。跑剂现象、跑剂量与2017年9月相似。

2. 原因分析

料腿堵塞，旋分器失效导致催化剂跑损，2018年5月8日

00：30切断进料，停工检查处理。停工检查沉降器旋分，发现4组旋分器中，西、南2组料腿堵塞，结焦严重如图4-19所示，西侧上层是焦块，如图4-20所示，判断料腿堵塞是导致本次跑剂的直接原因。

图4-19 南侧料腿焦块

图4-20 西侧料腿焦块

此次堵塞焦块外观多为背面弧形、正面有许多沟槽，如图4-21所示，判断焦块为升气管背侧死区位置所结。通过对焦块背面的弧度进行测量，弧度与直径500mm的圆筒外壁相符，与升气管外侧契合。

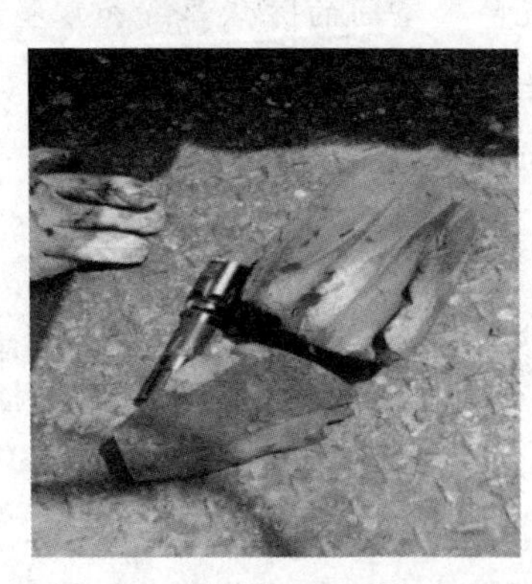

图4-21 焦块背面弧形许多沟槽

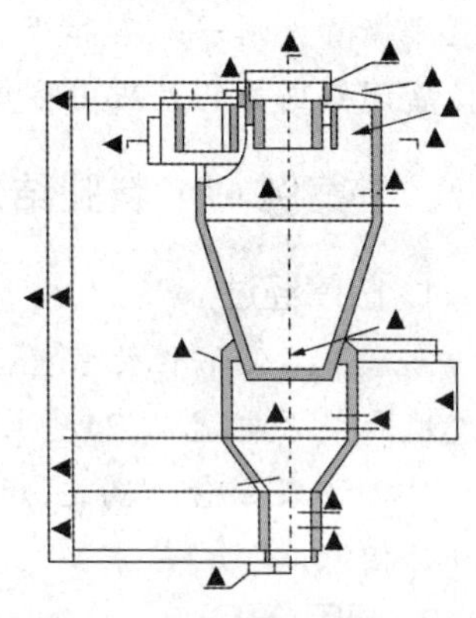

图4-22 焦块脱落和堵塞的位置

料腿堵塞是导致本次跑剂的直接原因，但结焦的原因分析如下：

(1) 从原料和操作分析可知：装置本周期控制提升管出口温度≮505℃，能够减少此项对生焦的影响。从此次集气室中焦的情况来看，结焦量较少，可以看出此项控制行之有效。

(2) 装置重大生产变动较多是结焦的主要的深层次原因。

一是2018年2月28日装置经历了一次晃电停工，这种快速、突然的波动，势必影响焦块增大和稳定性，容易诱导焦块脱落。二是2018年2月28日以后，由于Ⅱ渣加停工以及后续恢复开工，装置反复切换加氢渣油与精制渣油，2种油性质相差较大，操作波动较大。三是装置在切换备机期间，由于备机风量较小，装置通常采取降量处理，期间会造成操作波动，影响焦块稳定。四是2018年4月22日装置沉降器裙座泄漏，短时降量处理。

从沉降器结焦量分析，本周期对照防焦导则制定的有关措施与边界条件的控制，有效缓解了结焦速度；沉降器顶旋升气管外侧死区结焦由于旋分原理有必然性。

装置晃电、减渣与精渣的切换、2次主备风机的切换等装置生产大幅波动，以及VQS油气分配头与沉降器单级旋分器入口不对中，都影响旋分器工况和焦块的形成，焦块增大，加之升气管衬里附着的不稳定性，容易诱发焦块脱落。

3. 对策

(1) 易落焦块的改进升气管型式。

(2) 加强原料管理与分析。加强混合原料性质监控，增加原料4组成分析频次；稳定原料构成，对两套渣油加氢的精制渣油进行合理分配，减少直馏碱渣和精制渣油的切换频次。

(3) 加强烟机运行。减少切换备机或低处理量的次数，减少操作波动，降低掉焦的可能；本次消缺对损坏的主风分布管进行了修复，能有效减少催化剂的破碎。

（4）为减少沉降器生焦，减少结焦前身物的生成，在操作上要严格执行总部防结焦导则，其主要关键点是①保证原料与催化剂接触温度达到临界气化温度，控制剂油比在6以上，再生温度控制在710~725℃，一反温度在急冷水量2t/h以上时达到525℃以上；②沉降器出口温度不低于500℃；③原料雾化蒸汽不低于原料喷嘴进料量的6%，沉降器顶防焦蒸汽量不小于1.4t/h；④沉降器定放空反吹蒸汽改过热蒸汽；⑤沉降器旋分增加压差测量。

（5）针对当前VQS、顶旋、汽提段存在的问题，邀请北京、洛阳设计院以及石油大学专家进行会诊，采用当前的先进技术，确定下一步的改进措施，利用下次检修机会，进行整改，初步想法为：①对提升管和沉降器旋分器结构进行重新设计，采用类似上海石化先进技术，避免沉降器和集气室结焦，同时在仪表监控上完善沉降器稀相密度、旋分压降等仪表测点。②对沉降器旋分器结构进行改进，特别是旋分器升气管背面增加导流片，以防止挂焦或避免大的焦块。

第5章 膨胀节典型故障分析及对策

炼油厂为降低生产加工成本，大量采购相对廉价的劣质原油，同时不断改进炼制工艺满足生产要求，各类新型注剂、催化剂、助燃剂大量应用于催化裂化工艺技术中。因此，新的工艺条件下，烟气成分发生了很大变化。催化裂化装置用膨胀节发生失效的原因有：腐蚀、应力疲劳等常见原因。波纹管膨胀节的疲劳失效、强度失效(失稳)可以通过合理地设计计算避免；施工问题、非正常运行等引起的膨胀节失效可通过加强管理来解决；由于波纹管腐蚀而产生的失效除通过合理选择波纹管材料外，还需要合理设计膨胀节的结构来解决。

5.1 膨胀节典型故障分析

近年来，国内连续多家企业催化裂化装置高温烟气管道膨胀节发生开裂爆裂事故，这些膨胀节的损坏不仅造成经济上的损失，而且给装置的安全生产带来严重威胁，膨胀节开裂原因分析及研究、安全可靠地运行已成为炼油厂设备管理中的一大难题。

5.1.1 现状分析

膨胀节工作环境的特点：(1)承受的外力复杂，应力较高。主要原因是与之相接的烟机进出口的受力要求苛刻；(2)工作介质具有较强的腐蚀性，FCC再生烟气中含有氯离子及硫化物等腐蚀性物质；(3)工作温度高。特别是FCC装置掺炼渣油后，烟气最高温度可超过700℃。(4)管道口径大，一般在*DN*800mm以上。

波纹管膨胀节的失效主要有：强度破坏、失稳破坏、腐蚀破坏、疲劳破坏、高温蠕变破坏等。由于波纹管膨胀节的设计基本上为按强度设计，故一般不会发生简单的强度破坏。催化裂化装置波纹管膨胀节的损坏部位多集中在再生烟气系统，再生器、三旋、斜管、外取热器以及烟道。据此次波纹管失效分析及完整性管理对策调查统计，由于应力腐蚀开裂所致的79.5%；失稳造成的占15%，制造及焊接质量原因引起的占5.5%。

表5-1　近年来国内催化裂化膨胀节失效情况表

序号	公司名称	故障次数	故障时间及现象	原因分析及处理方法
1	中国石化金陵石化公司 130×10^4 t/a 重油催化装置	13	2010年8月~2013年3月期间，抢修了13次，两次紧急停工处理。	装置的高温管系重新布置和改变支吊架的类型，更新Z型热力管线和膨胀节。
2	中国石化海南炼化催化装置	1	2011年1月23日，催化装置三旋出口至烟机入口管线垂直段膨胀节处保温开裂。原因是固定筋板与波纹管端部筒体的连接焊缝未焊透。	对其他铰链板有裂纹的膨胀节进行加固，对拆除保温后膨胀节增加防雨罩。
3	中国石化高桥2#催化装置	1	反应油气线大盲板抽出，工艺切换汽封后发现该处复式膨胀节前后波纹管均有泄漏迹象，随即停下开工，紧急加工备件，导致装置延期开工一个星期。	为了有效防止应力腐蚀开裂的发生，维持装置的长周期运行，减少非计划停工。而在停车期间应尽可能防止连多硫酸和硝酸的产生，需对易发生失效的膨胀节做重点监控，确保其在停工阶段不会发生失效情况。
4	中国石化齐鲁石化胜利炼油厂 260×10^4 t/a 催化裂化	2	2015年8月三旋出口至烟机入口段膨胀节EJ-09即出现波纹管开裂泄漏，通过在线包盒子方式暂时解决泄漏问题，2016年8月份检修消缺时进行了更换，2017年6月相同部位膨胀节EJ-08波纹管也发生开裂泄漏，同样通过在线包盒子方式暂时处理泄漏问题维持生产。	利用2016年8月份停工消缺的契机，更换了泄漏的膨胀节，主铰链板由原先的20mm改为40m，副铰链板由10mm改为20m，在原有的加强环板基础上补焊10mm厚不锈钢板进行加固以改善膨胀节波纹管整体受力情况。

续表

序号	公司名称	故障次数	故障时间及现象	原因分析及处理方法
5	长岭炼化1#催化裂化装置	1	2000年4月发生泄漏的膨胀节在竖直段。外表面腐蚀形态为点蚀穿孔，在穿孔处有大量黄绿色腐蚀产物，并有暗绿色液体滴出。	开停工时的蒸汽吹扫生成连多硫酸导致奥氏体不锈钢应力腐蚀开裂，后又在含有硫酸根及 Cl^- 的作用下继续腐蚀穿孔。高浓度的连多硫酸是膨胀节腐蚀的主要介质，通过在膨胀节外围增设蒸汽盘管。
6	中国石油大连石化 350×10^4 t/a 催化裂化装置	5	膨胀节投用时间为2002年11月，开工后先后五次共有3台波纹管发生了破损(分别为2003年11月，2003年12月，2004年1月，2004年2月，2008年5月)。在2008年5月催化装置停工检修时发现，烟机入口管线水平段INCONEL625合金膨胀节开裂失效。	在烟机管线烟气环境工作的膨胀节波纹管，烟气温度在600℃以上，因此，膨胀节在工作期间，波纹管内表面不具备应力腐蚀的介质条件，不会发生应力腐蚀破坏。但在停工时，管线内的烟气介质温度降到临界温度以下时，就会凝结露水。一旦在波纹管内壁由液态结露出现，由于露水中含有大量的硫、氯离子，即使露水的量很少，存在时间不长，也足以诱发应力腐蚀破坏。
7	中国石油锦西石化 100×10^4 t/a 催化装置	2	烟机暖机线横管段膨胀节在正常运行过程中突然发生爆裂，造成烟气大量外泄。	在停车期间避免用蒸汽扫线波纹管。对波纹管来说，免用蒸汽扫线。
8	中国石油大连石化某催化装置	2	2007年5月，使用了1年时间发生了泄漏失效，分析原因，是由于应力腐蚀造成，工作应力也是应力腐蚀的必要条件。	通过焊后消除应力热处理，可大幅降低焊接残余应力水平，尤其对已发生应力腐蚀开裂设备，焊缝区进行补焊后尽可能地实施消除应力处理是非常必要的。

对青岛大炼油、镇海炼化、海南炼化等多家炼油企业催化裂化装置用波纹管膨胀节的失效分析都表明失效主要模式应力腐蚀、腐蚀穿孔、设计强度不够、焊缝质量，如表5-1所示。

5.1.2 影响因素

(1) 开工初期波纹管腐蚀应力开裂泄漏

在烟机管线烟气环境工作的膨胀节波纹管，烟气温度在650℃以上，因此，膨胀节在工作期间，波纹管内表面不具备应力腐蚀的介质条件，不会发生应力腐蚀破坏。但在停工时，管线内的烟气介质温度降到临界温度以下时，就会凝结露水。一旦在波纹管内壁由液态结露 出现，由于露水中含有大量的硫、氯离子，即使露水的量很少，存在时间不长，也足以诱发应力腐蚀破坏。

反应油气线膨胀节开工时泄漏，典型案例高桥石化公司2#催化裂化装置反应油气线膨胀节开工时泄漏。2013年10月开工过程中，反应油气线大盲板抽出，工艺切换汽封后发现该处复式膨胀节前后波纹管均有泄漏迹象，随即停工，紧急加工备件，导致装置延期开工一个星期。

汽油循环斜管膨胀节开工时泄漏，典型案例长岭炼化2012年1月15日1#催化装置反再系统突然冒烟，汽油沉降器催化剂藏量快速下降，装置紧急停工处理。现场检查发现汽油循环斜管膨胀节波纹管泄漏。

并且开停车造成的应力大。研究表明，这些应力越大，导致应力腐蚀开裂就越严重。特别是开停车造成的应力对膨胀节寿命的缩短有显著的影响。

尤其催化剂粉尘等杂质沉积在波纹管的下部波峰处，使其覆盖下的金属表面在电解质溶液中与周围形成宏观腐蚀电池，其金属成为腐蚀电池的阴极而被腐蚀直至穿孔。现场分析发现腐蚀开裂部位大多覆盖着催化剂粉尘和硫磺等物质。

应力腐蚀裂纹主要沿晶粒边界扩展，烟气管线残存液和腐蚀产物的分析结果都证实了连多硫酸的存在，但连多硫酸成分不稳定。由于波纹管膨胀节工作时存在应力，因此会在点蚀坑底部产生应力集中，在应力和腐蚀介质的共同作用下导致应力腐蚀裂纹的产生和扩展，而点蚀坑则是应力腐蚀的裂纹源。应力腐蚀是烟机进出口管线用波纹管膨胀节失效的重要原因。

对腐蚀产物进行电子能谱分析，结果发现膨胀节内表面，特别是裂纹处富集大量的S元素，高温下反应生成H_2S，膨胀节中的铁元素在H_2S和O的腐蚀 生成FeS，进而产生SO_2、SO_3及连多硫酸。连多硫酸一般在露点温度以下或者设备停工期间产生，开停车时应力波动剧烈，故连多硫酸引起的SCC一般发生在开停工期间。

波纹管的腐蚀开裂：在役的波纹管膨胀节所受应力主要包括制造安装等引起的附加应力、工作应力、热应力及焊接变形引起的残余应力。当膨胀节局部处于酸性腐蚀的电解质溶液中时，就会发生波纹管膨胀节的应力腐蚀开裂(SCC)。应力原因：膨胀节加工制造过程产生残余应力，安装过程产生预应力，操作过程因介质压力和温度波动都会产生应力。研究表明，这些应力越大，导致应力腐蚀开裂就越严重。特别是开停车造成的应力对膨胀节寿命的缩短有显著的影响。我国多家炼油企业FCC烟机管道上的部分膨胀节仅运行一年甚至半年左右就被破坏而失效，不得不停车更换。国外炼油企业也有类似情况。

应力腐蚀开裂具备三个典型特征

(1) 露点腐蚀或垢下腐蚀(结焦)。

(2) 停工一段时间后，开工初期。

(3) 开工工作应力集中等。

应力腐蚀开裂的部位：波峰波谷处，最容易失效的膨胀节是水平安装和倾斜安装的膨胀节。由于水平设置和倾斜设置的膨胀节在波峰位置的最低点会不断沉积催化剂粉尘，这种粉尘不断增厚会导致最低点附近壁温越来越低。

当壁温低于露点腐蚀温度时。在最低点酸性溶液会不断聚集，随着操作时间的延长，壁温还会不断降低，酸性溶液的浓度也会逐渐提高。此时，酸性溶液、催化剂粉尘垢、应力等导致应力腐蚀开裂的因素同时存在，因此产生了应力腐蚀开裂。

（2）强度不足疲劳开裂问题

失效位置主要集中在焊缝和铰链等应力集中位置。通过故障现象、运行数据、现场检测、受力状态等方面进行分析：一是烟道运行温度高650℃以上，一般接近设计值，烟道及膨胀节长期在高温状态运行，易导致高温蠕变致使焊缝开裂，影响管线的使用寿命；二是膨胀节筒节厚度与烟道母材厚度偏差大，按焊接工艺打磨坡口焊接依然存在应力集中等问题，而膨胀节两侧铰链板区域应力集中更甚，与现场实际裂纹走向相符；三是从烟道热态至冷态情况下膨胀节U型波纹变形、支摆架受力情况分析，烟道整体受力呈三维立体多变形态，现场实际烟道走向布置按二位平面L型布置，烟道热变形产生的热应力无法得到很好的释放或缓解；四是烟道在处理过程中，局部拆除保温后，膨胀节环在同一平面温度不均，产生局部应力变化，加剧裂纹的扩展。五是膨胀节服役时间相对偏长，历次停工检修过程中存在个别隐性缺陷未及时发现和处理情况。

齐鲁石化炼油厂3#催化裂化于2015年3月开工投产，2015年8月三旋出口至烟机入口段膨胀节EJ-09即出现波纹管开裂泄漏，通过在线包盒子方式暂时解决泄漏问题，并于2016年8月份检修消缺时进行了更换。

茂名石化三催化2016年4月大修期间，发现CO焚烧炉出口膨胀节内部钢条脱落，保温棉松脱，联系供应后晨光技术人员到现场提出解决方案，在膨胀缝内填塞陶纤，并加护板保护。

金陵石化1#催化装置2010年7月~2013年3月期间，抢修了13次，两次紧急停工处理。采取了包套、加强处理。2009年该装置改造开工中，对该烟气管道进行了局部更新，但于2010年7月中旬该管道三旋出口和烟机入口垂直段的第一膨胀节发生失效断裂泄漏，此后的几个月里，立管上部3个膨胀节接连发生了13次开裂泄漏。

海南炼化2011年1月23日8∶50三旋出口至烟机入口管线垂直段膨胀节处保温开裂泄漏烟气，烟道水平段已向上翘起，膨胀节处有高温烟气漏出，拆保温检查发现膨胀节已变形，膨胀节上铰链撕开。对开裂膨胀节进行了包焊。

胜利油田石化总厂2017年3月13日20∶30左右，催化裂化装置班长巡检至三旋三层平台，听见三旋顶部位置有气体泄漏声音，爬至三旋顶部，发现三旋集气室至烟机管线第一个膨胀节有裂纹，烟气大量泄漏，第三个膨胀节严重变形，波纹管失效，铰链的焊点已经脱开。

5.2 膨胀节典型故障对策

根据分析得出的原因，并借鉴国内同类事件的经验和教训，提出膨胀节完整性管理策略，从设计、制造标准、选材、开停工管理等各个环节进行体系化管理，如图5-1所示，膨胀节完整性管理才能得到加强。

5.2.1 从源头抓结构优化和制造质量

(1) 催化裂化装置用膨胀节发生失效的原因除了疲劳、强度失效(失稳)、施工问题、非正常运行等原因外，有很大部分的损坏原因是由于腐蚀，而最常见的是波纹管处产生露点腐蚀。膨胀节的疲劳失效、强度失效(失稳)可以通过合理地设计计算避免；施工问题、非正常运行等引起的膨胀节失效可通过加强管理来解决；由于波纹管腐蚀而产生的失效除通过合理选择波纹管材料外，还需要合理设计膨胀节的结构。

(2) 露点腐蚀与波纹管的壁温有着直接的关系，当壁温低于烟气露点温度时，波纹管表面就会结露，构成腐蚀环境，因此需要合理设计外保温结构。对于三旋至烟机段热壁高温管道

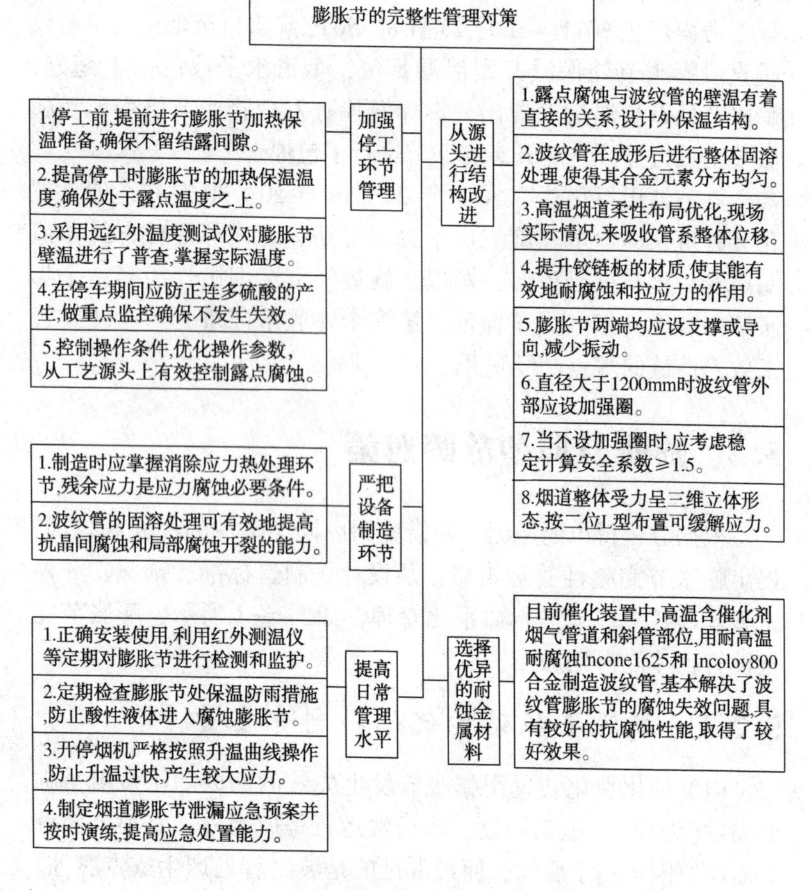

图5-1 膨胀节典型故障管理对策导图

用膨胀节波纹管，由于波纹管表面温度较高，为避免波纹管长期在高温下工作，波纹管外部不需要设保温棉，但外部可考虑加设金属外护罩，既可用于防雨雪，又可避免系统散热量过大，而且波纹管表面温度也不会过高。

（3）波纹管的固溶处理。波纹管在成形加工过程中，金属材料在经历了成形、焊接等一系列加工后，必然会在材料内部出现大量晶格缺陷、合金元素分布不均现象以及很高的残余应力值。波纹管在成形后进行整体固溶处理，使得其合金元素分布均匀，晶格位错重组，改善波纹管的受力状态不仅可以有效地提高波纹管抗晶间腐蚀、应力腐蚀和局部腐蚀开裂的能力，而且可以提高波纹管的高温性能。

（4）制造时应掌握消除应力热处理环节。膨胀节裂纹应力腐蚀造成的，局部点蚀和焊接残余应力、工作应力是应力腐蚀的必要条件。据统计，造成设备应力腐蚀破坏的主要应力是由焊接和加工时的残余应力所引起的事故占SCC事故总数的80%以上，施焊后的材料，残余应力增加，耐蚀性变差，但若以650℃的温度进行消除应力热处理，耐蚀性会变好。通过焊后消除应力热处理，可大幅降低焊接残余应力水平，尤其对已发生应力腐蚀开裂设备，焊缝区进行补焊后尽可能地实施消除应力处理是非常必要的。包括焊后立即进行小锤敲击，或采用电热带进行焊后消除应力热处理。

5.2.2 从材料上选择耐蚀及耐高温性能均优异的金属材料

Incoloy800波纹管产生腐蚀开裂泄漏。目前在催化裂化装置中，高温且含催化剂烟气管道部位和斜管部位，均采用耐高温、耐腐蚀Incone1625和Incoloy800合金制造波纹管，基本解决了波纹管膨胀节的腐蚀失效问题。具有较好的抗腐蚀性能，在催化裂化装置高温烟气管线膨胀节的制造中被广泛应用，取得了较好的效果。但是，在国际原油价格不断攀升的条件下，炼油厂为降低生产加工成本，大量采购相对廉价的劣质原油，同时不断改进炼制工艺满足生产要求，各类新型注剂、催化剂、助燃剂大量应用于催化裂化工艺技术中，因此，烟气成分发生了很大变化，膨胀节出现了新的破坏形式。近期，连续多家企业此类材质的高温烟气管道膨胀节发生脆性爆裂就是在新的工艺条件下产生的。

所以，从材料上选择耐蚀及耐高温性能均优异的金属材料制造波纹管元件，以提高波纹管膨胀节的使用寿命，如表5-2所示。为防止装置中含硫烟气对波纹管的腐蚀。依含硫程度不同，可分别采用Incoloy800、Incoloy825或Incone1625。它们均可在较高温度下长期使用，既有较高的高温持久强度、蠕变温度，又对氯离子及硫化物有良好的抗蚀性。其中Incone1625是近年来国内各炼油企业主要选用的波纹管元件材料，耐蚀效果很好。

表5-2　催化裂化装置常用的特殊合金波纹管材料的性能特点

材料名称	性能特点
Incone1625	属耐热合金，是以Mo和Nb为强化的主要元素固溶镍基合金，在650℃以下具备较好的疲劳性能、持久性能，从低温到1095℃范围内具备较好的韧性和强度，该合金有效防止氯离子腐蚀应力开裂。
Incoloy800H	属耐热铁镍合金，可在高温、腐蚀环境下使用，在炼化企业装置中，可有效防止应力开裂；Incoloy800H可以在高温下尤其在持续高温蠕变下安全运行。
Incoloy825	属耐蚀铁镍合金，该合金还添加Mo和Cu，它的耐酸和耐碱性明显，使用温度-185~584℃。该材料使用在炼化企业中的高温管道烟机出口和入口段的金属波纹管膨胀节。

5.2.3　利用检修机会提升膨胀节管系可靠性

（1）在具备条件的前提下，停工大修前对波纹管元件的硬度进行检查并与投用前进行比较，硬度出现明显增高的要考虑更换。

（2）对波纹管外表面要采取措施，防止内表面出现露点腐蚀。

(3) 安装膨胀节时，根据当时环境温度、工作温度的变化，对膨胀节进行合理的预拉伸，使膨胀节在正常工作情况下处于最佳设计状态，保证最佳工作性能。

(4) 为了提高膨胀节整体刚度，主铰链板由原先的20mm改为40m，副铰链板由10mm改为20m，在原有的加强环板基础上补焊10mm厚不锈钢板进行加固以改善膨胀节波纹管整体受力情况。目前更换和改造之后的膨胀节运行良好(齐鲁石化催化2016年8月检修更换)。

(5) 海南炼化催化烟道膨胀节固定筋板与波纹管端部筒体的连接开裂，原因是高温下固定筋板与双环板及筒体的整体刚性较小，导致过大的局部变形对连接焊缝产生很大的附加局部应力，进一步加剧了焊缝的开裂。膨胀节连接附件(固定立筋板)的设计温度可能偏低，按照现场实际情况应按700℃进行设计(海南催化三旋出口膨胀节)。

(6) 金陵石化通过对催化裂化装置开裂波纹管13次开裂的分析研究，找到原因，也有针对性的提出解决措施。对Z型高温管系进行重新布置和设计，对管系用材、支架设置、管系柔性分析、施工环节也进行剖析研究，形成了解决对策，实施后运行平稳(金陵石化催化2013年检修更换)。

5.2.4 提升运行管理水平

根据膨胀节失效的主要案例，这些案例为分析膨胀节失效原因，提高膨胀节的使用寿命，提供了有价值的数据。膨胀节壁温的分布规律进行了测量分析，发现垂直安装的膨胀节波峰位置各测点壁温基本相同，而水平安装和倾斜安装的膨胀节最低点壁温最低，最高点壁温最高。产生后一种现象的原因是烟气中的催化剂粉尘在膨胀节最低点逐渐积存，导致最低点热阻逐渐增加，从而使最低点壁温逐渐降低。

水平设置和倾斜设置的膨胀节容易失效的主要原因是最低

点壁温过低，在此处产生了基于露点腐蚀的应力腐蚀开裂。

装置在停工时，虽然各膨胀节外部都进行了加热保温措施，但由于加热不及时，或者由于加热温度未超过介质的露点温度，都有可能造成膨胀节的应力腐蚀破坏。因此，针对膨胀节波纹管裂纹开裂原因，采取了如下措施：①停工前，提前进行膨胀节加热保温准备，在温度较高时开始膨胀节加热保温，确保不留结露间隙。②适当提高停工时膨胀节的加热保温温度，确保膨胀节内的介质始终处于露点温度之上。

腐蚀失效主要原因是其在使用过程中发生敏化并处于停工期间的连多硫酸环境中，在应力作用下，晶间腐蚀沿晶界扩展成为应力腐蚀裂纹。为了有效防止应力腐蚀开裂的发生，维持装置的长周期运行，减少非计划停工。而在停车期间应尽可能防止连多硫酸的产生，需对易发生失效的膨胀节做重点监控，确保其在停工阶段不会发生失效情况。

严格控制排烟温度。控制排烟温度是解决烟气露点腐蚀的有效手段。一般情况下，烟气的露点温度在150℃左右。控制操作条件，优化操作参数，尽量使排烟温度在其露点温度以上，可大大降低烟气道及膨胀节管壁的露点腐蚀。装置通过控制渣油加工量，优化原料性质以及调节锅炉产汽量，提高了后续烟道的排烟温度，从工艺源头上有效控制露点腐蚀。采用远红外温度测试仪对膨胀节壁温进行了普查，及时掌握实际温度。

减少烟气中催化剂颗粒的携带量。装置在三级旋分分离工艺上增加了四旋分离的后续工艺，以进一步分离、脱除烟气中的催化剂细粉颗粒，使得烟气中的催化剂细粉颗粒进一步降低。同时严格控制各种反应条件，严密控制密相床料位，使得一旋二旋的工况得到改善，从而在一定程度上减少了烟气中催化剂细粉颗粒的携带量。减少烟气中的催化剂粉尘在膨胀节最低点逐渐积存，导致最低点热阻逐渐增加，从而使最低点壁温逐渐降低。

5.3 膨胀节典型故障案例

案例62 反应油气膨胀节开工时泄漏造成装置停工

1. 故障经过

上海某石化2#催化裂化装置2013年10月开工过程中，反应油气线大盲板抽出，工艺切换汽封后发现该处复式膨胀节前后波纹管均有泄漏迹象，随即停工，紧急加工备件，导致装置延期开工一个星期。此次清焦检修是由于外电网跳电引起再生器催化剂架桥而导致的非计划停工。在流程上该波纹管膨胀节位于沉降器和分馏塔之间，如图5-2所示。停工初期，对该膨胀节进行了着色检查，并未发现裂纹以及点腐蚀痕迹，如图5-3所示。内接触油气，温度为500℃，油气中有少量S元素，含量约为0.5%。

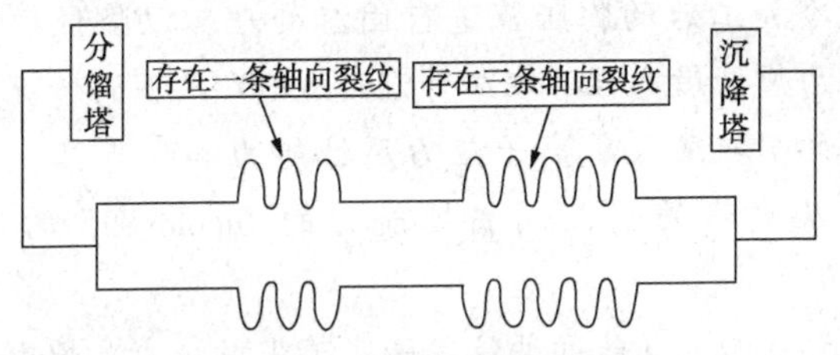

图5-2 该膨胀节位置及裂纹位置

2. 原因分析

该波纹管膨胀节的失效正是发生在装置非计划停工检修后开工的过程中，结合失效波纹管微观断口腐蚀产物中含量较高的硫元素和工作介质说明该波纹管膨胀节失效的原因为连多硫酸引起的应力腐蚀开裂。该波纹管膨胀节失效发生在装置停工检修后期气密过程中，且波纹管断口腐蚀产物中的硫含量较高，表明该膨胀节的波纹管在检修期间发生了连多硫酸应力腐蚀开裂，如图5-4所示。虽然Incoloy 800合金具有良好的抗连多硫酸的应力腐蚀能力，但该波纹管硬度过高，却增大了应力腐蚀敏感性。

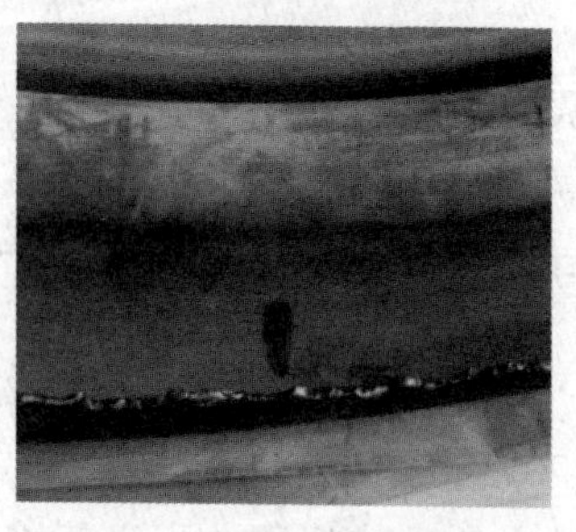

图 5-3　该膨胀节轴向短裂纹

图 5-4　腐蚀的宏观形貌图

3. 对策

(1) 装置停工消缺，对该反应油气线的泄漏膨胀节进行抢修。

(2) 在停车期间应尽可能防止连多硫酸的产生，需对易发生失效的膨胀节做重点监控，确保其在停工阶段不会发生失效情况。对冷加工后的膨胀节进行固溶处理，以降低硬度，从而降低其应力腐蚀敏感性。在工作温度550℃以下的情况下，使用具有更好的耐硫酸及氯离子应力腐蚀能力和耐点蚀、缝隙腐蚀性能，以及更好的耐晶间腐蚀能力的 Incoloy825 的波纹管膨胀节。

(3) 该反应油气线的波纹管膨胀节失效，主要原因是其在使用过程中发生敏化并处于停工期间的连多硫酸环境中，在应力作用下，晶间腐蚀沿晶界扩展成为应力腐蚀裂纹。为了有效防止应力腐蚀开裂的发生，维持装置的长周期运行，减少非计划停工。

案例 63　汽油循环斜管膨胀节开工后泄漏造成装置停工

1. 故障经过

长岭某炼化 2012 年 1 月 15 日 1#催化装置反再系统突然冒烟，如图 5-5 所示，汽油沉降器催化剂藏量快速下降，装置紧急停工处理。现场检查发现汽油循环斜管膨胀节波纹管泄漏，如

图 5-6 所示。

图 5-5　反再系统突然冒烟

图 5-6　反再系统膨胀节泄漏

2. 原因分析

原因是 2011 年停工中，停工处理不到位，致使膨胀节发生露点腐蚀，在开工后波纹管脆性开裂。

3. 对策

（1）加强停工处理过程管理，做好膨胀节的保护。

（2）设备膨胀节设计注意事项：①波纹管材料：再生系统 NS3306（Incnel 625）反应系统 NS1402（Incoloy825）或 NS3306；②波纹管外部应设可拆式保温，防止露点腐蚀。③膨胀节两端均应设支撑或导向，减少振动。避免平面失稳：直径大于 1200mm 时波纹管外部应设加强圈；直径小于 1200mm 时可不设加强圈；当不设加强圈时，应考虑稳定计算安全系数=1.5。

案例 64　三旋出口烟道膨胀节泄漏造成装置停工

1. 故障经过

青岛某炼油催化装置 2018 年 1 月三旋出口至双动滑阀烟道膨胀节因烟气露点腐蚀出现泄漏，如图 5-7 所示，带压封堵没有成功，决定停工处理，停修开计划 7 天时间，同时进行清焦及消缺工作。该膨胀节 2008 年装置建成投产以来没有更换过。

2. 原因分析

因流经双动滑阀的烟气量很小，烟道温度长期低于烟气露点温度，膨胀节损坏属于露点腐蚀，如图5-8所示。此次修补用备用波节补焊处理。该装置2015年大修后运行已有30个月时间。2016年曾经因停电事故非计划停工过一次，当时进行了清焦，目前清焦后又运行了18个月。

图5-7　膨胀节漏烟气

图5-8　烟气露点腐蚀

3. 对策

(1)停工处理，更换膨胀节。

(2)停工过程做好升温措施，以免发生停工后的露点腐蚀。

(3)开工过程按工艺卡片缓慢升温，严密观察膨胀量。

案例65　烟机入口管线膨胀节泄漏造成停工

1. 故障经过

大连某石化350×10^4t/a重油催化裂化膨胀节在2008年5月2日催化装置停工检修时发现，烟机入口管线水平段膨胀节开裂失效，开裂部位在膨胀节第一波下部波峰位置，长度约1000mm。该膨胀节型号为单式铰链膨胀节(BDJ2300.2360)，Incoloy800合金至停工时已运行65个月。从现场膨胀节的实物上能见到明显的环向裂口，膨胀节的波形已明显受损，失去了设计制造要求的形状，裂口的一侧有大量的催化剂堆积。

2. 原因分析

此次泄漏原因分析。根据金相试样分析和内表面裂纹特点，裂纹的分布状态和形态，开裂裂口起源于应力腐蚀裂纹，为典型的奥氏体材料沿晶应力腐蚀类型。

该波纹管膨胀节的失效正是发生在装置非计划停工检修后开工的过程中，结合失效波纹管微观断口腐蚀产物中含量较高的硫元素和工作介质说明该波纹管膨胀节失效的原因为连多硫酸引起的应力腐蚀开裂。该波纹管膨胀节失效发生在装置停工检修后期气密过程中，且波纹管断口腐蚀产物中的硫含量较高，表明该膨胀节的波纹管在检修期间发生了连多硫酸应力腐蚀开裂。虽然 Incoloy 800 合金具有良好的抗连多硫酸的应力腐蚀能力，但该波纹管硬度过高，却增大了应力腐蚀敏感性。

在烟机管线烟气环境工作的膨胀节波纹管，烟气温度在600℃以上，因此，膨胀节在工作期间，波纹管内表面不具备应力腐蚀的介质条件，不会发生应力腐蚀破坏。但在停工时，管线内的烟气介质温度降到临界温度以下时，就会凝结露水。一旦在波纹管内壁由液态结露出现，由于露水中含有大量的硫、氯离子，即使露水的量很少，存在时间不长，也足以诱发应力腐蚀破坏。

3. 对策

(1) 材料方面，在定购膨胀节时，由供货方进行消除残余应力处理，严格控制加工质量。

(2) 结构设计，通过合理地设计膨胀节的内隔热、外保温结构，使波纹管表面的温度维持在350℃左右，避免波纹管产生露点腐蚀。

(3) 制造方面，波纹管的固溶处理，焊缝区进行补焊后尽可能地实施消除应力处理是非常必要的，包括焊后立即进行小锤敲击，或采用电热带进行焊后消除应力热处理。

案例66　三旋至烟气轮机入口立管膨胀节泄漏

1. 故障经过

大庆某石化炼油厂100×10^4t/a重油催化裂化装置，三旋至烟气轮机入口立管上部膨胀节波纹管泄漏，该膨胀节为平衡环型，共4个波，2007年1月23日，三旋出口波纹管膨胀节发生烟气泄漏，同时有催化剂粉尘和蒸汽喷出。搭架子检查发现漏点在膨胀节上数第4个波上侧距波峰15mm处，有2mm大的漏点。在护套内，属腐蚀性泄漏，并随着时间的推移腐蚀有所加剧。泄漏处温度高达670℃，压力0.21MPa，膨胀节波纹管厚2.5mm。

2. 原因分析

此次泄漏原因分析，1992年10月建成投产，三旋至烟气轮机入口口立管上部膨胀节波纹管一直使用至今，已将近15年的时间，没有发生故障。从泄漏情况看属于点蚀，以往发现其他膨胀节泄漏都是裂纹性。

3. 对策

(1) 尝试“机械、黏接和注胶三重法”进行封堵。2007年7月9日，重油催化裂化装置停工检修时，将此膨胀节进行了更换。该膨胀节带病运行了5个多月，膨胀节泄漏点没有发生泄漏。

(2) 检修时更新该膨胀节。

案例67　三旋出口膨胀节运行初期开裂泄漏

1. 故障经过

齐鲁某石化炼油厂3#催化裂化装置于2015年3月开工投产，2015年8月三旋出口至烟机入口段膨胀节EJ-09即出现波纹管开裂泄漏，通过在线包盒子方式暂时解决泄漏问题，并于2016年8月份检修消缺时进行了更换。

该膨胀节位于烟道的竖直段，开裂失效的波纹管，如图5-9所示，从图中可以看出，开裂发生在波纹管的波峰部位，为环向开裂张口，裂纹长度约为500mm，波纹管表面无明显腐蚀减薄，波纹管内壁除白色催化剂粉尘外，未见明显腐蚀产物，该裂纹分布单一，开裂断口为铁灰色，宏观形貌呈现脆性特征。另外，膨胀节在运行过程中，两侧铰链板发生明显弯曲变形，呈现强度不足状态，如图5-10所示，且拆开保温检查发现铰链板立板焊缝有裂纹，如图5-11所示。经检查，管系其他膨胀节铰链板也存在类似情况。

图5-9 波纹管开裂

图5-10 铰链板弯曲

图5-11 铰链板立板焊缝

2. 原因分析

通过对现场开裂情况及金相组织分析判断，该波纹管开裂失效的主要原因是膨胀节结构件设计强度不足导致铰链板弯曲变形，波纹管受到额外的管道应力，制造厂热处理工艺缺陷使得Incone1625材质中碳化物析出，波纹管塑性及强度下降，两种因素叠加最终导致波纹管失效开裂。

3. 对策

(1) 利用2016年8月份停工消缺的契机，更换了泄漏的膨胀节。

(2) 对三旋至烟机入口管系变形严重的竖直段膨胀节铰链板进行了强度加强，经计算，主铰链板由原先的20mm改为40m，副铰链板由10mm改为20m，在原有的加强环板基础上补焊10mm厚不锈钢板进行加固以改善膨胀节波纹管整体受力情况，改造后的膨胀节运行2年良好。

案例68 催化焚烧炉出口膨胀节穿孔泄漏

1. 故障经过

茂名某石化2016年4月三催化大修期间，发现CO焚烧炉出口膨胀节内部钢条脱落，保温棉松脱，联系供应后厂家技术人员到现场提出解决方案，在膨胀缝内填塞陶纤，并加护板保护。

第一次泄漏发生在装置开工后，于6月30日20：00发现膨胀节泄漏，蒙皮烧着，喷出火星，烧坏膨胀节如图5-12所示。停下后发现，蒙皮全部开裂，内部的纤维可塑料几乎全部脱落。

第二次泄漏发生在第一次泄漏处理完后15天，检查发现膨胀节的蒙皮再次发生泄漏，且泄漏量逐渐增大，于8月17日停下把蒙皮更换为防火布，8月20日开工投用。

第三次泄漏发生在第二次泄漏增加防火布后，使用约15天，防火布密封部位开始逐渐发生泄漏，并不断扩大。防火布虽能短时间承受高温，但如泄漏量过大无法堵住，长时间的高温状况下，防火布会发生开裂脱落，如图5-13所示，使泄漏量越来越大，且泄漏的烟气造成锅炉上水调节阀频繁失效，对装置安全运行影响很大。

图5-12　烧坏的膨胀节

图5-13　膨胀节内部可塑料脱落

2. 原因分析

(1) 设计缺陷，该材质膨胀节不适合于如此高温的环境下。2014年三催烟脱改造时，车间对洛阳院提出过质疑，但因在广西石化有2年以上的使用经验(目前，广西石化该部位也出现问题)，设计院没有进行更改，该部位烟气温度约800℃，而膨胀节外部的蒙皮只能耐温200℃，一旦发生泄漏，则扩展得非常快，根本无法控制。

(2) 厂家在制造时有不符合设计要求的地方，因埋在内部没有及时发现。无锡晨光在制造该非金属膨胀节时，蒙皮内部用了部分的纤维可塑料，且没有任何的锚固钉，每次热胀冷缩后，可塑料失效，烟气就直接接触到蒙皮。

(3) 装置大修及前两次检修都没有完全解决问题，非金属的材料无法解决泄漏的问题。

3. 对策

(1) 增加防火布措施后，使用约15天，防火布密封部位开始逐渐发生泄漏，并不断扩大。防火布虽能短时间承受高温，但如泄漏量过大无法堵住，长时间的高温状况下，防火布会发生开裂，使泄漏量越来越大，且泄漏的烟气造成锅炉上水调节阀频繁失效，对装置安全运行影响很大。

（2）大修期间更换为常规的金属波纹管膨胀节。经过一周的调整，烟气合格后，于 11 月 6 日停炉检修，24 小时连续作业抢修，拆除原旧防火布，在厂家的指导下，焊接好新的波纹管膨胀节，于 11 月 11 日完成抢修，11 月 13 日开炉。

案例 69　因包套受限致使膨胀节连续开裂泄漏

1. 故障经过

南京某石化 1[#]催化装置 2010 年 7 月~2013 年 3 月期间，抢修了 13 次，两次紧急停工处理。采取了包套、加强处理。2009 年该装置改造开工中，对该烟气管道进行了局部更新，但于 2010 年 7 月中旬该管道三旋出口和烟机入口垂直段的第一膨胀节发生失效断裂泄漏，如图 5-14 所示，此后的几个月里，立管上部 3 个膨胀节接连发生了 13 次开裂泄漏，如图 5-15 所示。

图 5-14　第一个膨胀节包套受限

图 5-15　垂直段膨胀节失效开裂

2. 原因分析

2010 年 7 月 18 日至 8 月 20 日，三级旋风分离器出口至烟机入口垂直段的膨胀节接连发生失效开裂。位于三级旋风分离器与高温烟道垂直段之间水平段第一个膨胀节于2010年7包套加强后，该膨胀节受限，失去了吸收多种位移的功能，破坏了该热力管系的柔性。该管系立管上部3个膨胀节相继发现失效开裂。通过利用CAESARII软件分析可知膨胀节受限后该热力管系6个关键节点受应力均超过许用应力值两倍以上，受力状态已不符合设计标准，之后的开裂失效泄漏与第一个膨胀节受限有直接因果关系，第一个膨胀节受限为因，导致该Z型管系膨胀节不断地发生失效开裂泄漏，如图5-16所示。

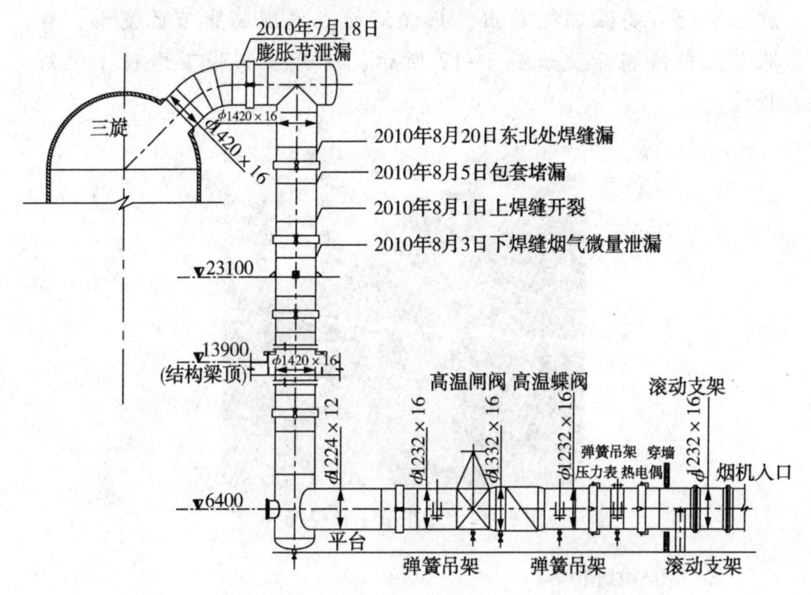

图5-16　Z型管系膨胀节不断地发生失效开裂泄漏

3. 对策

（1）高温烟道柔性布局优化。

考虑到高温烟道柔性布局特点和装置现场实际情况，把该装置的高温烟道的维立体Z型布置，在垂直管道中部设置固定承重支架，分为以三旋出口和烟机入口为支点的两个“L”型平面管系，各设一组三个单式铰链型膨胀节，来吸取管系的整体位移。

(2) 按照合理抢修方案进行抢修堵漏。

案例70 膨胀节筋板与筒体焊缝开裂泄漏

1. 故障经过

海南某炼化2011年1月23日8:50三旋出口至烟机入口管线垂直段膨胀节处保温开裂泄漏烟气，烟道水平段已向上翘起，膨胀节处有高温烟气漏出，拆保温检查发现膨胀节已变形，膨胀节上铰链撕开，如图5-17所示，对开裂膨胀节进行了包焊抢修。

图5-17 膨胀节上铰链撕开

2. 原因分析

原因是固定筋板与波纹管端部筒体的连接焊缝未焊透。本膨胀节设计压力0.35MPa，设计温度700℃，内径ϕ2000mm，长度1400mm。分析此次立板被拉断的主要原因为：

(1) 固定筋板与波纹管端部筒体的连接焊缝未焊透(主要是未开坡口，熔深少，未熔合，甚至有夹渣)，导致焊缝强度削弱。

(2) 高温下固定筋板与双环板及筒体的整体刚性较小，导致过大的局部变形对连接焊缝产生很大的附加局部应力，进一步加剧了焊缝的开裂。

(3) 膨胀节连接附件(固定立筋板)的设计温度可能偏低，按照现场实际情况应按700℃进行设计。

3. 对策

(1) 采取临时包套方案，包套封口后应进行盒子加固，环板立筋每隔200mm布置一条，焊缝的焊肉饱满，焊脚高度合适。但包套处理是维持生产的临时措施，加强运行监护以及该系统设备外观的巡检监护，生产波动对设备造成的进一步损伤是不可逆过程，应尽量避免生产波动，同时应尽快备件，尽早进行停工检修。

(2) 水平段膨胀节目前的角变形为9.5°，已经超过其正常变形范围3.9°，但尚可维持短期运行，应加强巡检监护。

(3) 对烟气出口段的膨胀节拆除保温，进行宏观检查，重点检查膨胀节连接板的焊缝质量，强度不足的应补强，存在缺陷的予以消除。防雨铁皮检查后恢复，对拆除保温后膨胀节增加防雨罩。

(4) 更换水平段膨胀节以及上部接口已发生变形的水平三通管段，更换竖直管道上两个膨胀节及其中间筒体。

(5) 对下部烟机入口段的膨胀节进行受力元件所有连接焊缝的检查，进行100%检测以发现表面微裂纹并进行补焊，避免发生类似的问题。

案例71　膨胀节两侧铰链的焊点脱开造成装置停工

1. 故障经过

东营某石化总厂2017年3月13日20：30左右，催化裂化装置班长巡检至三旋三层平台，听见二旋顶部位置有气体泄漏声音，爬至三旋顶部，发现三旋集气室至烟机管线第一个膨胀节有裂纹，烟气大量泄漏，第三个膨胀节严重变形，波纹管失效，铰链的焊点已经脱开，如图5-18所示。

图5-18　第三个膨胀节变形严重

2. 原因分析

(1) 故障的直接原因是三旋出口烟气温度多次升降，膨胀节变形严重，导致铰链焊点脱开，波纹管破裂，热应力导致的铰链焊缝开裂。

(2) 该处膨胀节已经使用22年，膨胀节长年运行，热胀冷缩，经长期工作有失稳现象，从而易造成损坏。

(3) 烟道长期工作在670℃左右，有时再生器操作会出现超温现象，奥氏体不锈钢在高温下长期服役，脆性会明显上升，韧性大幅度下降。期间烟机经过多次开停机，烟道每次从停用状态到投用，中间的温差约为650℃，这个温度产生的热应力非常大，特别是烟道使用的材质是奥氏体不锈钢，传热能力较差，如果在铰链焊缝附近存在较大的温差，就极有可能开裂，最终导致波纹管开口。

3. 对策

(1) 处理过程，三旋膨胀节消缺施工时间总计为12个小时。期间工艺操作情况如下：

① 反应系统切断进料，反应系统转剂至再生器，再生器催

化剂720℃，主风撤出再生系统，催化剂闷床。

② 反应系统蒸汽不停，保持反应系统温度不低于250℃。

③ 同时分馏塔底油浆系统连续循环，洗涤分馏塔的催化剂，通过油浆外甩，将分馏塔内的催化剂带出。

(2) 施工过程：①节、虾腰弯头提前预制好，与需要更换的三个膨胀节组对，将其组焊成整体，如图5-19所示。②将两个失效的膨胀节及之间的烟道整体拆除、整体吊装。③新烟道就位后，上下口同时找正，安装及焊接。

图5-19 筒节、虾腰弯头、膨胀节焊成整体

(3)采取措施：

①对新膨胀节波纹管外加防护罩，减少波纹管因雨水和露点腐蚀引起的冲蚀，加强拉板强度。

②提升铰链板的材质，使其能有效地耐腐蚀和拉应力的作用。

③膨胀节安装严格按照设计方案执行，减小组装应力，严格执行焊接工艺，尽可能消除焊接应力。正确安装使用，定期对膨胀节进行检测。同时，保证外保温的完好，就可以避免以上故障的发生。

④定期检查膨胀节处保温情况，防止酸性液体进入腐蚀膨

胀节，发现破损及时修补。

⑤开停烟机严格按照升温曲线操作，防止升温过快，产生较大应力。

⑥制定烟道膨胀节泄漏应急预案并按时演练，提高应急处置能力。

案例72 三旋出口膨胀节短节与管道焊缝开裂造成装置停工

1. 故障经过

长岭某炼化1#催化装置2019年1月4日2：33三旋出口烟道垂直段膨胀节短节与管道焊缝发生开裂，如图5-20所示，装置停工抢修。膨胀节焊缝裂纹主要是以铰链板为中心向两侧延展，长度：一侧裂纹1060mm，另一侧940mm，烟道直径1400mm，累积长度接近1/2，且裂纹扩展明显，如图5-21所示。该膨胀节为三旋出口至烟机烟道垂直段第二个，靠近去水平段，膨胀节短节材质321，2009年投用。

图5-20 开裂膨胀节

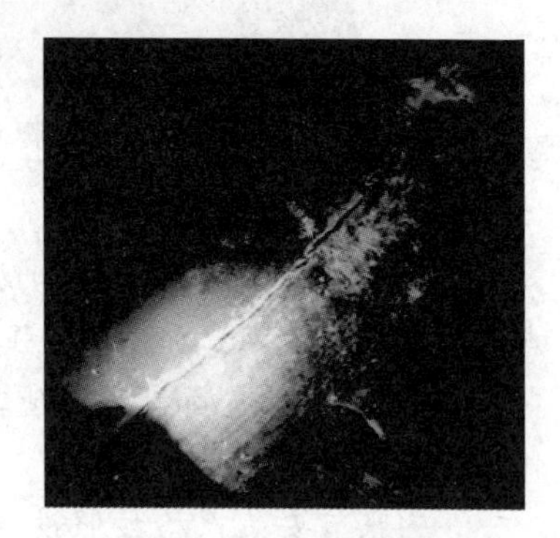

图5-21 裂纹形貌图

2. 原因分析

考虑到故障部位为烟机入口管线抢修，时间紧、母材不能产生贯穿性取样分析，通过故障现象、运行数据、现场检测、受力状态等方面进行初步分析：①烟道运行温度接近设计值(680℃)，烟道及膨胀节长期在高温状态运行，易导致高温蠕变致使焊缝开裂，影响管线的使用寿命；②膨胀节筒节厚度(20mm)与烟道母材厚度(12mm)偏差大，按焊接工艺打磨坡口焊接依然存在应力集中等问题，而膨胀节两侧铰链板区域应力集中更甚，与现场实际裂纹走向相符；③从烟道热态至冷态情况下膨胀节U型波纹变形、支摆架受力情况分析，烟道整体受力呈三维立体多变形态，现场实际烟道走向布置按二位平面L型布置，烟道热变形产生的热应力无法得到很好的释放或缓解；④烟道在处理过程中，局部拆除保温后，膨胀节环在同一平面温度不均，可能产生局部应力变化，加剧裂纹的扩展。⑤膨胀节服役时间相对偏长，历次停工检修过程中存在隐性缺陷未及时发现和处理情况。

3. 对策

(1) 对三旋出口烟道膨胀节进行了全面检查，发现三旋出口第一膨胀节波纹管与筒节焊缝有新裂纹，经10多小时堵漏加强等抢修工作完成。

(2) 并举一反三，安排对催化装置烟气管道类似部位开展排查，避免类似故障重复发生。

第6章　三旋典型失效分析及对策

三级旋风分离器是炼油厂催化裂化再生烟气能量回收装置的关键设备之一，目前国内常用的是立置多管式、卧式多管式、大三旋三级旋风分离器，它的工作状况直接影响到整个装置的能耗和经济效益，如果三级旋风分离器失效，会造成烟机入口粉尘浓度和颗粒直径严重超标，烟机不能正常运行，烟气能量无法回收，因此有必要对三级旋风分离器分析，以便有的放矢地对其进行维修或改进，减少损失。

6.1　三旋典型失效分析

6.1.1　现状分析

对当前三旋使用情况和失效模式进行调研梳理，找到三旋的失效模式，并从定性分析到定量分析，找到失效根本原因，并提出原因查找的思路，同时也提出有针对性的解决措施。

对中国石化系统内主要催化裂化装置三旋运行情况进行调研，如表6-1所示，从21家企业调研数据可知：一是三旋运行目前均正常运行，但立式多管和卧式多管存在单管堵现象依然存在；二是中国石化系统内的三旋目前采取立式多管和卧式多管及大三旋等三种型式在服役；三是从长周期和结垢情况来看，大三旋运行周期长，海南炼化280×10^4t/a催化裂化大三旋2006年运行至今，运行情况较好；四是从调研数据可知，自2006年大三旋工业成功应用后，成为大型催化装置三旋技术改造首选型式。截至2018年，在调研21家企业中，占52%，如图6-1所示。

表 6-1　中国石化系统内主要催化裂化三旋运行情况表

序号	装置名称	三旋型式	投用时间	浓度粒度正常	上次检修时检查情况
1	金陵 1#催化	BSX	2016 年	浓度粒度正常	2016 年 10 月改造 BSX 型
2	茂名三催	PSC-300	2016 年	浓度粒度正常	单管堵塞严重
3	燕山三催	卧式三旋	1998 年	浓度粒度正常	单管略有结垢
4	镇海二催	卧式 288 单管	1999 年	浓度粒度正常	单管堵塞严重
5	北海催化	立式大三旋	2012 年	浓度粒度正常	部分单管堵
6	荆门 1#催化	立式大三旋	2011 年	浓度粒度正常	2014 检修未发现异常
7	天津催化	立式大三旋	2016 年	浓度粒度正常	2016 年原型更新
8	广州 1#催化	立式多管	2015 年	浓度粒度正常	2015 年底更换 56 单管
9	兰州石化重催	卧管式三旋	2003 年	浓度粒度正常	没出现过问题
10	青岛炼化催化	立式多管	2008 年	浓度粒度正常	未出现问题
11	大港催化	BSX 型大三旋	2010 年	浓度粒度正常	8 组，2010 年使用至今
12	齐鲁 3#催化	立式大三旋	2015 年	浓度粒度正常	2016 检修未发现异常
13	安庆 1#催化	卧管式三旋	2012 年	浓度粒度正常	少数单管出现堵塞
14	洛阳 1#催化	立式小三旋	2015 年	浓度粒度正常	部分单管堵
15	高桥三催	卧式多管	2010 年	浓度粒度正常	未出现问题
16	锦西二套催化	立式多管	2010 年	浓度粒度正常	运行正常
17	长庆重催	卧式单管	2005 年	浓度粒度正常	单管结垢堵塞单管
18	四川 250×10^4t/a 重催	立式大三旋	2014 年	浓度粒度正常	2014 年运行至今正常
19	榆林 180×10^4t/a 重催	立式大三旋	2011 年	浓度粒度正常	2011 年运行至今正常
20	延安 100×10^4t/a 催化	立式大三旋	2008 年	浓度粒度正常	2008 年改为 8 台大旋风
21	海南 280×10^4t/a 催化	立式大三旋	2006 年	浓度粒度正常	2006 年改为 12 台大旋风

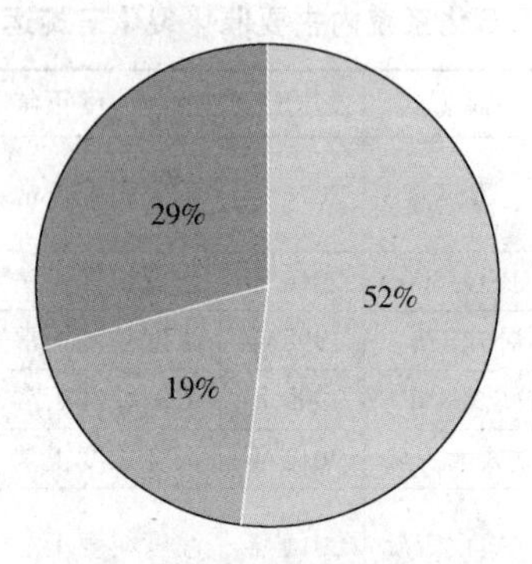

图 6-1 中国石化系统内所调研企业三旋型式分布图

对国内近年来三旋失效状况进行调研和梳理，在 12 家企业的催化装置发生的 26 起三旋典型失效故障，具有代表性和典型性。从 26 起典型故障展开分析，可知单管堵塞是三旋失效的主要模式。从调研和收集的 26 起失效模式中，可知单管堵塞、隔板损伤和焊缝开裂以及其他等 4 个方面是三旋失效的四种模式，其中，单管堵塞占 71%，隔板损伤占 23%。单管堵塞是三旋的主要失效模式，如表 6-2 和表 6-3 所示。

表 6-2 近年来国内催化裂化三旋失效情况表

序号	公司名称	三旋型式	故障原因	非停次数
1	中捷石化 50×10^4t/a 重油催化裂化装置	PT-Ⅱ型卧管式	单管堵死	4
2	清江石油化工有限公司 50×10^4t/a 重油催化裂化装置	PST-200 型立式单管	单管堵、隔板损伤	1
3	抚顺石化公司石油二厂 120×10^4t/a 南催化裂化装置	PSC - Ⅱ 型旋风管	单管堵、隔板损伤	1

续表

序号	公司名称	三旋型式	故障原因	非停次数
4	洛阳石化厂催化裂化装置	PT-Ⅱ型卧管式	卸剂线有磨损	1
5	克拉玛依石化公司催化装置	PSC-250型旋风管	单管堵、隔板损伤	1
6	山东海化集团石油化工公司 80×10^4t/a 重油催化装置	PSC-Ⅱ型旋风管	单管堵死	1
7	镇海某 300×10^4t/a 催化装置	PSC-250型单管	单管堵、隔板损伤	2
8	镇海某催化装置	PST单管	单管堵死	2
9	玉门油田分公司炼油厂	PSC-250型单管	单管堵、隔板损伤	1
10	锦西石化公司 140×10^4t/a 重油催化装置	PSC-250型单管	三旋效率下降	1
11	大庆炼化公司炼油一厂	PST-200型立式单管	单管堵、隔板损伤	8
12	金陵分公司1#催化装置	PST单管	单管堵、效率下降	2

表6-3　三旋失效模式统计表

序号	失效型式	故障次数
1	单管堵塞	24
2	隔板损伤	8
3	焊缝开裂	1
4	其他原因	1

通过调研分析，可知当前三旋运行和管理存在3个方面的问题，一是三旋失效的主要模式是单管堵塞，但冲刷、隔板损

坏、焊缝开裂也是失效模式之一；二是个别企业运行管理人员对三旋失效认识判断不够，采取措施比较单一和草率，对失效根本原因分析的不透彻；三是重复性频次较高，检修和改造没有达到预期，三旋失效后，各家企业虽然都采取了相应措施，从分析来看，46%的故障没有找到根原因，三旋失效出现了反复，如图 6-2、图 6-3 和表 6-4 所示。说明三旋的失效原因一次性没有找到，措施没有从根本上解决问题。

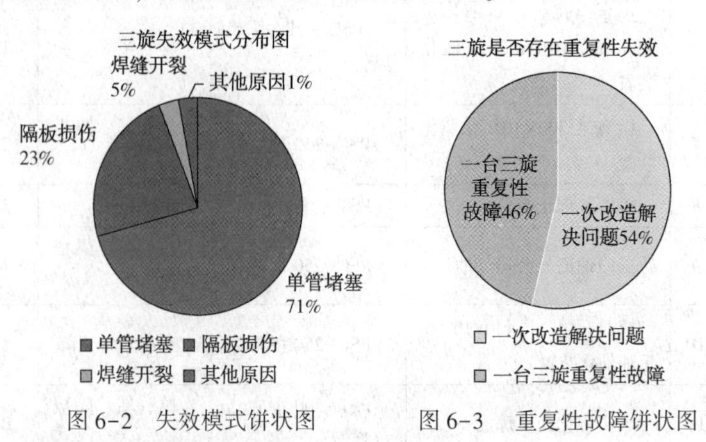

图 6-2 失效模式饼状图　　图 6-3 重复性故障饼状图

表 6-4 重复性故障统计表

序号	整改措施	次数
1	一次改造解决问题	14
2	一台三旋重复性故障	12

根据以上三类失效模式，从建立判断三旋失效外部环境、计算方法、定性定量分析入手，为找到三旋失效的根本原因和预防三旋失效提供理论支撑，并得出可行性结论，为三旋检修和改造提供依据。

共性问题的典型图片如图 6-4~图 6-8 所示：

图6-4　清江石化重油催化2007年单管堵

图6-5　镇海炼化三旋失效烟机被冲蚀

图6-6　茂名石化催化单管结垢图

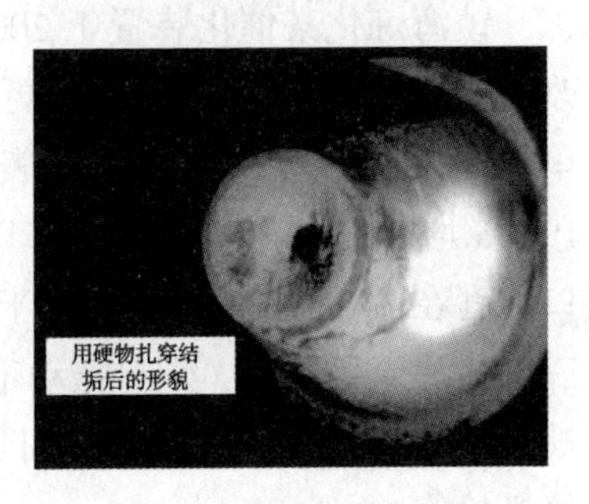

图6-7　金陵石化催化单管结垢图

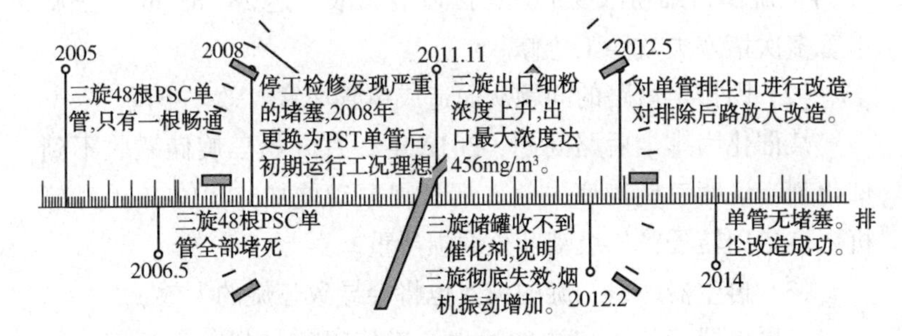

图6-8　镇海炼油某催化单管结垢采取措施处理6次的时间表

6.1.2 影响因素

通过调研和收集材料，目前绝大部分三旋运行平稳，能满足三旋烟气浓度<200mg/m³ 及粒度 10μm 含量<5%控制指标，烟机处于高效平稳运行状态。同时，我们也看到近年来，国内三旋因失效和低效原因，致使催化装置非计划停工或影响烟机长周期运行的故障也不少。影响因素归纳五类：

（1）因装置反再系统改造从而造成三旋单管堵塞、效率下降

镇海炼化某催化装置于 2004 年 3 月进行了 MIP-CGP 技术改造，同时催化剂从 CHZ-4 更换为 CGP-1Z。后多次出现三旋单管催化剂堵塞问题。突出表现是三旋压降上升，从初期的 19kPa 增加到 26kPa。三旋出口烟气催化剂浓度上升，严重时出口浓度在 350mg/m³ 以上，大于 15μm 的比例最大值超过了 5%。三旋核算效率下降，烟机振动不断攀升。2005 年及 2006 年装置被迫两次停工进行维修，期间烟气轮机因振动和冲蚀问题多次停机检修。

金陵石化某催化 2006 年 MIP 技术改造后，运行至 2007 年 11 月三旋出口细粉浓度上升，出口最大浓度达 287mg/m³，三旋单管多次堵塞失效停工抢修。

（2）因排尘后路的问题从而造成单管堵塞、效率下降

某催化因排尘后路问题，2012 年 2 月开始三旋储罐收不到催化剂，说明三旋彻底失效。烟机因振动增加，2012 年 1 月停机更换备用转子，二级动叶顶磨损严重。

（3）再生器一、二旋的失效也将会导致三旋的失效

当再生器一旋入口浓度过大，三旋很容易超负荷运行；当再生器气尾燃，催化剂热崩破碎、三旋处理粉尘负荷大幅增加；当催化剂耐磨性、热强性太差，都会引起三旋进口浓度太大，

使出口浓度超标。当开工前三旋及入口烟道，处理不净，衬里碎块、焊渣等杂物进入三旋，往往在短时间内三旋单管就被损坏。

(4) 因原料或操作波动致使细粉烧结硬物堵塞部分单管失效

三旋单管烧结的细粉硬物与工艺操作及原料有关。三旋单管内出现细粉烧结残留硬物比较普遍，硬物的主要成份是催化剂中的超细粉，如果原油预处理不达标，随馏分油钙、钠、镁盐带入重油催化，在700℃左右的高温条件下，这些金属盐发生熔融，对贴附边壁的具有较小动能的细小颗粒有较强的黏结能力而生成熔融中心的盐性结核物。

(5) 因超温或超负荷致使隔板变形

随着重油催化裂化技术的发展和装置处理规模的大型化，烟气量增加很多，三旋直径和上下两个拱形隔板直径加大，隔板的受力状况恶化。因重油催化裂化再生温度的提高，由过去的蜡油催化裂化660~680℃提高到700~720℃，隔板的强度降得很低，发生了许多三旋隔板严重变形，造成三旋效率大幅度降低。

6.2 三旋典型失效对策

单管堵塞后，三旋效率急剧降低。烟气中较高的含尘浓度和较多的大颗粒存在，严重威胁烟机的长周期安全运行。从效率核算、流场分析等方法，为采取针对性措施提供依据。

6.2.1 采取改变单管数量等局部改造

为了保证三旋的分离效率，单管有其最佳的操作气量范围，超过此范围，单管内部气流速度过大，单管长期处于超负荷状态下运行，分离效率会有不同程度的下降。

烟气流量计算公式：

$$V_{烟气量}=K\times Q_{主风量}\times\frac{P_0}{293}\times\frac{273+T_{三旋}}{P_0+P_{表压}}$$

三旋压降：

$$\Delta P=\xi_0\frac{\rho_g V_0^{2.24}}{2}$$

式中 V_0——旋风单管表观截面气速，m/s

ξ_0——阻力系数；

ρ_g——烟气密度，kg/m^3

通过对三旋效率核算和压降分析，可知影响旋分效率是单管负荷过大原因，采取改变单管数量和单管重排的措施。成功案例有：①中海油山东海化集团石油化工分公司 $80\times10^4 t/a$ 重油催化裂化装置；②中国石油抚顺石化分公司石油二厂 $120\times10^4 t/a$ 催化裂化装置；通过定量计算后，采取堵管措施，因烟气中催化剂细粉含量较高，要进一步分离烟气中的细小颗粒，需再提高旋风单管进口烟气量。根据计算结果，将内圈 16 根旋风管堵去 4 根，即每隔 3 根堵一根，均匀对称，这 4 根旋风管升气管出口及分离管上部(叶片入口端)口均用盲板堵死。

6.2.2 改造开孔排尘结构

对单管的开孔排尘结构进行改造，目的是加强排尘锥体内的粉尘旋转，大部分粉尘通过扩大的侧面排尘口及时通畅的旋出单管，自下部排尘口返混的粉尘可以进行二次分离，不会悬浮在排尘口上部形成灰环。单管改造后结构如图所示。考虑到一再烟气无法全部进烟机回收能量，为了保证单管排出的粉尘不会悬在三旋灰斗造成返混，临界喷嘴进行了更换，泄气率增至 5%。通过对设计、工艺运行参数的运算及流场理论分析，查找出了烟气中催化剂细粉较多，粒度较大，以及单管烟气线速高和排尘锥体粉尘返混等问题，并找到解决办法。

成功案例：镇海炼化重油催化装置对单管排尘口进行改造，把176排圆孔联通成为176条侧缝，如图6-9所示，开工后压降在12 ~13kPa，目前运行正常。同时考虑到排尘后路的问题，将四旋以及临界喷嘴同时放大，临界喷嘴孔径自92mm放大至102mm。三旋入口粉尘浓度保持在600mg/m^{3}以下，出口粉尘浓度60 ~70mg/m^3，烟气经三旋后大于10μm以上的粉尘颗粒几乎没有。三旋单管分离效果理想，消除了单管堵塞隐患。

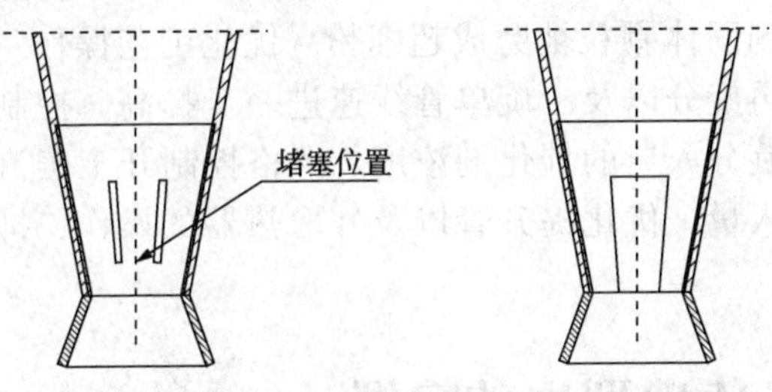

图6-9　改造前后三旋系统单管改造结构

6.2.3　改造大三旋

随着装置大型化、原料掺渣比增大、再生温度提高，多管式三旋逐渐体现出其不足：①单管效率高，但组合后整体效率不高；②单管粉碎催化剂，使三旋出口细粉增多，影响烟机运行；③单管磨损严重；④膨胀节、隔板易变形受损，导致三旋失效；⑤结构复杂，不便检修。针对上述问题，BSX型三旋从结构上突破了传统的多管型式，气固分离的元件采用旋风分离器，取消了双层隔板、单管和膨胀节，大大降低制造、施工、安装和检修难度。由于大三旋安装简单、不易结垢、运行可靠，操作弹性大等技术优势，并首次应用于海南炼油化工有限公司280×10^{4}t/a催化裂化装置，取得良好的使用效果。连续运行11年，在调研21家企业中，三旋改造多倾向大三旋。

6.2.4 加强工艺操作及原料管理，严禁三旋超负荷运行

开好原油电脱盐或一脱四注，使催化原料中含盐量合格；催化裂化装置再生器及再生烟气能量回收系统少喷水汽，降低烟气中水汽体积组成；防止三旋操作温度剧变，导致硬物线收缩发生脱落堵塞；控制单管设计流量不能偏高，防止过高线速下，催化剂固体颗粒被磨成超细粉。优化工艺操作。控制主风量防止一再旋分以及三旋单管线速进一步提高。控制再生器料位，降低旋分入口的催化剂浓度。严格控制开工蒸汽以及预提升蒸汽注入量，优化提升管以及外取热器的操作，抑制催化剂细粉产生。

6.3 三旋典型失效案例

案例73 三旋效果差导致烟机结垢严重频繁停机

1. 故障经过

2015年11月20日，南京某石化1#催化装置烟机振动超标联锁停机，检查发现转子叶根部冲蚀磨损较重，叶片表面紧密附着一层厚约10mm的垢，如图6-10所示。将转子抽出外送除垢做动平衡后回装，回装转子叶片表面仍有少部分附着红色垢样，说明催化剂已嵌入叶片表面。动叶各叶顶中部有明显磨痕，分析认为这是此次烟机振动增高的主要原因，烟机运行时，较大的垢块脱落，恰巧落在叶顶与管壁中间，叶片随之磨损，如图6-11所示。

图 6-10 叶片不均匀结垢

图 6-11 叶片磨损

2. 原因分析

2015 年 11 月消缺经检查，58 根 PST-300 单管导流锥部分侧缝被催化剂堵塞，单管锥形结构底部开设的圆形排尘孔几乎都被催化剂堵塞、三旋单管排尘口结垢明显，如图 6-12 所示，造成压降上升。2014 年 7 月~2015 年 11 月，三旋出口烟气粉尘含量仅合格 2 次，最高达 287mg/m^3。

3. 对策

(1) 抢修清洗 58 根 PST-300 单管导流锥部分侧缝和排尘口，如图 6-13 所示，保证三旋效果。

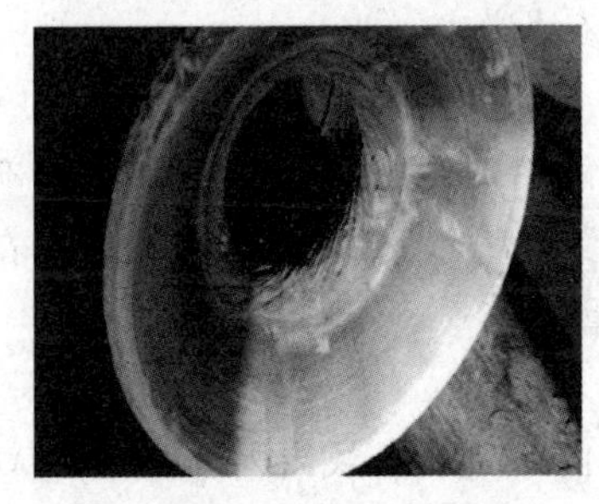
图 6-12 排尘口(清理前)

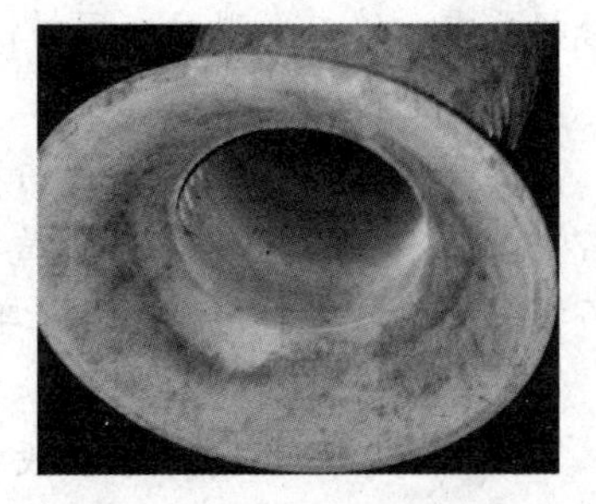
图 6-13 排尘口(清理后)

(2) 第 54 周期两次开工后三旋压降均呈明显上升趋势，但 2015 年消缺开工后压降上升迅速，2 个月后已上升至 38kPa，比设计值高50%，为了保证烟机可靠运行，在清洗消缺效果不明显情况下，采取改造BSX大三旋；改造后，三旋出口烟气粉尘含量已在150 mg/m^{3}以下，烟机长周期也得到了保证。

案例74 单管排尘口改造解决三旋单管堵问题

1. 故障经过

宁波某炼化催化装置于2004年3月进行了MIP-CGP技术改造，同时催化剂从CHZ-4更换为CGP-1Z。后多次出现三旋单管催化剂堵塞问题。突出表现是三旋压降上升，从初期的19kPa增加到26kPa。三旋出口烟气催化剂浓度上升，严重时出口浓度在350mg/m^{3}以上，大于15μm的比例最大值超过了5%。三旋核算效率下降，烟机振动不断攀升。2005年及2006年装置被迫两次停工进行维修，期间烟气轮机因振动和冲蚀问题多次停机检修。

2008年更换为PST单管后，初期运行工况理想，但运行至2011年11月三旋出口细粉浓度上升，出口最大浓度达456mg/m^3。2012年2月开始三旋储罐收不到催化剂，说明三旋彻底失效。烟机因振动增加，2012年1月停机更换备用转子，二级动叶顶磨损严重。停工发现存在同样情况的堵塞。

2. 原因分析

说明该两种形式的单管均不能满足MIP改造后的烟气工况需要。从单管的工作原理和结构上入手，进行相应的改造，在不损失分析效率的前提下防止单管堵塞。

3. 对策

2012年，经过与厂家和设计院的交流，决定对单管排尘口进行改造，把176排圆孔联通成为176条侧缝，开工后压降在12~13kPa，目前运行正常。同时考虑到排尘后路的问题，将四旋以及临界喷嘴同时放大，临界喷嘴孔径自92mm放大至102mm。

对单管的开孔排尘结构进行改造，目的是加强排尘锥体内的粉尘旋转，大部分粉尘通过扩大的侧面排尘口及时通畅的旋出单管，自下部排尘口返混的粉尘可以进行二次分离，不会悬浮在排尘口上部形成灰环。单管改造后结构如图所示。考虑到一再烟气无法全部进烟机回收能量，为了保证单管排出的粉尘不会悬在三旋灰斗造成返混，临界喷嘴进行了更换，泄气率增至5%。通过对设计、工艺运行参数的运算及流场理论分析，查找出了烟气中催化剂细粉较多，粒度较大，以及单管烟气线速高和排尘锥体粉尘返混等问题，并找到解决办法。

2014年三旋的44根PST300单管单管无堵塞。说明2012年单管排尘口改造是成功的。高压水枪清洗后开工，三旋压降8.7kPa，烟机开机后，压降升至10.9kPa。

2012年配合三旋单管改造，四旋筒体扩径，料腿延长350mm。开工之后，四旋料腿堵塞严重，三旋储罐长时间收不到催化剂。借本次检修机会，委托洛阳院核算，将四旋改为正压式四旋，如图6-14所示，翼阀取消，出入口重新配管，四旋料腿由$\phi108$扩径至$\phi219$，增设气相平衡线。本次四旋效果较好，三旋储罐回收催化剂恢复正常。

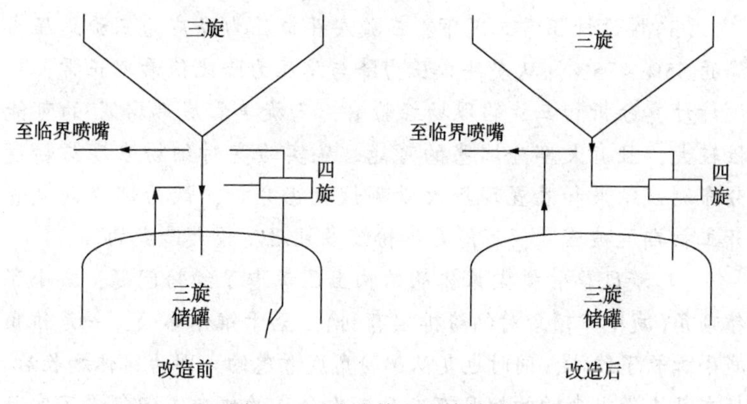

图6-14　改造前后四旋结构

案例75　改变单管数量解决三旋PSC-Ⅱ单管堵问题

1. 故障经过

抚顺某石化$120×10^4$t/a某催化裂化PSC-Ⅱ型旋风管堵，其技术指标要求当三旋进口烟气含催化剂浓度在0.5g/m^3以下，其粒度分布中位粒径为12μm左右时，①出口浓度(标准状态下)在100mg/m^3以下；②出口粒度大于10μm的颗粒除净。但在运行过程中，三旋效率一般仅30%~50%，三旋出口烟气含粉尘浓度在150~200mg/m^3，且粒径10μm以上的颗粒未除净。烟气中粉尘浓度高、粒度大，对烟气轮机安全运行危害极大。

2. 原因分析

(1)从三旋单管进口烟气量计算结果看，三旋单管叶片入口气速在24.5~26.6m/s，操作基本在正常范围内；从三旋总压力降实测结果来分析，其数值大小也正常。

(2)改造的三旋是根据装置工艺条件进行设计的，结构是合理的，而实际生产运行参数与设计值有一定差距，尤其是三旋进口细催化剂粒度差别太大，这是造成三旋效率过低的主要原因之一。

(3)按设计正常工况下，三旋灰斗口压力降应为三旋总压力降的55%~75%，从灰斗口压力降与总压力降比值看不正常，从设计计算分析和三旋的现场经验看，三旋单管底部堵塞的可能性较大，且有大部分堵塞的可能。从实验室对细粉浓度与粒度分布测试结果和装置现场大量测试数据分析，认为部分旋风管开工初期就被堵塞，可能是细粉较多且湿度较大造成的。

(4)旋风单管排尘锥体从结构上已考虑了细粉问题，减小了锥顶角(减小锥顶角对细粉排尘有利)。至于锥体略长，一是锥角减小加长了锥体，同时也是从细粉角度考虑的，因为锥体加长后，从灰斗夹带上来的细粉具有充分二次分离的机会。但忽略了实际操作中三旋入口细粉粒度分布与设计值相差太大这一因素。

3. 对策

(1) 堵管。烟气中催化剂细粉含量较高，要进一步分离烟气中的细小颗粒，需再提高旋风单管进口烟气量。根据计算结果，将内圈16根旋风管堵去4根，即每隔3根堵一根，均匀对称，这4根旋风管升气管出口及分离管上部(叶片人口端)口均用盲板堵死。

(2) 开孔。旋风单管排尘锥体增加开孔，从理论上分析，开切向缝有利于将分离到边壁处的催化剂迅速排出去，减少对壁面的磨损和径向返混夹带，但开缝面积大小与粉尘浓度尤其是粉尘粒度有很大关系，粗细不同的粉尘径向返混夹带量有很大不同，因此开孔面积及位置也有所不同，对于细粉开孔面积应大一点，其位置应略靠近排尘口处。在旋风单管下锥体中下部位增开两排排尘孔，在同一方位。若错开90°开设，会造成同一圈旋风管有一排尘孔直接相对，排尘相互干扰。

(3) 通过对设计、工艺运行参数的运算及实际检测数据分析，查找出了烟气中催化剂细粉较多，粒度较大，以及单管烟气线速较低和排尘锥体粉尘返混等问题导致三旋效率低的主要原因。

(4) 计算后，采取旋风管内圈堵管及旋风单管排尘锥体增加开孔的措施。

(5) 实施后的运行结果证明，三旋效率由原来的30%~50%提高到68%以上，三旋出口烟气中催化剂浓度小于0.2g/m^3，粒度大于10μm的颗粒只占0.2%。

案例76 更换BSX型三旋解决PST单管堵问题

1. 故障经过

大港某石化2004年140×10^{4}t/a催化装置扩容后的11月份开始，烟机振动大幅升高，多次被迫停机检修。检修时发现分离单管外套管卸料口结垢严重，外套管直管与导流锥段变径处发生磨损。2008年4月检修开工后，临界流速喷嘴投用2组，2009年9月检修时仍有10根分离单管磨损。由于三旋的不正常运行，多次导致烟机振动超标，被迫停机检修，切换备用风机维持生产。因此，2010年5月整体更换为BSX型三旋。

多管式三旋逐渐体现出其不足：①单管效率高，但组合后整体效率不高；②单管粉碎催化剂，使三旋出口细粉增多，影响烟机运行；③单管磨损严重；④膨胀节、隔板易变形受损，导致三旋失效；⑤结构复杂，不便检修。

2. 原因分析

经分析认为，扩容后三旋入口烟气量大，粉尘浓度高，85根PST分离单管相对烟气量处理负荷偏少，分离单管内气体线速度高，造成磨损。另外，临界流速喷嘴孔径偏小，易结垢，泄气量不足，导致三旋卸料室压力偏高，单管卸料困难，又因烟气中水蒸气含量较高，在卸料口形成较厚的垢层。

3. 对策

试验结果证明，BSX型三旋分离效率理想，分离后粒径大于6.2μm的颗粒仅2%，大于5.4μm的颗粒仅8.7%；单管效率较高，在相同入口浓度、入口气速、压降等的条件下，直径为100mm的BSX型三旋单管对325目滑石粉的分离效率为93%，比直径为250mm旋分器单管低2%~3%，但BSX型三旋单管组之后的整体效率基本不会降低，优于多管式三旋；操作弹性好，当入口气量在±20%变化时，BSX型三旋效率保持稳定。

存在的不足，目前，生产中BSX型三旋存在共振现象，三旋入口线速度至32m/s以上，现场能够明显感觉振动较大。为把入口线速度控制在30m/s以下，以减轻三旋振动，将再生压力控制在不高于0.275MPa，双动滑阀开度在3.5%左右，损失部分回收能量。共振的原因和解决措施正在分析研究之中。

2009年惠州炼油分公司催化BSX型改造。

2016年12月份，金陵石化1#催化裂化装置同样BSX型改造。

第7章　滑阀典型故障分析及对策

滑阀是重油催化装置反应系统的核心设备，对反应系统催化剂在反应与再生之间流动的控制起着至关重要的作用，滑阀一旦出现故障往往引起整个装置的停工并带来巨大损失。针对近年来典型故障的原因进行分析，并提出有针对性的整改方案，以确保滑阀的长期使用。

7.1　滑阀典型故障分析

7.1.1　现状分析

对国内近年来，因滑阀故障造成装置停工次数达23次，对23次进行分析可知，螺栓断裂、磨损、脱落是主要失效形式。其中断裂、磨损是主要的失效形式，如图7-1和图7-2所示。断裂时最危险的失效形式。滑阀长期处于高温状态下，滑阀内部紧固螺栓的高温蠕变断裂是最为常见的内件故障问题。近几年，国内炼化企业在生产过程中，出现滑阀内部螺栓断裂情况多起，经过统计故障分析，阀内部螺栓断裂是滑阀常见的设备本体故障如表7-1所示。

通过近年来23起典型滑阀案例失效分析可知，主要失效形式是断裂、冲刷磨损、泄漏等，主要失效分布是双动滑阀和再生滑阀等，如表7-2和表7-3所示。

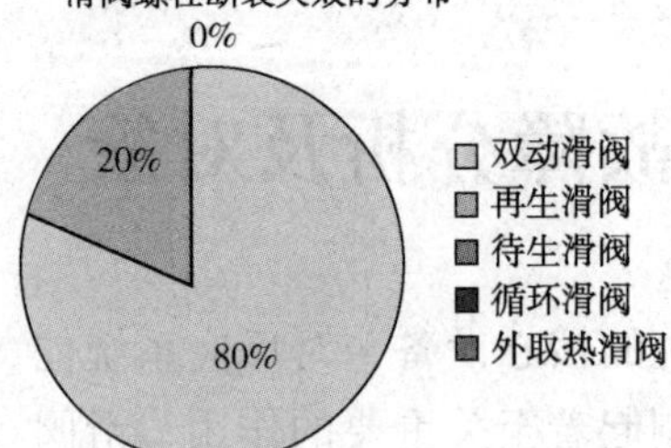

图 7-1　滑阀失效模式分布

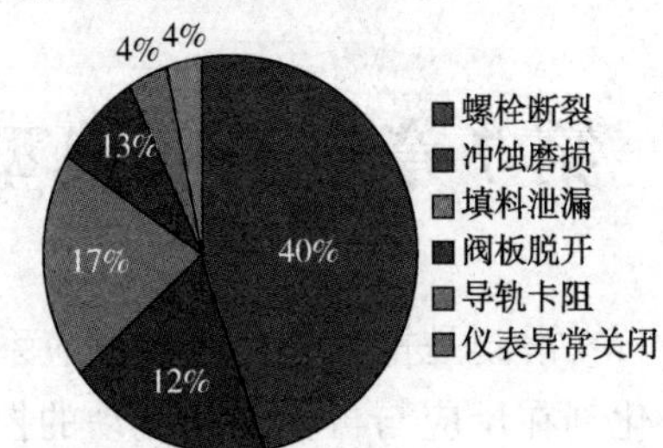

图 7-2　滑阀螺栓断裂失效分布

表 7-1　近年来滑阀常见故障调研情况表

序号	公司名称	故障滑阀	故障时间及现象	处理方法
1	中国石化镇海炼化分公司 300×10⁴t/aⅡ套催化裂化联合装置	双动滑阀	2010 年 3 月 21 日南侧导轨螺栓单颗断裂、其它五颗螺栓在螺纹联接部位被拉脱，造成导轨脱落故障	大修时阀体、座圈和导轨更换
2	洛阳分公司一联合车间	双动滑阀	2006 年导轨座圈与阀座间的连接螺栓断裂	更换全部 20 套螺栓、座圈和导轨更换
3	中国石化金陵分公司 1# 催化装置	双动滑阀	2006 年双动滑阀的阀座圈与阀体连接螺栓 16 根(GH33　M20×45)整圈断裂，阀座圈变形，连同阀道、阀板一块下坠，阀杆发生弯曲变形	阀座圈及螺栓螺母、四根导轨及螺栓螺母、阀板阀杆更换，导轨表面含有喷镀的一层钴基合金(3mm)，提高它的耐磨性。
4	中国石化胜利油田石化总厂 80×10⁴t/a 催化装置	再生滑阀	2008 年 7 月 5 日再生滑阀开关失效的主要原因是阀杆端部的 T 型头和阀板的 T 型槽被磨掉，致使阀杆与阀板完全脱开	一是将蒸汽限流孔板尺寸由 3mm 改为旧设计的 2mm，以降低反吹蒸汽速度，进而减小催化剂对材料的磨损。 二是将汽油再生滑阀和重油再生滑阀的主体材料由 0Cr19Ni9 升级为 GH180

续表

序号	公司名称	故障滑阀	故障时间及现象	处理方法
5	中国石化九江分公司II套重油催化裂化装置	再生滑阀	在2000年7月30日之后短短的三十四天时间内，连续发生四次因滑阀填料密封失效导致泄漏被迫中断生产的事故	原来使用0.5～0.6MPa非净化风作为密封阻尼反吹风，改为1.0MPa蒸汽而孔板尺寸不变，这样做有两个目的：一是适当增加阻尼风量；二是便于巡检人员判断管线是否堵塞(手感管线温度)
6	中国石油四川石化重催	双动滑阀	高温合金螺栓GH33断裂	大修时阀体、座圈和导轨更换
7	塔西南石化厂催化装置	待生滑阀	2012年，待滑阀的阀杆由于紧固件安装不牢靠导致阀杆脱落滑阀失控	检查紧固件，并检查螺纹损伤情况
8	塔西南石化厂催化装置	双动滑阀	2012年，双动滑阀的阀道由于运行年限较长，造成间隙过大	检修检查和更换阀道
9	中国石油玉门油田炼油厂催化装置	双动滑阀	2010年双动滑阀东阀卡死，检修时发现阀板和导轨催化剂结垢严重，结垢物为红色、较硬，导轨上冲刷严重，催化剂中和原料油中铁、钠含量较高，因三旋单管堵塞，烟气中催化剂细分含量高，再加上催化剂的冲刷，导致双动滑阀东阀出现卡死现象	针对造成滑阀卡死的原因，在滑阀的检修过程中，要重点检查阀座圈上的衬里护板点焊是否可靠，如发现点焊不可靠，一定要补焊，保证护板在装置运行过程中不发生脱落，以免造成阀板卡死。同时在操作过程中，应检查滑阀的吹扫蒸汽（风），保证冷却吹扫蒸汽(风)不要带水

续表

序号	公司名称	故障滑阀	故障时间及现象	处理方法
10	中国石油玉门油田炼油厂催化装置	外取热滑阀	2002年催化外取热器下滑阀检修后因盘根没有安装好而导致泄漏	为避免滑阀阀盖的泄漏，应认真安装阀盖密封垫，密封垫要用黄油粘到法兰的凹槽内，通过阀盖法兰上的向杆缓缓地使法兰凸台平稳地压到凹槽内的密封垫上，经过多次确认密封垫已经完全地压好后，方可对大盖进行紧固，紧固要按对角螺栓交替进行，防止密封垫压偏
11	中国石油玉门油田炼油厂催化装置	循环滑阀	2010年循环滑阀衬里护板裂开，待生滑阀阀体衬里上有鼓包、裂纹，所有滑阀阀板、阀座圈衬里有磨损	滑阀阀体、阀板、阀座圈衬里磨损会影响滑阀的密封，衬里护板开裂，衬里很容易被冲刷，因此检修过程中应注意发现问题，及时补修或更换
12	中煤陕西榆林能源化工有限公司催化装置		装置从2004年11月建成投产以来，在2006年4月份的检修中就发现双动滑阀东面阀杆被含有催化剂粉尘的高温烟气损伤，当时没有备件进行更换，被迫采取堆焊、车削处理。2006年10月停工时检查双动滑阀阀杆，仍然是东面阀杆损伤。	采取更换新件的处理措施

续表

序号	公司名称	故障滑阀	故障时间及现象	处理方法
13	中国石化河南油田南阳石蜡精细化工厂催化裂化装置	待生滑阀	2007年10月22日突然关闭，反再系统停止流化，装置停工	直接原因是滑阀机构核心部件电液伺服阀出现故障，导致滑阀瞬间失去控制。定期对液压油质进行取样化验，发现不合格，必须进行更换
14	中国石化西安分公司80×10^{4}t/a催化裂化装置	再生滑阀	2016年2月，在调整装置运行负荷时，操作参数与催化剂循环量出现大幅度波动，严重影响装置运行。原因是再生滑阀阀板与阀杆脱开所致。	原因是再生滑阀阀板与阀杆脱开所致。再生滑阀出现阀板和阀杆脱开，停车修复方案
15	中国石化荆门分公司联合一车间重油催化装置	再生滑阀	2011年7月22日填料再次泄漏，2011年8月11日填料再次泄漏	新填料腔注胶堵漏。压盖螺丝注胶顶坏，阀杆马架扩孔焊接第二道新填料函压填料
16	中国石化荆门分公司联合一车间重油催化装置	待生滑阀	2013年11月30日凌晨填料泄漏	注胶堵漏，焊接新填料函压填料

表7-2　滑阀故障造成装置停工失效形式分析

序号	失效形式	故障次数
1	螺栓断裂	10
2	冲蚀磨损	5
3	填料泄漏	4
4	阀板脱开	2
5	导轨卡阻	1
6	仪表异常关闭	1

表 7-3 滑阀螺栓断裂失效的分布

序号	失效分布	故障次数
1	双动滑阀	8
2	再生滑阀	2
3	待生滑阀	0
4	循环滑阀	0
5	外取热滑阀	0

7.1.2 影响因素

通过故障现象共同点、金相分析和断裂力学核算等入手，找到故障规律。其中断裂、磨损是主要的失效形式，断裂时最危险的失效形式。滑阀长期处于高温状态下，滑阀内部紧固螺栓的高温蠕变断裂是最为常见的内件故障问题。

7.1.2.1 断裂

造成螺栓断裂有三种因素：高温作用下预紧力过大、交变应力疲劳致使螺栓断裂、高温烟气的高速冲刷磨损螺栓断裂等关键因素导致，断裂因素有时叠加而成的。由于滑阀使用环境不可改变，我们在加强设备可靠性和施工质量及材料保证上下功夫。

(1) 承受巨大的拉应力而造成塑性断裂

滑阀螺栓断裂大多发生在双动滑阀，产生原因是交变应力、高温作用下，高温脆性断裂，如图 7-3 所示。由于介质温度一般在 680℃以上，螺栓在此环境中会产生高温蠕变现象。同时螺栓长期受到高温硫和 CO 等氧化物的侵蚀，加上烟气压力和烟气流量处于不断变化的情况下螺栓受到交变应力，因此螺栓受到应力腐蚀和腐蚀疲劳，最终使螺栓断裂。在宏观上裂纹断口的形貌呈现出脆性断裂特征，金相组织分析是穿晶断裂，螺栓主要是因为承受巨大的拉应力而造成塑性断裂。如图 7-4 所示。

图7-3 镇海炼化Ⅱ套催化裂化装置滑阀断口

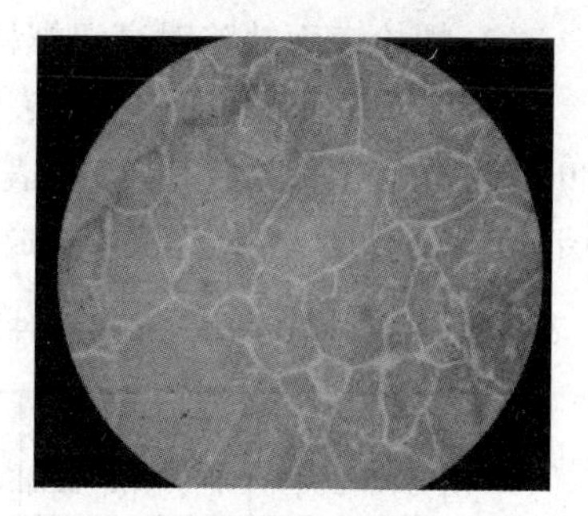

图7-4 金相分析图

滑阀螺栓一般用材是高温合金，在大于700℃时有良好的热稳定性，但在600~700℃之间存在一个热敏感区，热脆性能不好，例如螺栓GH4033合金，从图可以明显的看出，随着工况温度的升高，GH4033强度下降较快，寿命同步变短。高温通过对晶粒大小和晶界变化影响螺栓强度，对蠕变极限和持久强度影响最大。温度每升高5~6℃，蠕变速度增加1倍，持久寿命减少1/3左右。因此，螺栓服役周期越长，并随着掺渣量提高，滑阀的工作温度长时间超温或多次反复超温运行，使螺栓强度下降，寿命变短，断裂风险越大，如图7-5所示。

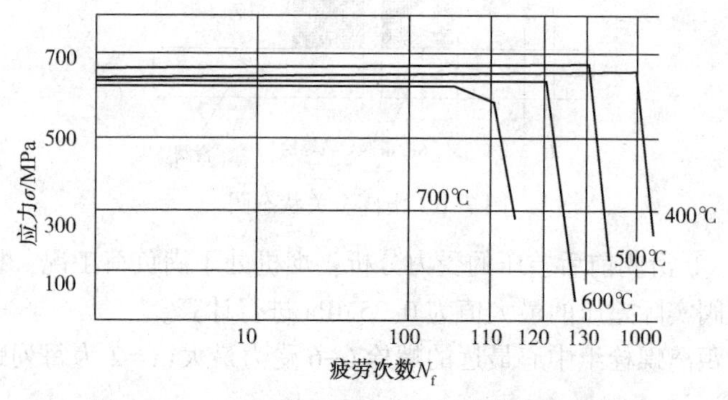

图7-5 GH4033合金交变应力与疲劳次数的关系

(2)螺栓表面缺陷对高温螺栓强度的影响较大

在 700℃高温环境下，螺栓表面存在缺口的有效应力集中系数和应力集中敏感系数最大，详见表 7-4 所示。一旦螺栓表面产生微小冲刷、或裂纹，则应力集中造成螺栓断裂的几率将大大增加。

表 7-4 纯弯曲/180kHz/100h 条件下 GH4033 缺口对疲劳强度的影响

温度/℃	光滑试样的疲劳极限/MPa	缺口试样的疲劳极限/MPa	理论应力集中系数	有效应力集中系数	应力集中敏感系数
20	370	220	2	1.68	0.68
600	360	240	2	1.5	0.50
700	390	230	2	1.7	0.70
800	260	230	2	1.13	0.13

(3)检修质量尤其是预紧力的大小也是螺栓断裂原因之一

双动滑阀螺栓在工作环境中的主要受力为：滑阀阀板和导轨的重量、滑阀前后压差、胀差力和螺栓预紧力。

① 阀板和导轨的的重量计算：轨道重量+阀板重量。按每个螺栓平均承重计算，可计算出单个螺栓受力，如图 7-6 所示。

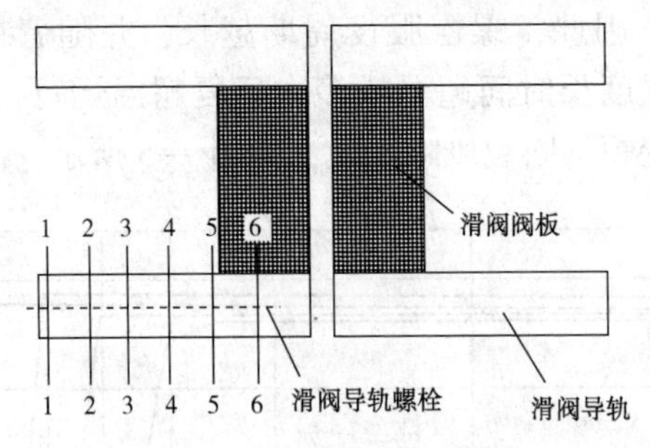

图 7-6 滑阀全关状态图

② 滑阀前后差压的受力分析：烟机处于满负荷工况，按双动滑阀实际差压的最大值为 0.25MPa 进行计算。

距离螺栓组中心最远的螺栓 6-6 受力最大($i=2$ 为每列螺栓数量)：

$$p_{6-6} = M \times L_1 / [2 \times i \times (L_1^2 + L_2^2 + L_3^2)]$$

如果6-6螺栓松弛或断裂，与之相邻的螺栓5-5将受力最大(如图7-7所示)：

螺栓预紧力F_0

$$F_0 = T/Kd$$

式中 T——拧紧力矩，单位为N·m；

K——拧紧力矩系数；

d——螺纹公称直径，单位为mm。

选$K=0.12$，双动滑阀螺栓M20的紧固力矩为100N·m；M20螺纹公称直径为0.020m，

强度校核，经计算，采用100N·m的螺栓上紧力矩，DYLS1800滑阀单根导轨上使用六颗M20的螺栓，强度上存在余量不足。如果采用30N·m的上紧力矩，则满足强度要求。经计算可知，高温螺栓上紧力矩过大是引起螺栓断裂的原因之一。

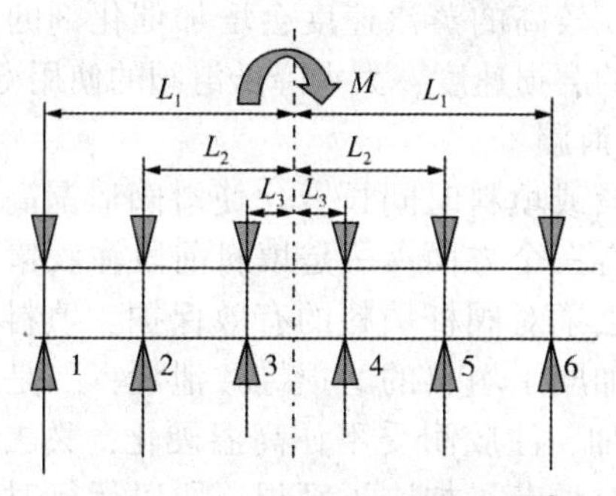

图7-7 滑阀全关状态导轨受力计算

7.1.2.2 冲刷

反吹蒸汽量过大致使阀板冲刷严重。反吹蒸汽主要布置在滑阀的两个地方，一个是布置在滑阀阀杆填料函，起密封作用。另一个是布置在正对两个导轨的位置，起不让因催化剂沉积在导轨而阻碍阀板运动的作用。但反吹蒸汽用量不当，将对反吹动力的滑阀有严重损坏，滑阀阀杆与阀板由于阀杆端部磨掉而

完全脱开，致使滑阀开关失效。支撑阀板的导轨沿阀杆轴向被磨出两个几乎贯穿的深洞。

重油再生滑阀和汽油再生滑阀所通过的催化剂与高温油气接触，所以该两阀的反吹动力采用蒸汽而不用风，以避免油气与风接触产生闪爆不利于安全生产。

流体力学核算：设定反吹蒸汽采用 *PN*25、*DN*20 的管线输送，在集合管分支后加有 *DN*3.0 的孔板，经节流后分别流向阀杆填料函和两侧导轨。根据流体力学中的伯努利方程和流动连续性方程可以得到经过孔板的流量与压差之间的定量关系。可知反吹蒸汽经过孔板离开蒸汽管时的速度，由此可见蒸汽在蒸汽管出口处的速度仅仅与孔板直径的平方成正比，因此孔板直径对于反吹蒸汽吹向阀杆 T 型头及导轨的速度起着决定性的作用。在旧的设计中，孔板直径是 2.0mm。这样新的反吹蒸汽速度就是旧的设计速度的 2.25 倍，可见孔板直径的大小对反吹速度的影响极大。较高的蒸汽速度会增加催化剂的涡流速度以及对阀杆和导轨的磨损速度，大大降低滑阀的使用寿命。

7.1.2.3 泄漏

填料未压紧或填料时间长老化使滑阀泄漏高温催化剂。分析泄漏的原因有三个方面：一是填料前段注胶堵死了阀杆反吹蒸汽通道，失去了对阀杆填料的有效保护，填料与阀杆间混入催化剂颗粒，加剧了填料的磨损导致泄漏；二是缺少反吹蒸汽后填料温度增加，注胶耐受不住高温硬化，失去弹性，加上待生滑阀需要随时调节，加剧了磨损，所以运行时间不长就再次泄漏。三是个别企业的滑阀填料函是单层结构，密封可靠性低。

7.2 滑阀典型故障对策

根据分析得出的原因，并借鉴国内同类事件的经验和教训，提出滑阀完整性管理策略，从设计、检修策略、选材、运行管理等各个环节进行体系化管理，如图 7-8 所示，滑阀完整性管理才能得到加强。

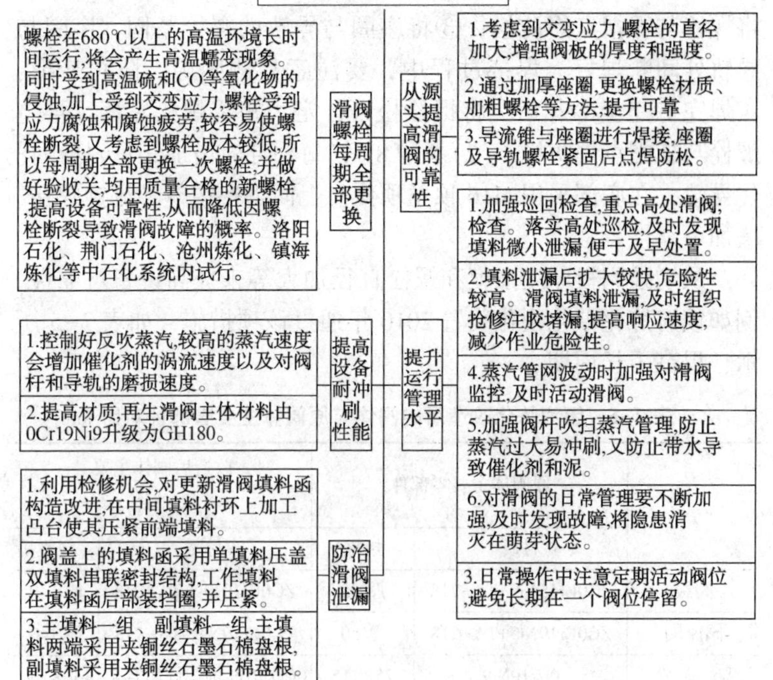

图7-8 滑阀典型故障管理对策导图

7.2.1 增强阀板厚度和螺栓直径等提高设备可靠性

充分考虑高温热变形的复杂性，将螺栓的直径加大、数量增多，增大高温螺栓的强度，考虑到交变应力，增强阀板的厚度和强度。为满足工况需通过加厚座圈、导轨，更换螺栓材质、加粗螺栓等方法，使滑阀在高温状态及复杂应力条件下正常运行。

同时，可采取加强方案：(1)采用焊接联接方法增加强度。将导流锥与座圈、座圈与导轨之间进行焊接，座圈及导轨螺栓紧固后点焊防松。具体焊接步骤如下：①将座圈螺栓紧固，座圈与节流锥联接处四周采用间断焊焊接，螺栓沉孔处错开不焊；

②焊完待完全冷却后，将螺栓松开，以定力矩将螺松紧固，再将螺栓与螺帽点焊防松；③将座圈与导轨的螺栓紧固，座圈与导轨处间断焊好，焊接过程中，要注意复测间隙，防止变形；④焊完待完全冷却后，将螺栓松开，定力矩将螺松紧固，再将螺栓与螺帽点焊防松。(2)新增8只(每根导轨增加2只)挂钩托住导轨，在底部采用M16顶丝顶住，上面将持钩与导流锥焊接，增加可靠性。

从增强阀板厚度强度和螺栓直径加大等来提高设备可靠性，例如镇海炼化催化裂化装置2010年通过该项措施，如表7-5所示，提高了长周期。

表7-5　镇海炼化改造后的阀体与原阀体主要零部件对比 mm

	原阀体主要零部件		改造后阀体主要零部件	
	材质	规格	材质	规格
阀板	ZG0Cr18Ni9+TA-218	厚95	ZG0Cr19Ni9+TA-218	厚140
阀座圈	ZG0Cr19Ni9+TA-218	厚80	ZG0Cr19Ni9+TA-218	厚140
导　轨	0Cr19Ni9	75×115	0Cr19Ni9 堆焊硬质合金	130×160
阀　杆	4Cr14Ni14W2Mo	ϕ65	4Cr14Ni14W2Mo	ϕ65
阀座圈用螺栓	GH33	M20×85	0Cr18Ni12Mo2Ti	M33×110
导轨用螺栓	GH33	M20×160	0Cr18Ni12Mo2Ti	M36×210

7.2.2　滑阀螺栓每周期全部更新

考虑到螺栓在680℃以上的高温环境长时间运行，将会产生高温蠕变现象。同时螺栓长期受到高温硫和CO等氧化物的侵蚀，加上烟气压力和烟气流量处于不断变化的情况下螺栓受到交变应力，因此螺栓受到应力腐蚀和腐蚀疲劳，较容易使螺栓断裂，并产生催化装置非计划停工等严重后果。又考虑到螺栓成本较低，所以建议每周期全部更换一次螺栓，并做好验收关，均用质量合格的新螺栓，提高设备可靠性，从而降低因螺栓断裂导致滑阀故障的概率。在调研洛阳石化、荆门石化、沧州炼化、镇海炼化等中国石化系统内，都试行了滑阀螺栓每检修周期更新一次。

7.2.3 控制好反吹蒸汽和确认导轨用材等因素来提高设备耐冲刷能力

较高的蒸汽速度会增加催化剂的涡流速度以及对阀杆和导轨的磨损速度，大大降低滑阀的使用寿命，孔板直径的大小对反吹速度的影响极大。根据流体力学中的伯努利方程和流动连续性方程可以得到经过孔板的流量与压差之间的定量关系。

孔板直径对于反吹蒸汽吹向阀杆T型头及导轨的速度起着决定性的作用。另外，阀板及导轨和阀杆的材料选择对于它们的耐冲刷能力影响重大，一些企业的阀座圈阀板导轨及阀杆的材质为0Cr19Ni9，有些企业的滑阀主体材料为GH180，相当于美国标准的Incoloy800H。GH180在长期高温应用中具有较高的冶金稳定性，使用温度最高可达1100℃，在高温下易形成防护性能良好的氧化膜，该氧化膜具有足够的黏附性，因此合金在抗氧化性能好的高温下可承受反复加热，氧化膜不易剥落，在较高温度下具有高的持久强度和蠕变强度，在催化装置反应系统中由于催化剂的存在需要滑阀材料具有很高的耐磨性能，而该种材料恰恰可以满足这种要求。如果再生滑阀采用0Cr19Ni9这种材料，当装置反应系统操作非正常时如长时间的碳堆和油气互窜将出现高温情况，最高温度可高达800~900℃，而0Cr19Ni9的正常使用温度在700℃以下，这样在高温下其强度和耐磨度都大大下降，强度的降低主要表现在材料的石墨化倾向明显，并出现材料的开裂，强度的降低往往会加速材料的磨损，所以，在选材时要充分考虑材料在非正常状况下的耐高温耐磨性能。

典型案例：胜利油田石化总厂采取的改进措施：一是将蒸汽限流孔板尺寸由 3mm 改为旧设计的 2mm，以降低反吹蒸汽速度，进而减小催化剂对材料的磨损。二是将再生滑阀主体材料由 0Cr19Ni9 升级为 GH180。通过 2010 年大修时的情况来看滑阀主体材料在使用一年半后磨损轻微，仍可继续使用，达到预期效果。中国石油乌石化 120×10^4t/a 催化，待生滑阀吹扫冷却蒸汽线虽然有限流孔板，但其副线阀门却开着，蒸汽量很大，最终造成导轨、阀板连接处及阀杆头部在开工一个月左右时间内严重被冲蚀磨损；停工后，割除了孔板处副线。在其后的装置开工和正常生产过程中，待生滑阀满足了安全生产的需要。中煤陕西榆林能源化工有限公司某催化，双动滑阀是阀杆被含有催化剂粉尘的高温烟气损伤，吹扫的非净化风副线开的太大。为防止人为操作上的因素，割除了非净化风的副线，并加上了 φ3mm 的限流孔板。2007 年 10 月份检修时发现阀杆完好。塔西南石化厂某催化装置，2012 年，双动滑阀磨损严重，由于运行年限较长，造成间隙过大，出现过此种故障。解决办法是定期检查和更换阀道。

7.2.4 填料增加耐磨强度来防治滑阀泄漏

利用滑阀解体大修，对更新滑阀填料函构造改进，在中间填料衬环上加工凸台使其压紧前端填料，后端填料 2 件柔性夹铜丝石墨石棉盘根夹 4 件柔性石墨盘根改进为隔层交替安装柔性夹镍丝石墨石棉盘根和柔性石墨盘根，把好填料质量关，改进耐磨密封效果。

阀盖上的填料函采用单填料压盖双填料串联密封结构，如图 7-9 所示。工作填料在填料函后部，内装有挡圈，由填料压盖压紧。副填料设在填料函前部，由挡圈压紧。主填料1组、副填料1组，主填料两端采用夹铜丝石墨石棉盘根，中间采用柔性石墨填料环；副填料采用夹铜丝石墨石棉盘根。液体填料注入口正对副填料内的间隔环，一旦发现填料有泄漏现象时，可在液体填料注入口向内注入液体填料，封闭漏点，保持副填料起密封作用，在阀门正常调节状态下，可方便地更换外侧的主填料。液体填料可采用二硫化钼锂基脂加石墨粉混合物。冷壁滑阀在现场安装完毕后还应适当调整工作填料的压紧量，以保证填料函的密封性能，但对阀杆不应抱得过紧，以免填料及阀杆过早磨损和功耗过大。

总结滑阀填料泄漏采取的措施有如下几点：加强巡回检查，重点高处滑阀检查。落实高处巡检制度，及时发现填料微小泄漏，便于及早处置。填料泄漏后扩大较快，危险性较高。滑阀填料发现泄漏，及时组织抢修队伍注胶堵漏，提高响应速度，减少作业危险性。注胶选用耐高温的型号，备好填料及填料函备件，减少处置时间。填料注胶后，填料硬化且不耐磨损，要减少滑阀活动频次，调节少的注胶后确实不泄漏。调节多的需要优化控制方案，减缓滑阀活动频次，并结合焊接填料函增加使用寿命。

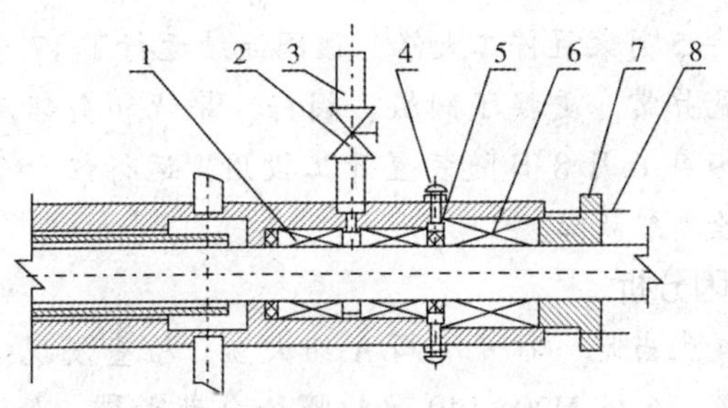

图7-9　填料结构示意图

1——次填料；2—截止阀；3—液体填料注入口；
4—挡圈紧定螺栓；5—挡圈；6—二次填料；7—填料压盖；8—压盖螺栓

7.3 滑阀典型故障案例

案例77 双动滑阀南侧导轨螺栓断裂造成装置停工

1. 故障经过

宁波某炼化300×10^{4}t/a Ⅱ套催化裂化联合装置2010年3月21日4：30，该双动滑阀发生故障，造成再生器与反应器压差低切断两器自保联锁动作，导致装置切断进料停工。打开发现滑阀南侧导轨螺栓单颗断裂、其他五颗螺栓在螺纹联接部位被拉脱，造成导轨脱落故障。

该阀曾在2007年12月27日发生过A组南侧导轨螺栓单颗断裂、其他五颗螺栓在螺纹联接部位被拉脱，造成导轨脱落故障。当时分析螺栓断裂的原因是：①导轨、座圈的热变形，致使螺栓在使用过程中承受较大的附加应力；②螺纹长度偏短、螺母偏薄，降低了螺栓的承载能力；③可能存在螺栓预紧力不均匀，或者紧力过大的情况。采取的措施：①委托兰炼机械厂对联接处的螺纹、螺母等相关尺寸进行修改，按1.25~1.5倍的螺栓直径的要求增加螺纹的有效长度，以提高螺纹联接强度；②厂家确定100N·m的螺栓上紧力矩。

2009年5月装置停工大修，该阀连续运行了17个月，解体检查，未见异常。更换了阀板、阀杆、导轨和全部座圈、导轨螺栓。2009年6月8日随装置开工投用，运行仅十个多月，再次发生螺栓断裂故障。

2. 原因分析

事故发生当晚，打开滑阀A组大盖，检查发现：①B组北侧导轨掉落，6根M20×140导轨螺栓全部断裂，如图7-10所示。②阀板从导轨上脱落，悬挂在阀杆上，阀杆严重弯曲变形；③在下面的烟道中找到导轨和所有断裂的螺栓，五颗螺栓在导轨侧的螺纹根部发生断裂，其中一颗螺栓在两侧螺纹根部断裂为三节。检查断口，均为脆性断裂，如图7-11所示。④脱落的一根导轨向下凹陷，最大变形量为2mm，座圈也呈向下凹陷的趋势，变形量在0.30~0.45mm之间。

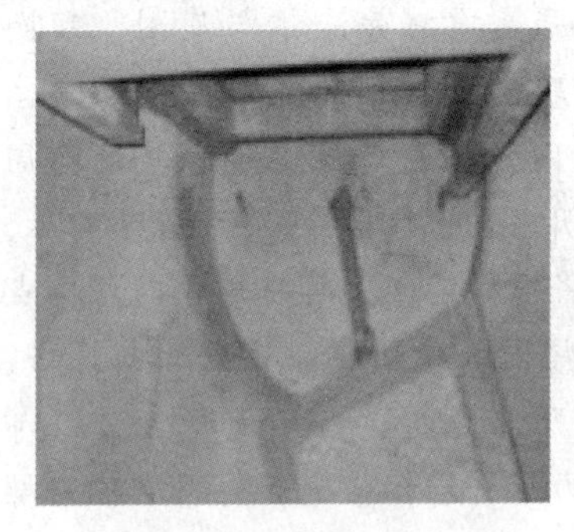

图7-10　滑阀故障现场

图7-11　螺栓断口

本次螺栓断裂的原因有以下4点：

(1) 经计算，采用100N·m的螺栓上紧力矩，DYLS1800滑阀单根导轨上使用六颗M20的螺栓，强度上存在余量不足。如果采用30N·m的上紧力矩，则满足强度要求。因此，高温螺栓上紧力矩过大是引起螺栓断裂的原因之一。

(2) GH33材质在600~700℃之间存在一个温度敏感区，对应力集中影响较大，且热脆性能较差。螺栓高温下使用，内部晶粒、晶界变化，使脆性增加，疲劳裂纹生长，最螺栓断裂的处理最主要原因。

(3) 随着工况温度的升高，GH4033强度下降较快，寿命同步变短。自2009年大修后装置的掺渣量提高，滑阀的工作温度在700℃上下波动，或正好处于700℃。温度的升高使螺栓的持久强度下降，高温蠕变速度增加，也是螺栓断裂的主要原因。

(4) 高温烟气对螺栓的冲蚀，使螺栓形成表面缺陷，比如表面裂纹和粗糙度增加等，也是螺栓断裂的主要原因。

3. 对策

为尽快恢复生产，并保证长周期稳定运行，针对目前滑阀的现状，考虑时间紧张及滑阀结构的限制因素，本次检修无法采用加大导轨及座圈螺栓的直径的方法。临时修复方案如下：

(1) 采用焊接联接方法增加强度。将导流锥与座圈、座圈与导轨之间进行焊接，座圈及导轨螺栓紧固后点焊防松。具体焊接步骤如下：①将座圈螺栓紧固，座圈与节流锥联接处四周采用间断焊焊接，螺栓沉孔处错开不焊；②焊完待完全冷却后，将螺栓松开，以30N · m的力矩将螺松紧固，再将螺栓与螺帽点焊防松；③将座圈与导轨的螺栓紧固，座圈与导轨处间断焊好，焊接过程中，要注意复测间隙，防止变形；④焊完待完全冷却后，将螺栓松开，以30N · m的力矩将螺松紧固，再将螺栓与螺帽点焊防松。

(2) 新增8只(每根导轨增加2只)挂钩托住导轨，在底部采用M16顶丝顶住，上面将持钩与导流锥焊接，增加可靠性。

(3) 借鉴国外的设计经验，座圈、导轨和螺栓使用相同的材质(国内导轨和座圈使用316，而螺栓使用GH33)，均采用316，减小胀差力的影响；充分考虑高温热变形的复杂性，将螺栓的直径加大、数量增多，增大高温螺栓的强度。

由于本次采用的是临时的修复方法，下次大修时阀体、座圈和导轨必须更换，液压执行机构利旧。新阀体座圈、导轨及螺栓建议借鉴国外的经验，并对座圈制造过程中的消应力处理措施进行监控，从本质上保证滑阀运行安全，对检修过程中进行监控，严格控制螺栓预紧力。

案例78　双动滑阀导轨座圈螺栓断裂造成装置停工

1. 故障经过

洛阳某石化催化装置2006年9月，操作人员在监控系统上发现再生器压力由0.17MPa突然下降，最低降至0.126MPa。操作人员通过切除2#烟机和关小3#烟机高温蝶阀开度的办法来维持再生器压力，但操作员发现双动滑阀已经不能进行远程自动调节；改现场手轮操作后，北侧阀板只能在很小的范围内活动，同时在开关手轮时感觉较吃力；南侧阀板处于全关位置，开关手轮时无动作，出现卡死现象。

2. 原因分析

从双动滑阀解体检查中，发现固定导轨座圈的连接螺栓全部从根部断裂，如图7-12所示，导轨从阀座上脱落，如图7-13所示。南侧阀杆在阀板的重力和烟气施加的压力下已弯曲。

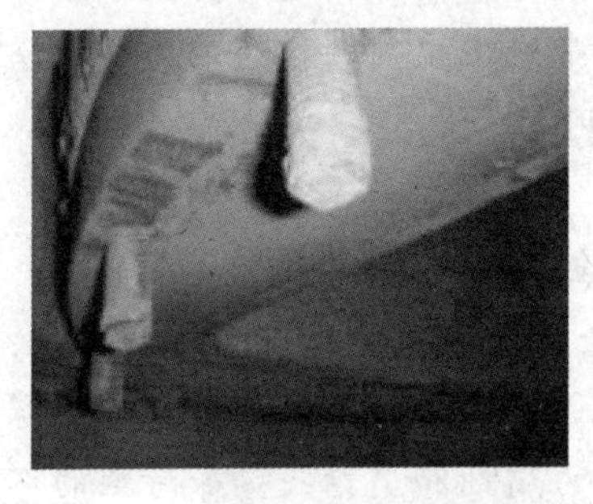

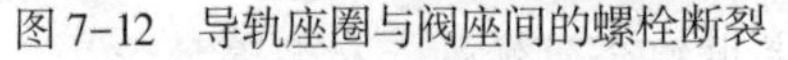
图7-12 导轨座圈与阀座间的螺栓断裂

图7-13 导轨脱落

为了深入了解螺栓断裂的原因，对断裂螺栓进行了检查。从螺栓断面来看，在20条螺栓中，其中南、北两侧中间各有2条螺栓断面有明显的缩径现象，应属塑性变形。此种情况是因为强度不够而被拉断。而其他螺栓断面没有明显的缩径现象，断面有些较平整，有些相对粗糙，螺栓用于高温、含硫和CO等氧化物、交变应力的环境中，环境比较恶劣，高温、腐蚀环境。

另外，从螺栓材料1Cr18Ni9Ti的金相组织性能来讲，奥氏体不锈钢在耐蚀性方面整体性能优良，但这类钢材对晶间腐蚀及应力腐蚀比较敏感。因此，综合各方面的分析如下：由于介质温度一般在630℃以上，螺栓在此环境中会产生高温蠕变现象。同时螺栓长期受到高温硫和CO等氧化物的侵蚀，加上烟气压力和烟气流量处于不断变化的情况下螺栓受到交变应力，因此螺栓受到应力腐蚀和腐蚀疲劳，最终使螺栓断裂。在宏观上裂纹断口的形貌呈现出脆性断裂特征。从理论上讲，应力腐蚀断面较平整，腐蚀疲劳破裂的断面较粗糙。南北两侧带有缩径现象的4条螺栓主要是因为承受巨大的拉应力而造成塑性断裂。

螺栓长期在高温下服役，产生高温蠕变现象，同时受到应力腐蚀和腐蚀疲劳，螺栓不断出现微裂纹，然后裂纹不断扩展，最后导致大部分螺栓先后出现脆性断裂。当剩余螺栓承受的拉应力大于其屈服强度时发生塑性变形，最终在超过其极限应力时被拉断。在整个断裂过程中携带有催化剂颗粒的烟气对螺栓断面的冲刷也起到了相当大的作用。

3. 对策

(1) 装置停工抢修，对螺栓全部更换。

(2) 为了避免再次出现螺栓断裂，螺栓材质进行了升级，由奥氏体不锈钢1Cr18Ni9Ti升级为GH33材质的螺栓，紧固螺栓处于一个具有高温硫腐蚀、应力腐蚀和腐蚀疲劳等苛刻的环境中，在选用螺栓材质时必须考虑综合耐蚀性、耐高温性能。

(3) 为了克服因应力腐蚀和腐蚀疲劳等因素造成此种螺栓的断裂，从工艺和管理方面做出了以下具体要求：一是避免再生器的超温和超压。在工艺指标方面要求再生器温度不大于700℃，再生器压力不大于0.175MPa；二是避免再生器压力和温度的大幅度波动，减少对双动滑阀的冲击；三是为了保证双动滑阀的安全运行，在每周期(四年为一周期)大检修时均将在用螺栓进行更新，从而降低因螺栓断裂导致滑阀故障的概率。

案例79　双动滑阀导轨螺栓断裂导轨脱落

1. 故障经过

茂名某石化2005年8月22日3：58三催化装置反应压力从

0.2MPa 突然降至 0.12MPa，装置自保动作。在随后的调整中发现，一再双动滑阀北面动作灵活，南面手动、自动均无法动作，经过多次调整最终无法满足正常操作要求，装置被迫提前停工检修。

2. 原因分析

打开双动滑阀后发现，南面滑阀靠西边的导轨紧固螺栓全部断裂，导轨脱落，如图 7-14 所示，阀板挂在阀杆上将阀杆压弯，如图 7-15 所示。阀板无法关闭导致流通面积过大是造成反应压力无法维持的原因。此双动滑阀由兰炼机械厂制造，从 1996 年投用以来一直没有更换过，观察螺栓断口，初步判断螺栓是疲劳断裂，滑阀其余 3 根导轨螺栓在拆修时也出现拧断的情况。

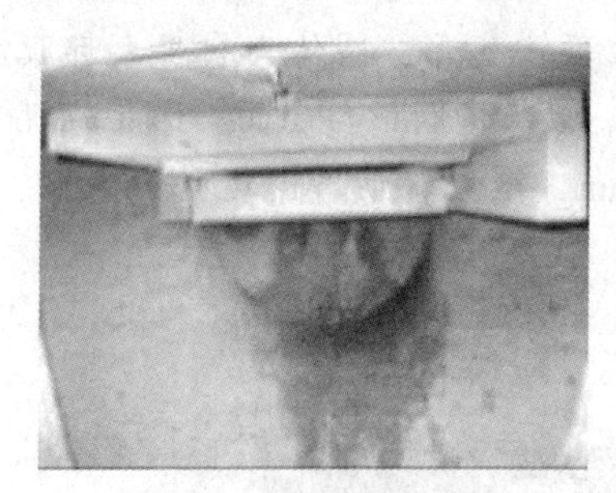

图 7-14　螺栓断裂导轨脱落

图 7-15　阀杆压弯

3. 对策

(1) 装置停工抢修，更换了导轨、阀板、阀杆及导轨螺栓。

(2) 每周期全部更换一次螺栓，并做好验收关，均用质量合格的新螺栓，提高设备可靠性，从而降低因螺栓断裂导致滑阀故障的概率。

案例 80　高温烟气的高速冲刷磨损螺栓整圈断裂

1. 故障经过

南京某石化催化装置 2008 年 3 月 9 日凌晨，再生器压力逐渐下降，即使双动滑阀全关闭，也无法保证再生器压力(135kPa的高压操作)，两器差压自控不能维持，差压增加，沉降器藏量压至再生器，只有降低反应压力来控制好两器的差压，保证两器藏量和催化剂正常流化。为提高再生器压力，烟气旁路蝶阀关死，烟机入口蝶阀关小至10%，再通过降反应温度、处理量来减小沉降器压力，保证差压；另外为了分析再生器压力下降原因，在V1阀不动时，调节双动滑阀开度发现对再生器压力影响很小，而调节烟气旁路蝶阀时再生器压力变化就大，所以确定双动滑阀有较大的漏量。

2. 原因分析

解体后发现，双动滑阀的阀座圈与阀体连接螺栓16根(GH33 M20×45)整圈断裂，如图7-16所示。阀座圈变形，连同阀道、阀板一块下坠，阀杆发生弯曲变形，阀体内衬里大部脱落，4根导轨均有不同程度磨损、裂纹，阀板与南面一组导轨脱开，形成一个台阶，最大达10mm，造成双动滑阀运行中卡住，烟气漏量增加，使再生压力偏低。

图7-16　双动滑阀的阀座圈与阀体连接螺栓16根整圈断裂

分析其原因：双动滑阀工作环境恶劣，长期处于高温烟气(650℃、催化剂粉尘)的高速冲刷、磨损；烟气中的二氧化硫、三氧化硫遇蒸汽能形成酸性物质，对阀体构件容易产生酸性应力腐蚀，使得螺栓断裂，导轨有裂纹；含有 Fe_3Al 导轨虽具有抗高温耐磨性，但脆性较高，并且导轨在制造工艺上也存在一定缺陷，所以产生的裂纹较重，应当改进；另外衬里损坏也是一个重要因素。本次检修我们将阀座圈及螺栓螺母、四根导轨及螺栓螺母、阀板阀杆更换，导轨表面含有喷镀的一层钴基合金(3mm)，提高它的耐磨性；阀体内采用双层高强隔热耐磨衬里(100mm)，选用新型衬里材料 EMP-4 型和 EMP-6 型，加强衬里效果。

3. 对策

(1) 在安装中也作了一些改进，将两阀板间的间隙调至10mm(以前5mm)，便于开关灵活，阀板与导轨间隙和阀板与阀座间隙也做了调整；

(2) 将阀道吹扫蒸汽孔板重新加工，孔径由 ϕ3mm 变成 ϕ2mm，增加蒸汽压力，防止阀道上催化剂积垢。

通过这些改进措施，双动滑阀使用性能明显好转，双动滑阀阀板灵活，调节灵敏，未出现大的故障，满足了生产需要。

这次双动滑阀的严重故障，给催化装置的安全生产带来很被动的局面。从设备管理中也应得到的教训：重点设备要重点维护，选材要准确，检修、安装、验收要认真负责，尤其对象双动滑阀这种隐蔽性很强的关键设备，每次大修时还应对内构件做一些分析和化验，检验材质的主要性能，对高温螺栓更新，同时对新材料配件进行检查和复检，确保合格。

案例81 再生滑阀阀杆端部冲刷严重造成装置停工

1. 故障经过

东营某石化总厂催化装置2008年7月5日10：00，反应岗位人员发现再生滑阀虽大范围开关但对于催化剂的流动控制完全失效，导致汽油反应温度急速下降，最后导致汽油反应系统切断进料，致使整个装置汽油质量不合格，最后整个装置停工抢修。

拆开滑阀后发现两台用蒸汽作反吹动力的滑阀有严重损坏，其中再生滑阀阀杆与阀板由于阀杆端部磨掉而完全脱开，如图7-17所示，致使滑阀开关失效。支撑阀板的导轨沿阀杆轴向被磨出两个几乎贯穿的深洞，如图7-18所示。阀杆左右喷嘴为蒸汽反吹喷嘴，此二喷嘴正对导轨，主要用来防止催化剂的沉积影响阀板运动。

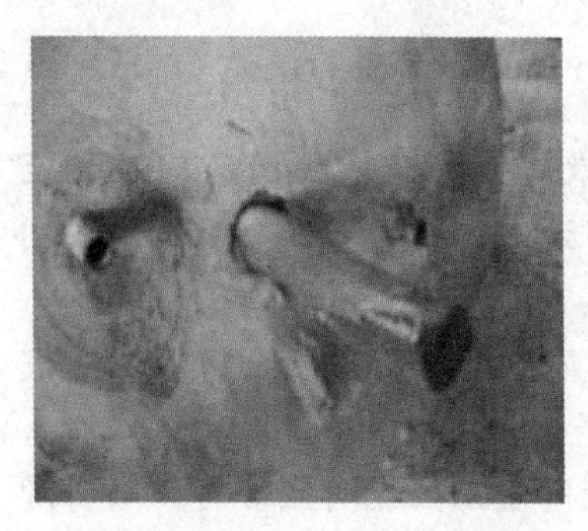

图7-17 阀杆与阀板完全脱开

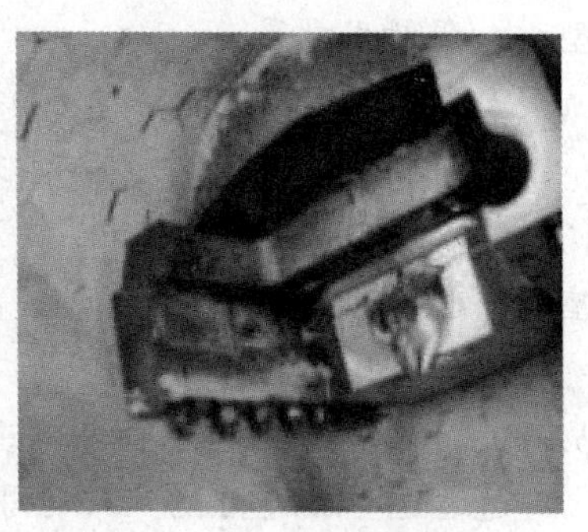

图7-18 T型槽被磨掉

2. 原因分析

从图中可以看出，导致再生滑阀开关失效的主要原因是阀杆端部的T型头和阀板的T型槽被磨掉，致使阀杆与阀板完全脱开。而导轨上的纵向深洞正对两个蒸汽反吹喷嘴，因而反吹蒸汽喷嘴与导轨的磨损有不可避免的联系。

在2007年改造中反吹蒸汽采用$PN25$、$DN20$的管线输送，在集合管分支后加有$DN3.0$的孔板，经节流后分别流向阀杆填料函和两侧导轨。根据流体力学中的伯努利方程和流动连续性方程可以得到经过孔板的流量与压差之间的定量关系式：

$$Q = 3600 \times 10^{-6} \times \frac{\pi}{4} \times \sqrt{2}\,\alpha\varepsilon d^2 \sqrt{\Delta p/\rho_1}\ \mathrm{m^3/h}$$

式中 α——流量系数；

ε——膨胀校正系数；

d——节流板直径；

Δp——孔板前后差压；

ρ_1——孔板前的蒸汽密度。

从上面的公式我们可以得到反吹蒸汽经过孔板离开蒸汽管时的速度$v=\frac{Q}{A}$。

其中A为蒸汽管的横截面积。由此可见蒸汽在蒸汽管出口处的速度仅仅与孔板直径的平方成正比，因此孔板直径对于反吹蒸汽吹向阀杆T型头及导轨的速度起着决定性的作用。

在旧的设计中，孔板直径是2.0mm。

这样新的反吹蒸汽速度就是旧的设计速度：$\frac{3^2}{2^2}=\frac{9}{4}=2.25$倍，可见孔板直径的大小对反吹速度的影响极大。较高的蒸汽速度会增加催化剂的涡流速度以及对阀杆和导轨的磨损速度，大大降低滑阀的使用寿命。

另外，阀板及导轨和阀杆的材料选择对于它们的耐冲刷能力影响重大，新设计中阀座圈阀板导轨及阀杆的材质为0Cr19Ni9，而旧的设计中滑阀主体材料为GH180，相当于美国标准的Incoloy800H。GH180在长期高温应用中具有较高的冶金稳定性，使用温度最高可达1100℃，在高温下易形成防护性能良好的氧化膜，该氧化膜具有足够的黏附性，因此合金在抗氧化性能好的高温下可承受反复加热，氧化膜不易剥落，在较高温度下具有高的持久强度和蠕变强度，在催化装置反应系统中由于催化剂的存在需要滑阀材料具有很高的耐磨性能，而该种材料恰恰可以满足这种要求。在新设计中由于在再生滑阀中采用0Cr19Ni9这种材料，当装置反应系统操作非正常时如长时间的碳堆和油气互窜将出现高温情况，最高温度可高达800~900℃，而0Cr19Ni9的正常使用温度在700℃以下，这样在高温下其强度和耐磨度都大大下降，强度的降低主要表现在材料的石墨化倾向明显，并出现材料的开裂，强度的降低往往会加速材料的磨损，这些情况也可以从前面的图中看出。像汽油再生滑阀和重油再生滑阀与高温催化剂亲密接触，在选材时要充分考虑材料在非正常状况下的耐高温耐磨性能。

3. 对策

(1) 将蒸汽限流孔板尺寸由3mm改为旧设计的2mm，以降低反吹蒸汽速度，进而减小催化剂对材料的磨损。

(2) 将汽油再生滑阀和重油再生滑阀的主体材料由0Cr19Ni9升级为GH180。

通过2010年大修时的情况来看滑阀主体材料在使用一年半后磨损轻微，仍可继续使用，达到预期效果。

案例82　待生滑阀因操作不及时导致结垢卡涩严重

1. 故障经过

海南某炼化炼油部二单元重油催化裂化装置2016年4月4日8：45，反再系统DCS画面报警显示待生滑阀自锁，当班内操立即将待生滑阀切换至室内手动、解锁。为排查自锁原因，内操人员一方面室内手动调试，另一方面通知外操进行现场确认，调试过程中发现当滑阀开至39%阀位时出现卡涩。

2. 原因分析

因待生滑阀与沉降器料位投自动控制，催化操作较平稳，因此待生滑阀开度长期保持在37%~39%之间。3月9日晃电导致主风机停机后，蒸汽管网温度及压力下降较快，催化剂倒回阀杆与密封套间隙，并且蒸汽存在带水，带水的盘根吹扫蒸汽进入阀杆密封套后，与催化剂和泥结垢，导致阀杆卡涩。

3. 对策

(1) 针对分析的原因，现场应急对策：一是要求维修人员将滑阀盘根松紧；二是开大阀杆反吹蒸汽；三是要求操作人员每隔15min，室内手动活动待生滑阀一次。同时，编写下发了《待生滑阀卡涩期间事故处理预案》并下发班组学习，利用交接班会强调出现异常的处理要点。4月5日上午，经过一昼夜的调试，待生滑阀活动范围开关范围达到为15%~65%，且开关过程中未出现卡涩，此次待生滑阀卡涩安全风险排除。

(2) 滑阀是重油催化装置反再系统关键的联锁阀门，如出现无法关闭的情况，在紧急状态时，存在两器互串的重大安全风险。对滑阀的日常管理要不断加强，及时发现故障，将隐患消灭在萌芽状态。滑阀卡涩问题原因多种多样，要根据具体情况具体分析，采取针对性措施，不放弃努力，不断活动，争取将问题解决。

(3) 加强阀杆吹扫蒸汽管理，防止带水导致催化剂和泥。

(4) 日常操作中注意定期活动阀位，避免长期在一个阀位停留。

(5) 蒸汽管网波动时加强对滑阀监控，及时活动滑阀。

案例83　再生滑阀填料频繁泄漏

1. 故障经过

荆门某石化催化装置2011年9月9日，再生滑阀小修后的5个月就发生了填料泄漏事故，前2次只是注胶补胶处理，7月22日装置停电停工，滑阀大幅动作后再次泄漏，立即采取增加新填料函措施，如图7-19所示，同时将滑阀由连续控制改手动间断控制。但是问题仍旧没有解决，操作波动频繁，8月再次泄漏补胶，到9月9日再次泄漏，已无加填料函的空间。最后想办法把油缸前支架隔板扩孔，才有空间焊接第二道新填料函，如图7-20所示，同时禁止半再生滑阀动作，紧急情况，到现场液压手动调节正常后停止调节。实施滑阀特护，问题暂时得到解决，持续9个月后装置停工，如表7-6所示。

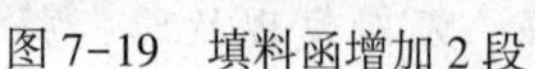

图 7-19　填料函增加 2 段

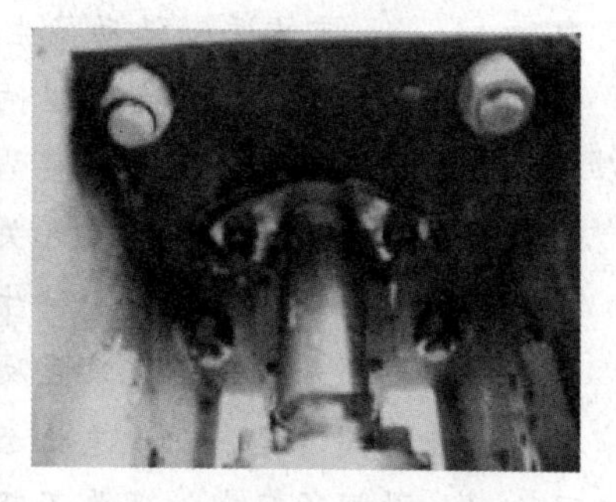

图 7-20　马架扩孔安装填料压盖

表 7-6　荆门石化滑阀故障的时间及处理方法

故障滑阀	故障时间及现象	处理方法
再生滑阀	2011 年 1 月 26 日填料泄漏	填料腔注胶堵漏
	2011 年 4 月 29 日填料泄漏	填料腔注胶堵漏
	2011 年 5 月 29 日填料泄漏	注胶堵漏，焊接新填料函压填料
	2011 年 7 月 22 日填料泄漏	注胶堵漏，滑阀改手动间断操作
	2011 年 8 月 11 日填料泄漏	新填料腔注胶堵漏。压盖螺丝注胶顶坏
	2011 年 9 月 9 日填料泄漏	注胶堵漏，滑阀改就地手动操作

2. 原因分析

根据滑阀泄漏故障情况，检修人员技术水平不高，检查阀杆冲刷及光洁度不够，填料更换时全部更新，而不是仅更换最外 2 层。根本原因是滑阀检修要求不严，质量把关不严。

3. 对策

(1) 装置大修时对更新滑阀填料函构造改进，在中间填料衬环上加工凸台使其压紧前端填料，后端填料 2 件柔性夹铜丝石墨石棉盘根夹 4 件柔性石墨盘根改进为隔层交替安装柔性夹镍丝石墨石棉盘根和柔性石墨盘根，把好填料质量关，改进耐磨密封效果。

(2) 加强巡回检查，重点高处滑阀检查。落实高处巡检制度，及时发现填料微小泄漏，便于及早处置。填料泄漏后扩大较快，危险性较高，大多泄漏都是下半夜出现的。

(3) 滑阀填料发现泄漏，及时组织抢修队伍注胶堵漏，提高响应速度，减少作业危险性。注胶选用耐高温的型号，备好填料及填料函备件，减少处置时间。

(4) 填料注胶后，填料硬化且不耐磨损，要减少滑阀活动频次，调节少的注胶后确实可保证1年以上的时间不泄漏。调节多的需要优化控制方案，减缓滑阀活动频次，并结合焊接填料函增加使用寿命。

案例84　半再生滑阀盘根泄漏注胶堵漏

1. 故障经过

海南某炼化公司催化装置2010年4月27日9：30，外操巡检发现半再生滑阀盘根泄漏，立即汇报并通知维修人员。组织维修单位通过注胶口注胶堵漏，至12：00完成堵漏工作。下午对该滑阀盘根进行了更换。

2. 原因分析

2010年4月开始，催化装置发现半再生斜管下料不畅，在处理过程中对半再生滑阀操作频繁、幅度较大，导致半再生滑阀盘根泄漏的原因。

3. 对策

(1) 组织维修单位通过注胶口注胶堵漏。

(2) 非紧急情况下对滑阀操作要平缓。

(3) 在滑阀频繁操作时加强巡检。

(4) 日常准备好注胶工具等。

案例85　待生滑阀阀盖密封面泄漏造成装置停工

1. 故障经过

广州某石化重催装置2018年6月8日21：50巡检发现待生

滑阀 LV-132 阀盖密封面泄漏，高温催化剂外泄，如图 7-21 所示。对泄漏点进行在线带压堵漏处理，经过多次努力尝试至 6 月 9 日 10∶00 左右仍然无法完成对泄漏点的在线带压堵漏处理。由于系统催化剂藏量不断降低，难以维持，于 10∶50 装置切断进料停工处理，11∶50 对漏点贴焊处理完成后重新开工。

图 7-21　待生滑阀泄漏位置

2. 原因分析

待生滑阀（LV-132）为热壁式滑阀，阀体内部只有 20mm 厚的龟甲网高耐磨衬里，没有隔热衬里，阀体内介质为约 520℃的待生催化剂，滑阀和催化剂待生斜管焊接相连，阀体与阀盖为方形法兰连接。

经查 2017 年大修更换了该处垫片（波齿垫），该处未列入大修完力矩紧固法兰名单内，可能是阀盖螺栓预紧力不均匀，导致密封面压紧力不够而出现泄漏。

滑阀检修要求不严，质量把关不严。重催 2017 年装置停工大修期间同步对滑阀进行大修，装置开工期间也组织所有滑阀的热紧工作，但未使用力矩扳手对该滑阀的阀盖螺栓进行紧固，滑阀阀盖螺栓可能存在预紧力不均匀。

LV-132 滑阀阀体和前后输送管为焊接相连，阀体与阀盖为方形法兰。因对高位阀门法兰管理的认知不足，且该阀为热壁滑阀，处于巡检路线上，为避免巡检人员烫伤，没有将该滑阀阀盖纳入到高温法兰管理范畴，未取消滑阀的方形阀盖法兰保温，阀盖法兰出现泄漏时无法更直观的检查判断。同时阀体方法兰包在保温内容易应力松弛，螺栓预紧力下降，造成泄漏。

3. 对策

(1) 对所有滑阀阀盖进行在线热紧，同时按要求对高位滑阀法兰预先焊好带压封堵的注胶头。

(2) 将滑阀阀盖纳入到高温法兰管理范畴，按照高温法兰管理要求进行管理，所有阀体法兰和阀盖法兰均采用力矩扳手安装、热紧，将热壁位置法兰密封保温改进，加强对高温滑阀的热检。

(3) 举一反三排查整改，针对可能出现或历史上曾经出现泄漏部位提前准备好堵漏方案及相关应急材料。

第8章　外取热典型故障分析及对策

随着催化裂化装置加工原料的重质化和掺渣比的不断提高，装置反应生焦量和过剩热相应增大，外取热器在重油催化裂化(RFCC)装置的作用异常重要。在外取热器的实际使用过程中，许多厂家都发生过外取热器管束泄漏、焊缝拉裂、管壁摩损或腐蚀穿孔等问题，常常因外取热器内的过剩热量不能取出而严重影响加工能力，严重时造成催化剂严重破碎和跑损现象，甚至威胁到烟气轮机的安全运行。

外取热技术广泛应用于石油化工催化裂化装置中，外取热器主要担负着调节催化裂化装置的热平衡，提供以维持装置正常生产所需的反应再生温度，同时也是一项重要的节能措施。它的使用性能的好坏不但受设计、制造等因素的影响，而且还与操作状态及运行条件密切相关。因而要有高的安全可靠性和较长的使用寿命，保证催化裂化装置安全平稳生产。但近年来许多厂家的外取热器管束都发生过热疲劳致裂穿孔、拉裂及磨漏等问题。这些问题不仅使设备本身遭到破坏，而且使催化装置内多余的热量不能及时取出而严重影响生产甚至导致装置停产，造成重大的经济损失。

因此，在分析外取热器管束失效的基础上，提出预防外取热器管束失效和完整性管理对策。

8.1　取热器典型故障分析

从外取热器结构的特点、设计与制作、安装过程、运行工况等方面分析了 RFCC 外取热管束损坏的原因，并结合外取热器管束损坏的具体情况，指出了设计制作、运行工况技术管理等方面的不足之处和优化措施，以期延长外取热器使用寿命，节能降耗，促进装置安稳长满优运行。

8.1.1 现状分析

外取热器管束多为立式并联结构，饱和水由泵打到进水管上部，然后自然流动(相对强制流动而言)到管束的各个管子内。外取热器管束失效形式主要有热疲劳致裂穿孔、焊口拉裂或拉断及外取热器管束磨损三种形式，如表8-1所示。

表8-1　近年外取热器失效分析形式和失效原因

序号	简要描述	失效形式	失效原因
1	大连某公司4#催化外取热器于2002年11月18日投入运行，2003年4~8月先后发生12次爆管或泄漏事故。	热疲劳开裂	运行存在问题，水质不合格
2	扬子石化1#催化装置外取热器2010年3月18日发现第17炉管泄漏，之后又有几次发生炉管泄漏。	热疲劳开裂	炉管已基本达到使用寿命
3	海南280×10⁴t/a催化裂化装置2012年8月20日外取热管A炉管束发生了泄漏所致。	管束磨损	流化风的大幅度波动
4	2012年9月18日10：00时某公司催化裂化装置外取热器泄漏。	焊口开裂	焊缝存在缺陷
5	2009年8月2日某公司3#催化裂化装置蒸汽取热盘管有一处穿孔。	热疲劳开裂	长期高温下使用，产生热疲劳裂纹
6	2009年某公司2#催化装置因外取热器多次泄漏，于6月18日~23日停工处理，更换为已修复好的旧外取热器管芯。	热疲劳开裂	外取热器局部超温造成应力开裂
7	山东某石化60×10⁴t/a重油催化裂化装置4月20日该外取热器管束西北侧的水汽集合管出现砂眼泄漏。	焊口拉裂或拉断	厂家焊接砂眼导致的管束外部泄漏。

续表

序号	简要描述	失效形式	失效原因
8	洛阳分公司Ⅱ套催化裂化装置外取热系统自2011年改造后管束磨损爆管。	管束磨损	改造不合理
9	镇海炼化重油催化外取热器2007年8月11日发现肋片管处于一再催化剂入口的一根磨损漏蒸汽。	管束磨损	安装投运连续运行7个年头
10	沧州某公司催化裂化装置外取热2003年10月管束泄漏，2003年11月外取热器再次发生泄漏。	热疲劳开裂	发现取热管内壁有大量的环向裂纹。
11	天津某厂2002年1月重油催化裂化装置中外取热器安全运行了7个多月后，外取热器管束出现明显泄漏，造成停车。	焊口拉裂或拉断	改造不合理

8.1.2 影响因素

8.1.2.1 热疲劳开裂

由外取热器取热管的工艺流程知，在取热管内壁存在“液—汽”相变，会有大量的汽泡生成，饱和水吸收的潜热越多，汽泡发生量越大。汽泡破裂时对取热管内壁产生两种不利的影响。其一，汽泡破裂时汽泡内气体对取热管内壁的冲击作用。操作压力越大，汽泡破裂时产生的冲击波越强，取热管内壁受到的冲击作用越大。其二，汽泡破裂时汽泡内气体对取热管内壁的热疲劳作用。汽泡内是气体，气体的导热性能远比水差，因此与汽泡相接触处的取热管内壁温度(取热管外壁是700℃的烟气、催化剂)高于与水接触处的取热管内壁温度。当汽泡破裂时，汽泡周围的饱和水瞬间冲向原与汽泡接触的取热管内壁处，对该处进行了急冷，所以汽泡反复的生成与破裂，使取热管内壁受到热疲劳作用。

应力疲劳破坏主要因素有：局部超温、长期高温和结构不合理。

（1）局部超温造成外取热器翅片管应力开裂，是常见的失效形式之一。开裂后的断裂形貌也是明显的。典型案例2009年九江石化公司$2^{\#}$催化装置因外取热器多次泄漏，于6月18~23日停工处理，更换为已修复好的旧外取热器管芯，如图8-1所示。

（2）长期高温下使用再生器蒸汽取热盘管穿孔。催化装置长时间处于大处理量运行状态，为平衡罐区重油罐液位，满足全厂重油加工要求，加之催化原料性质重，生焦量较大，外取热一直高负荷运行，以保证再生器温度不超温。典型案例2009年8月2日上海高桥石化公司$3^{\#}$催化裂化装置再生器催化剂跑剂严重，装置被迫切断进料停工抢修，检查再生器发现蒸汽取热盘管有一处穿孔。

对此次泄漏进行原因分析。盘管损坏原因主要是盘管在长期高温下使用，产生热疲劳裂纹，裂纹穿透管壁后形成穿孔。

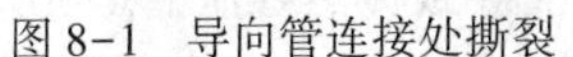
图8-1　导向管连接处撕裂

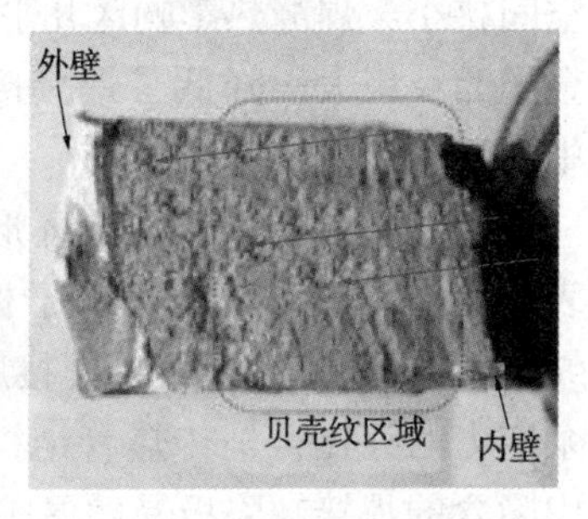

图8-2　取热盘管热疲劳裂纹

（3）结构不合理也是导致外取热器投用初期就连续爆管。典型案例大连石化公司$4^{\#}$催化外取热器于2002年11月18日投入运行，2003年4~8月先后发生12次爆管或泄漏事故。外取热器设计出力共133t/h，但开工初期出力200t/h工况下运行。

运行工况不稳定，运行前期存在出力大幅波动现象。而且外取热器热负荷不均匀，容器一侧壁温高出另一侧30~40℃，容器内存在局部热负荷偏高现象。

从分析可知，超温、长期高温是外取热器热疲劳开裂的薄弱环节。结构不合理在外取热器投用初期能使热疲劳暴露出来。从失效实例中，吸取设计结构不合理、超温、长期高温的教训。

8.1.2.2 焊口开裂泄漏

这种失效形式事前无征兆，发生又突然，装置在生产条件下无法修复，因而这种形式是严重的。破坏主要是由于取热管焊口存在着残余应力，生产中又因操作不稳定而引起取热管内流体波动，取热管束各管间热膨胀量不同(由于各取热管间的流体分布不均造成的)，而受到拉伸和压缩以及取热管束的振动共同作用的结果。

制造缺陷和施工质量焊口不合格是焊缝开裂泄漏主要因素。复杂结构和狭小空间造成隐含焊接缺陷联箱式传热管，由于与多根传热管焊接，焊接接头较多，联箱结构形式较复杂，焊接空间狭小，焊缝热影响区几乎重叠，使得该区域产生过热组织，金属晶粒粗大，降低了焊接接头的抗裂性能，并且焊缝应力集中严重。

由于联箱处焊缝多为环形角焊缝，故只能按标准进行磁粉表面探伤，使得其内部处于检测盲区，隐含的焊接缺陷(微裂纹、气孔等)难以发现，焊接质量难以保证，同时也无法避免残余应力的存在，是传热管结构中最为薄弱的环节，在使用过程中隐含的焊接缺陷极易发展成裂纹而导致传热管泄漏。

由于外取热器温度较高，管程压力较大．金属材料在高温下容易发生蠕变而引起失效．传热管整体选用了Cr5Mo钢。Cr5Mo钢在高温下有一定抗氧化能力和较高强度以及良好组织稳定性，但是焊接性能较差，在焊接时容易产生氢致延迟裂纹和焊接变形。由于外取热管结构特点决定了制造焊接空间小、结构复杂、施工难度大，客观条件决定了焊接制造高难度、高质量，也最容易暴露问题。

(1) 制造缺陷，取热器焊缝存在缺陷泄漏停工处理。外取热管外壁焊有大量翅片，应力集中系数大。若外取热管束热处理效果不好或不作整体热处理，会导致管束的焊接残余应力过大，在管内操作压力较高的工况下，局部焊接应力水平较高，极易导致外取热管失效。典型案例2012年9月18日10：00时安庆石化催化裂化装置三旋入口粉尘含量突然上升，经过分析认为是外取热器管束泄漏造成，随即对外取热器各单管进行查漏，到19日19：30只排查完10组(共19组)，此时外取热器壳体出现热催化剂泄漏，漏量迅速扩大，23：45反应器被迫切断进料，再生器闷床交检修处理外取热器泄漏，泄漏原因是制造缺陷。

因制造缺陷外取热投用不久泄漏。典型故障东营石化重油催化裂化装置外取热器2010年4月16日，本装置正常开工，4月20日该外取热器管束西北侧的水汽集合管开始出现砂眼泄漏，经查属厂家焊接砂眼导致的管束外部泄漏。随后。6月25日13：50、6月26日6：40、7月15日13：00相继发生三次类似内漏现象。又分别切出了对应的泄漏管束(共计12根换热管)。泄漏管束虽然得到及时切出，但因管束切出过多(49根换熟管切出16根)，外取热负荷受到较大影响，装置被迫降量维持生产。泄漏原因是制造缺陷。

(2) 焊接施工质量，造成频繁泄漏。典型案例扬子石化1#催化装置随着装置处理量提升，传热管束相继出现泄漏，到2000年10月已有7组传热管束(占总传热管束的1/3)发生了泄漏，2000年10月更换了部分管束，部分更换后的管束在投用2个月后，相继又出现泄漏，到2003年8月，又有5组换热管束发生泄漏。对此次泄漏进行原因分析。对被更换的旧传热管束进行观察分析，发现传热管被损坏的部位均集中在联箱焊缝处，焊缝处均有穿透性裂纹存在，且分布不规则，部分管束变形。

8.1.2.3 外取热器管束磨损

外取热器管束磨损泄漏是近年来外取热器取热管束最为常见的失效形式。影响磨损加剧的主要因素：取热负荷增大、涡流磨损、临近使用寿命、催化剂入口管壁磨损。

(1) 炉管表面受到了高温催化剂长期冲刷磨损，导致炉管发生泄漏。一旦泄漏，泄漏的炉管切出后由于阀门内漏，蒸汽从泄漏的炉管漏进外取热器，蒸汽和高温催化剂冲蚀其附近的炉管，也是导致其周边的炉管接连发生泄漏的原因之一。

(2) 由于原料性质的改变，发汽量增大，这种方案促使外取热器内高气流携带催化剂，从而加大对取热管束的冲刷磨损。有的企业还增加的流化风盘管来增强热交换的负荷来适应原料性质的变化，这样加剧了催化剂对取热管的磨损。

(3) 涡流磨损管束泄漏。典型案例武汉石化2005年3月2#催化装置检修时发现管束取热管变形较大、管束的严重磨损，原因是涡流磨损，因此取消下导向架及下护套，并更换了管束(第4次整台更换管束)2008年装置大修及2010年装置小修，对该外取热器管束进行了检查，无明显变形和磨损，进行了水压试验，未发现漏点。外取热器管束已安全运行5年，现状况良好，实现了长周期安全运行。

(4) 长期使用临近使用寿命而冲刷严重。有的企业外取热器炉管材质选用的20G，《高压锅炉用无缝钢管》规定在壁温≤430℃时20G主蒸气导管具有较好的强度和塑性，而正常生产时外取热器炉管外催化剂温度达到680℃以上，炉管内饱和蒸汽水温度也达到了350℃，在此温度下20G的强度和塑性已经到达极限，耐催化剂冲刷腐蚀能力明显不足，这点从实际炉管表面被冲刷的痕迹也能证明了这一点。典型故障扬子石化1#催化装置外取热器2010年3月18日发现第17炉管泄漏，之后又有几次发生炉管泄漏。该外取热器是2003年7月，FCC装置停工改造。这次改造主要更换外取热器的全部管束及内件，更换了取热器顶部的所有水、汽进出口管道，在保证壳体尺寸不变的条件下，选择直管和封头焊接的对接焊缝形式，减少管束在器内部分的焊缝数量，避免角焊缝的存在，以确保焊接质量和方便检测。这次改造达到了增加产汽负荷的目的。自改造投产以来，已安全运行近两个装置大修周期。对此次泄漏进行原因分析。大修之前炉管突然频繁发生泄漏是由于催化装置运行满三年、外取热器运行满六年，炉管已基本达到使用寿命。炉管表面受到了高温催化剂长期冲刷磨损，导致炉管发生频繁泄漏。

（5）催化剂入口的管壁部位磨损泄漏。外取热器取热管束外表面特别是面对外取热器上斜管开孔的部分，长期受再生器高温（650～700℃）、高速催化剂的冲刷和磨损，使管壁减薄。取热管内表面还会受到管内流体及其夹带的汽泡的冲刷和磨损。在内、外冲刷和磨损的共同作用下，取热管束往往在1个生产周期内就被磨穿，即使有的取热管束1个生产周期内不被磨穿，但由于磨损严重，下一个生产周期也无法使用，只得更换新管。典型故障海南炼化280×10^4t/a催化裂化装置2012年8月20日，在20：03至20：06的较短时间内，一再催化剂藏量由52%迅速上升至62%、二再催化剂藏量由44%下降至34%、外取热催化剂藏量由25%下降至11%、外取热A上水量由83t/h增加至102t/h但发汽量由82t/h下降至61t/h，并发现给水压力由5.88MPa降至5.77MPa等一系列异常的操作参数变化，判断为外取热管A炉管束发生了泄漏所致。对此次泄漏进行原因分析。本次泄漏管束位置在靠近外取热A进料口位置。另外，镇海炼化重油催化外取热器2007年8月11日发现肋片管处于一再催化剂入口的一根磨损漏蒸汽。

8.2 取热器典型故障对策

根据分析得出的原因，并借鉴国内同类事件的经验和教训，提出取热器完整性管理策略，从设计、制造标准、验收、检修质量、开停工管理等各个环节进行体系化管理，如图8-3所示，取热器完整性管理才能得到加强。

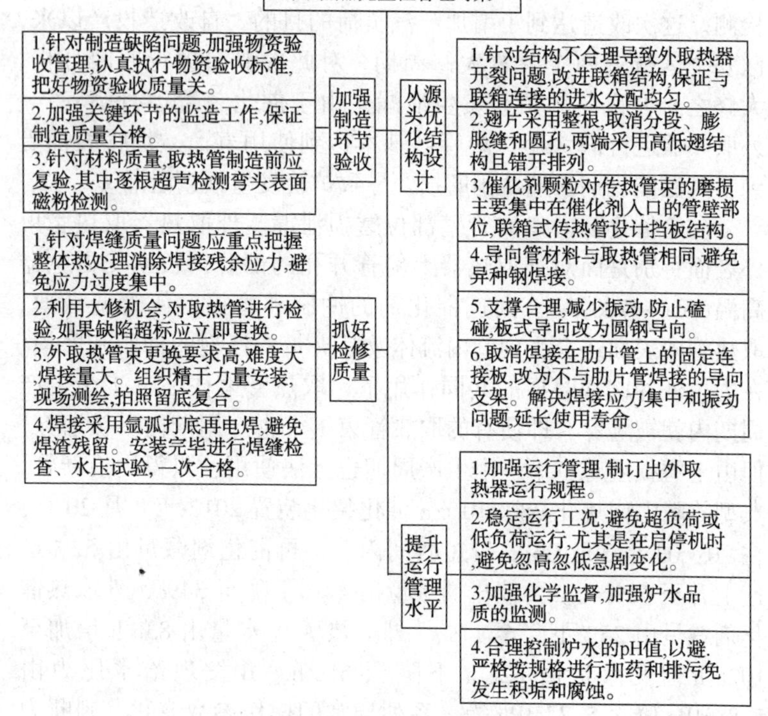

图8-3　取热器典型故障管理对策导图

8.2.1　优化结构设计

（1）针对结构不合理导致外取热器开裂问题，采取改进联箱结构，保证与联箱连接的各换热管进水分配均匀。大连石化催化装置将换热管内的进水管尺寸由原来的100mm增大到150mm，在下联箱内采取了保证换热管介质分配均匀措施，介质流量不均的问题得到解决。针对结构不合理、超温、长期高温导致外取热器热疲劳开裂问题。

（2）为防止偏流局部超温，增加可靠性，可调整外取热器换热管与联箱连接部位，将外取热器热负荷较高部位的换热管安排在取热系统阻力较小的部位。

(3) 翅片采用整根，取消分段、膨胀缝和圆孔，两端采用高低翅结构且错开排列，如图 8-4 所示。

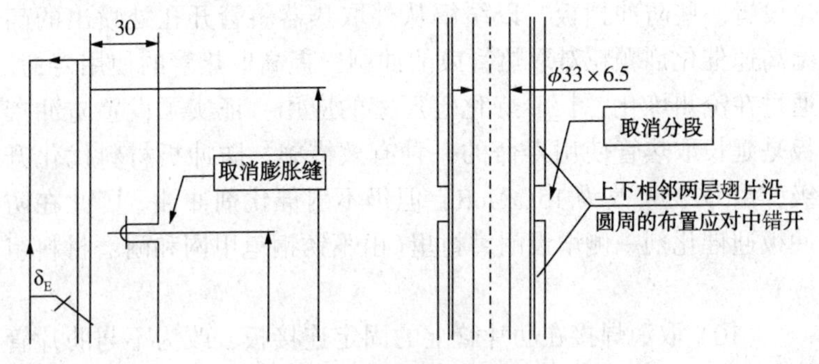

图 8-4　取消膨胀缝、分段

(4) 导向管材料与取热管相同，避免异种钢焊接，如图 8-5 所示。

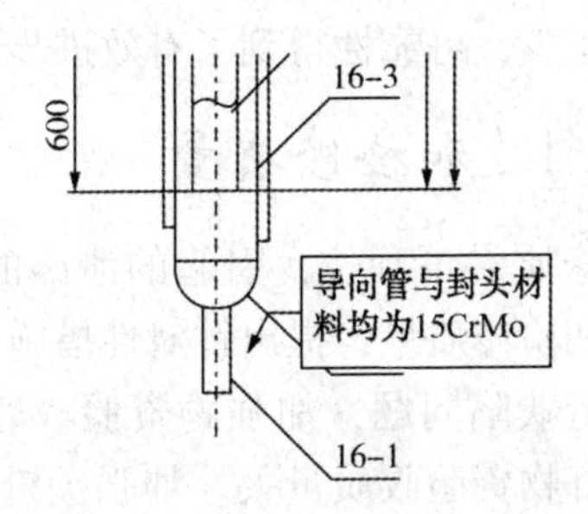

图 8-5　导向管材料与取热管相同

(5) 支撑合理，减少振动，防止磕碰。板式导向改为圆钢导向。

(6) 取消上护套及套管，减少形成涡流空间，防止因涡流而磨损。

(7) 在上集箱及下集箱上做高耐磨衬里，防止催化剂磨损涡流磨损的对策。

(8) 下流式外取热器催化剂颗粒对传热管束的磨损主要集中在催化剂入口的管壁部位，联箱式传热管设计了挡板结构，防止催化剂入口的管壁部位磨损。

(9) 设防冲挡板。在与外取热器斜管开孔所对的取热管部位设置一些防冲挡板，以缓解从外取热器斜管开孔处喷出的高温高速催化剂颗粒对取热管束的冲刷，提高取热管的使用寿命。通过在沧州炼化、长岭炼化等厂家的应用，证实了设置防冲挡板是延长取热管使用寿命的一种有效措施。防冲板材料优化升级，由Q235A改为15CrMoR，但仍不耐催化剂冲蚀。因此在防冲板迎催化剂一侧增设耐磨衬里(由不锈钢龟甲网和耐磨材料组成)。

(10) 取消焊接在肋片管上的固定连接板，改为不与肋片管焊接的的导向支架。镇海炼化应用了该措施，解决焊接应力集中和振动问题，有效的延长了使用寿命。

实际理论和案例证明，通过从源头进行结构优化，外取热器管束泄漏问题减少，可靠性得到了有效进步。

8.2.2 加强制造和检修质量

因制造和检修质量不到位，引起的泄漏的实例也不少，针对如何加强制造和检修质量，提出针对性措施。

(1) 针对制造缺陷问题，加强物资验收管理，认真执行物资验收标准，把好物资验收质量关。加强关键环节的监造工作，保证制造质量合格。针对材料质量，取热管制造前应复验，其中逐根超声检测弯头表面磁粉检测。

(2) 针对焊缝质量问题，应重点把握整体热处理消除焊接残余应力，避免应力过度集中，可减缓外取热管束失效。在每个焊接环节后进行局部消除焊接残余应力和焊接完成后进行整体热处理，把残余应力降低到较低水平，可有效地防止焊口拉裂或拉断及延缓热疲劳裂纹的扩展。通过有效的消除焊接残余应力处理，有效解决外取热器取热管焊口被拉裂或拉断的故障发生。

(3) 利用大修机会，对取热管进行检验，如果缺陷超标应立即更换。压力容器的定期检验，能及时地发现和清除缺陷及隐患，保证设备安全运行。从取热器的结构来看，内部没有检修操作空间，检修、检验都很难在现场进行，只能把取热管束从壳体内抽出，而抽出取热管束要拆除外取热器返回口及返回口上的平台和汽包下面的部分平台，同时还要割掉与外取热器相连管线，工作量较大。且每根管线割开和焊接次数越多，其可靠性越差。从外取热器的检验难度及取热管的苛刻的操作条件来看，如何确定外取热器尤其是取热管的定期检验周期就显得更为重要，按照《压力容器安全技术监察规程》内外部检验期限应适当缩短，从其检验难度来看，检验期限还不能太短，又因外取热器具有锅炉性质，所以还要根据《蒸汽锅炉安全技术监察规程》有关要求进行检验，利用每次停产检修，检查蒸发管蠕变情况，当蠕变达到锅炉管更换条件时立即更换，以保证外取热器这一特殊压力容器安全可靠运行。

(4) 加强安装方面的质量验收和过程管理。外取热管束更换要求高，难度大，焊接量大。要严格制定检修方案和吊装方案，组织精干力量安装，现场测绘，拍照留底复合，焊接采用氩弧打底再电焊，避免焊渣残留。安装完毕进行焊缝检查、水压试验，一次合格。

8.2.3 提高运行管理水平

(1) 加强运行管理，制订出外取热器运行规程。稳定运行工况，避免超负荷或低负荷运行，尤其是在启停机时，应严格按操作规程运行，避免介质流量忽高忽低急剧变化。调整外取热器催化剂流量及分布，保证热负荷分布均匀，避免局部热负荷过高。

(2) 严格执行《汽水监督导则》中有关规定，加强化学监督，加强炉水品质的监测，严格按规格进行加药和排污，合理控制炉水的pH值，以避免发生积垢和腐蚀。

8.3 取热器典型故障案例

案例86 外取热翅片管开裂造成装置停工

1. 故障经过

九江某石化2#催化装置因2009年期间外取热器多次泄漏，如图8-6所示，2009年于6月18~23日停工处理，更换为已修复好的旧外取热器管芯。

2. 原因分析

对此次泄漏进行原因分析。原因主要是外取热器局部超温造成翅片管应力开裂，如图8-7所示，4月23日曾出现外取热器藏量瞬间大幅减少现象，造成外取热管局部过热。取热管断裂处金相组织的珠光体已球化，说明外取热器局部超温过热，说明断裂处在450℃以上运行较长时间。取热管断裂属于高温塑性沿晶断裂。在断裂前承受较高的应力且已接近材料在使用温度下的翘服强度，同时也说明取热管在开裂前的工作温度高于设计温度。这主要是由于外取热器经常超负荷运行，造成局部温度过高所致。

图8-6 导向管连接处撕裂

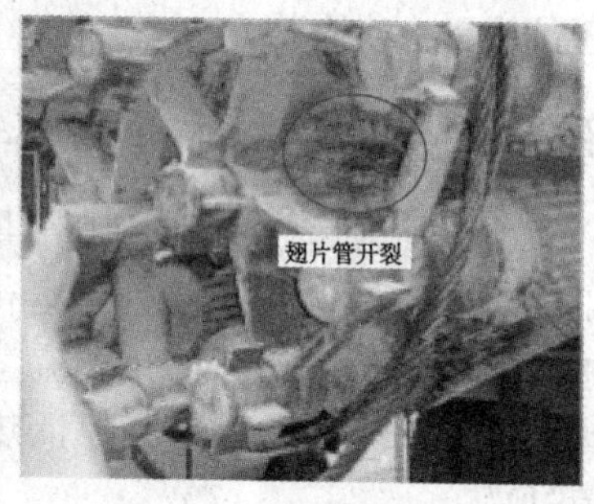

图8-7 翅片管开裂

3. 对策

(1) 更换已修复好的旧外取热器管芯。

(2) 加强运行管理，制订出外取热器运行规程。

(3) 稳定运行工况，避免超负荷或低负荷运行，尤其是在启停机时，应严格按操作规程运行，避免介质流量忽高忽低急剧变化。

(4) 调整外取热器催化剂流量及分布，保证热负荷分布均匀，避免局部热负荷过高。

案例87 再生器蒸汽取热盘管穿孔造成装置停工

1. 故障经过

高桥某石化3#催化裂化装置2009年8月2日再生器催化剂跑剂严重，装置被迫切断进料停工抢修，检查再生器发现蒸汽取热盘管有一处穿孔，如图8-8所示。

2. 原因分析

盘管损坏原因主要是盘管在长期高温下使用，产生热疲劳裂纹，裂纹穿透管壁后形成穿孔。在取热管内壁存在“液-汽”相变，会有大量的汽泡生成，饱和水吸收的潜热越多，汽泡发生量越大。汽泡破裂时对取热管内壁产生两种不利的影响。其一，汽泡破裂时汽泡内气体对取热管内壁的冲击作用。操作压力越大，汽泡破裂时产生的冲击波越强，取热管内壁受到的冲击作用越大。其二，汽泡破裂时汽泡内气体对取热管内壁的热疲劳作用。汽泡内是气体，气体的导热性能远比水差，因此与汽泡相接触处的取热管内壁温度(取热管外壁是700℃的烟气、催化剂)高于与水接触处的取热管内壁温度。当汽泡破裂时，汽泡周围的饱和水瞬间冲向原与汽泡接触的取热管内壁处，对该处进行了急冷，所以汽泡反复的生成与破裂，使取热管内壁受到热疲劳作用。在热疲劳及高应力的共同作用下，热疲劳裂纹由产生到扩展，如图8-8所示，进而贯穿整个取热管管壁，使外取热器管束失效。

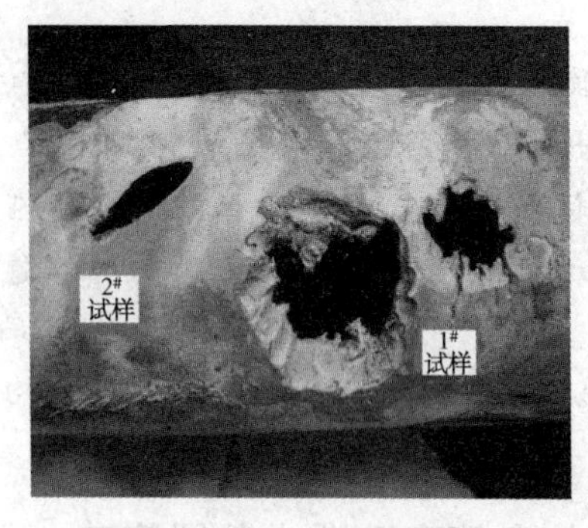

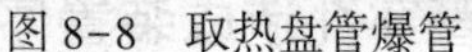
图 8-8　取热盘管爆管

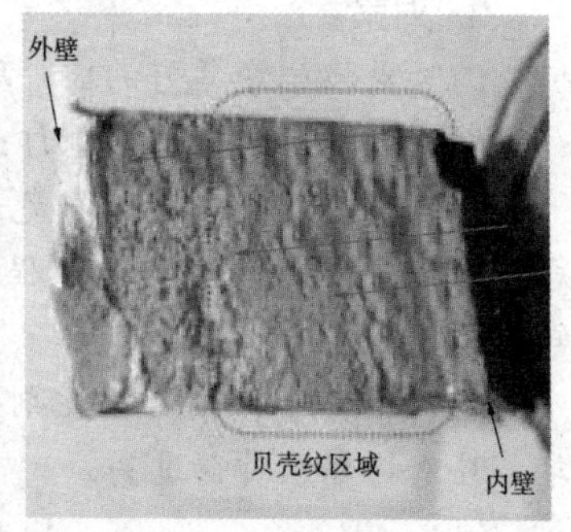

图 8-9　取热盘管热疲劳裂纹图

3. 对策

（1）稳定运行工况，避免超负荷或低负荷运行，尤其是在启停机时，应严格按操作规程运行，避免介质流量忽高忽低急剧变化。调整外取热器催化剂流量及分布，保证热负荷分布均匀，避免局部热负荷过高。

（2）严格执行《汽水监督导则》中有关规定，加强化学监督，加强炉水品质的监测，严格按规格进行加药和排污，合理控制炉水的 pH 值，以避免发生积垢和腐蚀。

案例 88　外取热器热负荷局部偏高频繁爆管

1. 故障经过

大连某石化 4#催化外取热器于 2002 年 11 月 18 日投入运行，2003 年 4~8 月先后发生 12 次爆管或泄漏事故。外取热器设计负荷共 133t/h，但开工初期负荷 200t/h 工况下运行。运行工况不稳定，运行前期存在负荷大幅波动现象。而且外取热器热负荷不均匀，容器一侧壁温高出另一侧 30~40℃，容器内存在局部热负荷偏高现象。

2. 原因分析

对此次泄漏进行原因分析。对剖开的取热管内壁进行宏观检查，发现局部有大量的环向裂纹，有三条环向裂纹已穿透管壁。对裂纹进行打磨、抛光，发现该处内壁有密密麻麻的环向微裂纹。根据裂纹的形貌，判断为热疲劳裂纹。外取热管断口上存在多疲劳源即疲劳台阶，有些区域出现轮胎痕，这些都是热疲劳失效的典型特征。外取热管断口上还普遍存在着疲劳条带，同时有些区域也存在着韧窝花样，这些也从另一方面印证了热疲劳失效的存在。

3. 对策

(1) 装置停工对外取热器进行抢修，按照安装和焊接质量标准，严格控制抢修过程，保证抢修质量。

(2) 针对热负荷不均匀问题，采取保证取热器管束进水分配均匀措施，避免分配不均匀。

(3) 针对超负荷运行问题，要加强工艺管理，避免超负荷运行，杜绝大幅波动。

案例 89　取热器焊缝缺陷泄漏造成装置停工

1. 故障经过

安庆某石化催化裂化装置 2012 年 9 月 18 日 10：00 时三旋入口粉尘含量突然上升，经过分析认为是外取热器管束泄漏造成，随即对外取热器各单管进行查漏，到 19 日 19：30 只排查完 10 组(共 19 组)，此时外取热器壳体出现热催化剂泄漏，漏量迅速扩大，如图 8-10 所示，19 日 23：45 反应器被迫切断进料，再生器闷床交检修处理外取热器泄漏。

2. 原因分析

对此次泄漏进行原因分析。泄漏原因主要是外取热器制造中焊缝存在缺陷，高温环境中缺陷扩展发生泄漏。

3. 对策

(1) 加强物资验收管理，认真执行物资验收标准，把好物

图8-10　外取热器单管穿孔泄漏

资验收质量关。

(2) 加强大型设备和关键设备的监造工作，保证制造质量合格。

(3) 把关材料质量，取热管制造前应复验，其中逐根超声检测弯头表面磁粉检测。

案例90　外取热器焊缝砂眼导致泄漏

1. 故障经过

东营某石化60×10^4t/a重油催化裂化装置外取热器2010年4月16日，本装置正常开工，4月20日该外取热器管束西北侧的水汽集合管开始出现砂眼泄漏，经查属厂家焊缝砂眼导致的管束外部泄漏。随后，6月25日13：50、6月26日6：40、7月15日13：00相继发生三次类似内漏现象。又分别切出了对应的泄漏管束(共计12根换热管)。泄漏管束虽然得到及时切出，但因管束切出过多(49根换熟管切出16根)，外取热负荷受到较大影响，装置被迫降量维持生产。

2. 原因分析

对此次泄漏进行原因分析。管焊缝漏点(厂家焊接)判断，均属设备制造缺陷，显示供应商的产品在焊接等制作过程存在缺陷。因洛阳某工程公司仅有外取热器设计资质，没有制造资质，其承揽的设备合同均以发包形式制作．本装置前后使用的两台外取热管束均为该洛阳某工程公司发包于洛阳某石化设备公司制作。该内漏管束附属资料没有《热处理报告》。投用后出现的砂眼以及泄漏点的部位均显示：内漏管束属焊接残余应力过大和应力集中水平较高等因素导致。

3. 对策

(1) 加强大型设备和关键设备的监造工作，保证制造质量合格。

(2) 材料质量：取热管制造前应复验，其中逐根超声检测弯头表面磁粉检测。

案例91　外取热器联箱焊缝缺陷导致频繁泄漏

1. 故障经过

南京某石化1#催化装置随着装置处理量提升，传热管束相继出现泄漏，到2000年10月已有7组传热管束(占总传热管束的1/3)发生了泄漏，2000年10月更换了部分管束，部分更换后的管束在投用2个月后，相继又出现泄漏，到2003年8月，又有5组换热管束发生泄漏。

2. 原因分析

对被更换的旧传热管束进行观察分析，发现传热管被损坏的部位均集中在联箱焊缝处，焊缝处均有穿透性裂纹存在，且分布不规则，部分管束变形。

3. 对策

(1) 整体热处理消除焊接残余应力，避免应力过度集中，可减缓外取热管束失效。在每个焊接环节后进行局部消除焊接残余应力和焊接完成后进行整体热处理，把残余应力降低到较低水平，可有效地防止焊口拉裂或拉断及延缓热疲劳裂纹的扩展。通过有效的消除焊接残余应力处理，近几年，再也没有外取热器取热管焊口被拉裂或拉断的事故发生。

(2) 利用大修机会，对取热管进行检验，如果缺陷超标应立即更换。压力容器的定期检验，能及时地发现和清除缺陷及隐患，保证设备安全运行。从取热器的结构来看，内部没有检修操作空间，检修、检验都很难在现场进行，只能把取热管束从壳体内抽出，而抽出取热管束要拆除外取热器返回口及返回口上的平台和汽包下面的部分平台，同时还要割掉与外取热器相连管线，工作量较大。且每根管线割开和焊接次数越多，其可靠性越差。

案例92　外取热器管壁受冲刷磨损泄漏

1. 故障经过

海南某炼化 280×10^4t/a 催化裂化装置2012年8月20日，在20：03至20：06的较短时间内，当班操作员发现一再催化剂藏量由52%迅速上升至62%、二再催化剂藏量由44%下降至34%、外取热催化剂藏量由25%下降至11%、外取热A上水量由83t/h增加至102t/h但发汽量由82t/h下降至61t/h，并发现给水压力由5.88MPa降至5.77MPa等一系列异常的操作参数变化，判断为外取热管A炉管束发生了泄漏所致。

2. 原因分析

对此次泄漏进行原因分析。本次泄漏管束位置在靠近外取热A进料口位置，因此如果再出现外取热器管束泄漏时应优先检查靠近下料口位置管束；在检修时应着重检查此位置同时在正常生产过程中加强平稳操作避免流化风的大幅度波动；此次发现并能够及时处理，保证了设备的长周期运行，未造成次生事故。

3. 对策

(1) 下流式外取热器催化剂颗粒对传热管束的磨损主要集中在催化剂入口的管壁部位，原联箱式传热管设计了挡板结构，长度为1500mm，厚6mm，材料为Q235，这次在选用SW传热管时，采用了防磨套管结构。

(2) 设防冲挡板。在与外取热器斜管开孔所对的取热管部位设置一些防冲挡板，以缓解从外取热器斜管开孔处喷出的高温高速催化剂颗粒对取热管束的冲刷，提高取热管的使用寿命。通过在沧州炼化、长岭炼化等厂家的应用，证实了设置防冲挡板是延长取热管使用寿命的一种有效措施。

案例93　外取热器管壁受冲刷磨损泄漏导致负荷下降

1. 故障经过

宁波某炼化重油催化外取热器2007年8月11日发现肋片管处于一再催化剂入口的一根磨损漏蒸汽，如图8-11所示，产汽负荷下降。检修时对外取过热盘管进行了系统测厚，发现上下弯头有明显的减薄，最严重的只有5.2mm(原始壁厚9mm)。

图8-11　取热管爆管部位

2. 原因分析

对此次泄漏进行原因分析。2001年该装置进行多掺重油改造时增加，安装投运连续运行7个年头，设计寿命一般也在7年左右。由于取热器内部结构十分紧凑，在以往检修时肋片管的测厚只能测到下封头，无法准确判断勒片管的冲蚀，在以往检修过程中发现肋片管的固定连接板80%断裂，肋片管移位。

3. 对策

(1) 增设冲挡板。

(2) 在形式上有所改进，管束翅片全部为连续翅片，对称间隔焊接，这样以来应力分布更均匀。取消焊接在肋片管上的固定连接板，改为不与肋片管焊接的的导向支架。并对外取热器顶部水汽管线重新布置，如图 8-12 所示。

图 8-12　外取热器顶部水汽管线重新布置

案例 94　外取热器内部流化突然死床

1. 故障经过

洛阳某石化Ⅱ套催化裂化装置外取热系统自 2011 年改造后，出现难流化，难建立循环的现象，无法灵活调整外取热器产汽量，给生产造成很大影响。2014 年 11 月，该装置开始掺炼部分减压渣油，外取热器成为调节再生器密相温度的唯一手段。

Ⅱ套催化裂化装置进料性质变化较大，残炭、硫含量等波动较大。为保持相对平稳的密相温度，不得不频繁调整外取热器，当原料性质发生变化时，通过调整流化风和提升风的风量，就可以实现对进入外取热器筒体内催化剂流量的控制，来灵活调整取热量。但常出现外取热器难以调整的问题，如突然死床现象、外取热器难以流化正常等问题。尤其是外取热器在正常产汽过程中，会突然出现死床现象，给操作带来巨大影响。

2. 原因分析

外取热器筒体内部流化状态较差，极容易形成部分催化剂堆积现象，是难以流化的主要原因，而且筒体内部流化状态不稳定，也造成了外取热器在投影正常的时候，极容易再次因部分催化剂堆积，而造成突然死床现象。

3. 对策

(1) 2014年9月，外取热器流化风环改造，采取了向上和斜向上的喷嘴模式。外取热器筒体内部温度分布比较均匀，外取热器建立流化后，不再出现突然死床现象，建立循环流化也较之前容易。

(2) 外取热器的合理设计是保证其延长寿命的关键，精心操作与严格管理对外取热器的良好运行也是十分重要的。

(3) 外取热器在正常操作时要平稳，不可大幅度波动，调节时多注意个参数的变化，不能忽大忽小的调节增压风风量与滑阀的开度，投用时要尽量缓慢。

(4) 在外取热器能够保证发气量与整个再生取热平衡的情况下，尽量避免使其处于高负荷状态下运行。

(5) 在正常生产中，定期对外取热器壁及上部头盖做热检分析，能够及时掌握工作状态，根据热检温度分析判断其内部管束运行情况。

第9章　脱硫系统典型故障分析及对策

催化裂化再生烟气中污染物主要来自催化原料和催化剂。根据GB/T 31570—2015《石油炼制工业污染物排放标准》要求：新建装置自2015年7月1日起、原有装置自2017年7月1日起，催化裂化再生烟气中氮氧化物浓度排放限值为200mg/m^3，SO_2浓度限值为100mg/m^3，颗粒物浓度限值为50mg/m^3。由于环保要求，催化烟气不允许直接排放，必然要求催化及脱硫脱硝同步长周期运行，目前，多数企业脱硫脱硝作为单套新装置设计，而不是作为主体装置的辅助设施，没有考虑与主体装置的联动。脱硫脱硝故障率高，这些因素都直接制约了催化装置的长周期运行。

经过这几年成品油的质量升级，通过配套蜡油加氢或渣油加氢装置千万吨级炼油企业的催化裂化装置的硫含量和氮含量已有明显的降低。通过对加氢方法的改进，催化裂化装置在处理加氢蜡油时烟气硫含量可以稳定控制在500mg/m^3以内。不管催化裂化装置是否处理加氢渣油或掺炼未加氢蜡、渣油组分，为确保烟气排放达到标准，烟气都必须进行脱硫脱硝处理。①多数企业脱硫脱硝作为单套新装置设计，而不是作为主体装置的辅助设施，未考虑与主体装置的联动。改造后脱硫脱硝故障率高，尤其脱硫塔腐蚀问题频出，制约催化装置的长周期运行。②经常性的停车检修造成严重的经济浪费，使沉重的环保压力雪上加霜。③设备选材、工艺设计、强度设计、结构设计及防腐蚀方法选择等，每一项设计都与腐蚀有直接关系，合理有效的预防是脱硫塔防腐设计的重中之重。

但在近两年来，催化裂化烟气湿法脱硫、除尘装置运行中逐渐暴露出一些不足，给催化裂化装置安全、稳定运行带来了隐患和困难。

9.1 脱硫塔典型故障分析

9.1.1 现状分析

目前中国石化炼油企业共有 44 套催化裂化装置烟气采用湿法脱硫、除尘，其余装置使用硫转移助剂等技术实现烟气脱硫、除尘。为了找到脱硫系统失效，从分析失效分析原理和完整性管理入手，调研了 20 多家催化裂化装置，其中对 14 家 30 多起典型失效实例展开分析，找到失效原因和完整性管理对策。对兄弟企业有借鉴意义，如表 9–1 所示。

表 9–1 脱硫塔失效形式与失效位置

序号	失效简述	失效形式	失效位置
1	石家庄炼化 3# 催化装置 2015 年 1 月投用，2015 年 5 月脱硫塔复合板烟囱出现腐蚀泄漏	腐蚀	塔内壁、烟囱
2	济南炼化 2#脱硫塔复合板烟囱出现腐蚀泄漏	腐蚀	塔内壁、烟囱
3	上海石化 2# 催化脱硫塔复合板烟囱出现腐蚀泄漏	腐蚀、磨损	内构件
4	上海石化 3#催化脱硫塔复合板烟囱出现腐蚀泄漏	腐蚀、磨损	内构件
5	扬子石化 2#催化装置 2014 年 7 月投用，2016 年 6 月脱硫塔复合板烟囱出现腐蚀泄漏	腐蚀、磨损	内构件、烟囱
6	北海炼化催化装置 2012 年 1 月投用，2013 年 5 月发现泄漏复合板烟囱出现腐蚀泄漏	腐蚀	塔内壁、烟囱
7	南京某企业 3# 催化装置 2013 年 1 月投用，2014 年 3 月脱硫塔复合板烟囱出现腐蚀泄漏	腐蚀、磨损	内构件、烟囱

续表

序号	失效简述	失效形式	失效位置
8	胜利油田石化总厂催化装置2014年3月1日投产，2014年12月份，脱硫塔塔底循环泵叶轮腐蚀严重，脱硫塔消泡器泵叶轮腐蚀严重	腐蚀、磨损	内构件、泵
9	武汉石化催化装置开车后40天左右均出现了塔体内衬聚脲脱落现象	内衬脱落、腐蚀	塔内壁、烟囱
10	广州石化催化装置急冷塔、综合塔体内衬聚脲脱落现象	内衬脱落、腐蚀	塔内壁、烟囱
11	荆门石化催化装置脱硫塔体内衬聚脲脱落现象	内衬脱落、腐蚀	塔内壁、烟囱
12	巴陵石化综合塔体内衬PU脱落现象	内衬脱落、腐蚀	塔内壁、烟囱
13	长岭炼化2#催化综合塔体内衬聚脲脱落现象	内衬脱落、腐蚀	塔内壁、烟囱
14	天津石化催化裂化综合塔上部锥段出现腐蚀泄漏等	腐蚀	塔内壁、烟囱

从30多起失效实例中，可知失效主要形式是腐蚀、磨损和脱落。腐蚀、磨损和脱落是主要失效形式，如表9-1所示。

9.1.2 影响因素

从14套装置30多起典型失效实例中，可知脱硫系统薄弱点之一在于防腐蚀，防腐蚀的关键在焊缝质量为主，材料升级为副。易腐蚀严重的部位：烟囱腐蚀、内构件腐蚀；焊缝处腐蚀，点蚀最为突出。

9.1.2.1 腐蚀穿孔

脱硫塔腐蚀与工艺介质密切相关。湿法脱硫工艺对烟气中的SO_2脱除效率较高，但对造成烟气腐蚀主要成分的SO_3脱除效率不高，仅20%左右。脱硫后烟气虽然腐蚀性成分含量都有一定的降低，但是烟气温度降低、湿度增大，进入烟囱的烟气温度在50～60℃之间(经过烟气脱硫后的烟气酸露点在90～120℃温度范围内)，低于酸露点；含水量约为100mg/m^3，湿度大，烟气在上升过程中，在烟囱内壁会出现结露现象，形成酸液构成低温腐蚀。湿法脱硫处理后的烟气一般还含有氯化物，对不锈钢的腐蚀氯离子起主要作用，由于其存在会破坏不锈钢表面的钝化膜，而使腐蚀速率大大增加。在湿法烟气脱硫中为了保证生成结晶，通过鼓入空气进行强制氧化，当介质中有富氧存在时，不锈钢表面上的钝化膜缺陷易被修复，降低腐蚀速率。但是烟气中含有粉尘，同时具有固体颗粒磨损作用及介质氯存在，其钝化膜易被氯或固体颗粒磨损作用破坏，从而使腐蚀速率大大增加。是一种腐蚀强度高、渗透性强、且较难防范的低温高湿稀酸型腐蚀状况。复合板不锈钢内衬在强酸性环境下，其表面无法形成完好的钝化膜会产生均匀腐蚀减薄；在筒体残余应力较高的部位更容易受到腐蚀，筒体内侧焊缝未焊透或者焊接质量差，在复合层和基层间产生缝隙，遇酸性较强环境时，腐蚀将加剧。

湿法脱硫的关键设备是在较难防范的低温高湿稀酸型腐蚀状况运行，如焊接不合格，在遇酸性较强环境时，腐蚀将加剧。从三个典型实例，凸显焊接质量重要性。

石家庄炼化20×10^{4}t/a催化裂化脱硫脱硝装置于2015年1月建成投产，2015年3月中旬以前装置运行相对平稳，烟气排放指标满足标准。但3月中旬以后，烟气排放拖尾严重。该状况一直持续到2015年7月，装置被迫用注入NaOH代替注氨水运行，以避免烟气拖尾现象。于2016年2月29日脱硫装置停工改造。装置于2016年4月1日完成改造后开工，经过调整，烟气外观正常，实现达标排放。达到了此次改造的目的。改造完成后装置平稳运行至2016年4月29日发现塔壁出现2处泄漏。停车打开设备后发现塔内壁多处腐蚀。腐蚀点主要集中在烟气入口上下2000mm的环带堆焊区域内，如图9-1所示。

图 9-1 脱硫塔内壁腐蚀

该脱硫塔规格为 ϕ6200/3000×77030mm，塔体材质为 Q345R+316L(厚度为 20+3mm)。其作用为接收催化烟气，使之与塔内循环浆液、氨水和液体有机催化剂逆流接触，进行脱硫脱硝反应，生成硫酸铵和硝酸铵，并使烟气达标排放。该吸收塔内介质有烟气、浆液、氨水、催化剂粉尘、有机液体催化剂、硫酸铵、硝酸铵，正常工作压力为 0.08MPa(塔底)/2.5kPa(塔顶)，进入塔内的烟气温度在 160~170℃之间，塔内正常工作温度为 55~60℃。

针对此次泄漏的原因进行了分析。通过对腐蚀产物分析、复合板及堆焊层金相组织分析、过渡层成分分析等化学成分分析，其化学成分分析如表 9-1 所示，修补处过渡层 Cr、Ni、Mo 含量和表面堆焊层 Ni 元素含量都远低于相关标准的要求。发生腐蚀的部位均在由于复合板缺陷重新堆焊修补的部位，复合板 316L 母材未见腐蚀，说明 316L 不锈钢材料在该环境下是耐蚀的，由于堆焊层化学成分和金相组织控制不利，造成了该区域耐蚀性下降，又由于大阴极小阳极的作用加速了堆焊区域的腐蚀，导致一个月内穿孔泄漏。

从石家庄炼化腐蚀的部位均在由于复合板缺陷重新堆焊修

补的部位，类似情况金陵石化公司也同样发生，金陵石化公司 350×10^4t/a 催化裂化于2012年10月建成投产运行，整个装置中的烟气脱硫脱硝单元采用了EDV湿法洗涤技术，是重要的环保项目，对用于解除催化裂化装置的再生烟气中 SO_2 和 NO_x 对环境的危害、减少再生烟气中催化剂粉尘排放是非常有效的。2013年2月6日烟气洗涤塔T701顶部有5台烟气成份分析仪的接管有渗漏和脱落的现象，并且塔壁有一处焊缝渗漏，3月25日发现塔壁变径处焊缝有二处漏点出现，并且烟气分析仪补焊处也出现了渗漏的现象，8月20日又发现烟囱上部筒体腐蚀穿孔，如图9-2所示。

图9-2 变径处焊缝和烟气分析仪焊缝(2013年3月25日)(EL64720m)

从装置开工运行到发现器壁腐蚀泄漏只有1年的时间，说明腐蚀速率很大，局部点蚀严重。

针对此次泄漏的原因进行了分析。腐蚀发生的部位在筒体和烟囱的变径焊缝处及变径处上方2m处的分析仪安装点和烟囱上部的筒体。筒体材质都采用Q345R+S30403，是复合钢板，复合层是3mm的S30403不锈钢材。它和304L的特性几乎是一样的，是奥氏体不锈钢，耐腐蚀性和耐热性比较优良，焊接后或消除应力后，亦能保持良好耐腐蚀性，但比较容易发生应力腐蚀龟裂，而产生应力腐蚀龟裂主要有三个方面：①氯化物的存在；②残余的张力(如筒体焊缝的错边、焊接质量、应力消除等因素形成)；③温度超过49℃；从烟囱水汽样品分析结果看，它不仅pH值低，还含有少量的氯离子。

焊接质量是腐蚀诱因。从烟囱上安装的仪表分析仪设备头断口分析，烟囱筒体上5只安装分析仪的设备头焊接很可能采用单面焊，筒体内侧开口板未打坡口、未焊接或者焊接很粗糙，在复合层和基层间产生点缝隙，这样遇到酸性较强的环境时，腐蚀加剧；其他几处泄漏点也都发生在环焊缝上，也是基于当初在现场焊接时留下的残余应力引起的开裂或点蚀造成的。不锈钢复合板焊接质量差，不锈钢层焊缝存在空隙等缺陷，运行中酸性凝液渗透至碳钢基层，导致发生了腐蚀泄漏。

金陵石化催化裂化脱硫脱硝装置脱硫塔采用304复合板，由于环焊缝焊接质量不过关，复合层焊接时存在错边，烟气进入复合板内侧，造成露点腐蚀泄漏，装置仅运行了1年，烟囱壁厚由23mm减薄至21mm；多次处理腐蚀问题仍然严重。

扬子石化200×10^4t/a催化裂化装置的脱硫脱硝装置采用EDV湿法洗涤技术和臭氧氧化脱硝技术，脱硫塔筒体和烟囱材质采用S30403+Q345R。2014年7月运行至2016年6月，发现烟囱环状焊缝上方位置出现烟气泄漏，烟囱已经腐蚀穿孔，监护运行至2017年6月，检查发现烟囱内部器壁大面积腐蚀，不得不对该烟囱进行更新，并对材质升级为防腐蚀性能更好的317L。主要原因是酸性腐蚀环境中，烟囱材质选择不恰当，焊缝焊接质量较差，滤清模块和喷嘴发生堵塞或者偏流使酸液在烟囱变径段冷凝腐蚀。

从理论分析到失效案例分析可知，施工质量是预防腐蚀泄漏的薄弱环节。从失效实例中，吸取焊接质量差的教训。针对复合板的焊接质量的把关尤其重要，由于复合板制作过程中的质量把关失控，导致局部缺陷，耐蚀性降低，环境变化时得以暴露，造成腐蚀。

点蚀不仅发生在焊缝处，还出现内壁和内构件，也是腐蚀主要失效形式之一，主要与介质和材质有关。烟气脱硫系统循环吸收液中含有氯离子，其主要来源于催化裂化原料以及各类助剂(如絮凝剂：聚合氯化铝)。氯离子半径小、穿透和吸附能力强，能穿透氧化膜内极小的孔隙到达金属表面，并与金属相互作用形成了氯化物，使氧化膜的结构发生变化，导致金属产生点蚀或坑蚀，而氯化物与金属表面的吸附并不稳定，形成了可溶性物质，从而导致了腐蚀加速。

氯离子还会使脱硫系统中300系列奥氏体不锈钢设备发生应力腐蚀开裂。主要原因是设备存在焊缝残留拉应力和钝化膜带来的附加应力，氯离子使局部的保护膜破裂，破裂处的基体金属形成微电池的阳极，产生阳极溶解，在拉应力的作用下保护膜反复形成和反复破裂，过程中就会使局部的腐蚀加深，最后形成孔洞。孔洞的存在又造成应力集中，更加速了孔洞表面的塑性变形和保护膜的破裂。

内构件腐蚀问题。各喷淋层，除雾器等的支撑梁与塔壁接触的上表面存在死区，使得此处溶液不易流动，储存更多的酸性气体及烟气中的氯离子，所以此处腐蚀性极强。另一方面当上部喷淋层有堵塞或者喷淋不均匀时，如果产生的液滴恰好不停的打在梁上，会逐渐破坏梁的防腐涂层，进而使支撑梁发生腐蚀。吸收塔中浆液中含有固体颗粒物，浆液以一定速度由喷淋管喷嘴喷出，对喷嘴、吸收塔内壁及其内件产生冲刷磨损，曾有企业发生喷嘴冲蚀损坏严重问题。

由于烟气中含硫化氢、氯化氢并含有水分，极易产生露点腐蚀。目前烟囱材料有玻璃钢、复合板，也有采用碳钢+内衬塑料、衬玻璃鳞片、喷涂聚脲等。石家庄炼化、扬子石化、金陵石化、北海炼化等四家单位采用复合板烟囱均出现不同程度腐蚀泄漏，如图9-3、图9-4和图9-5所示。泄漏后修复方案见表9-2所示。

图 9-3　扬子石化 3 号塔内连接板腐蚀

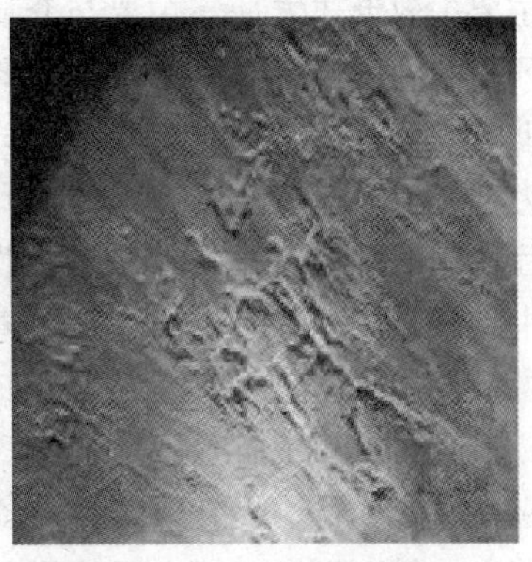

图 9-4　3 号塔内水珠分离器局部穿孔

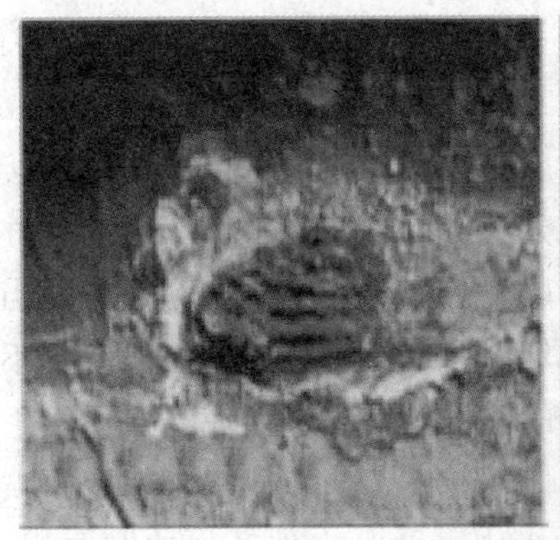

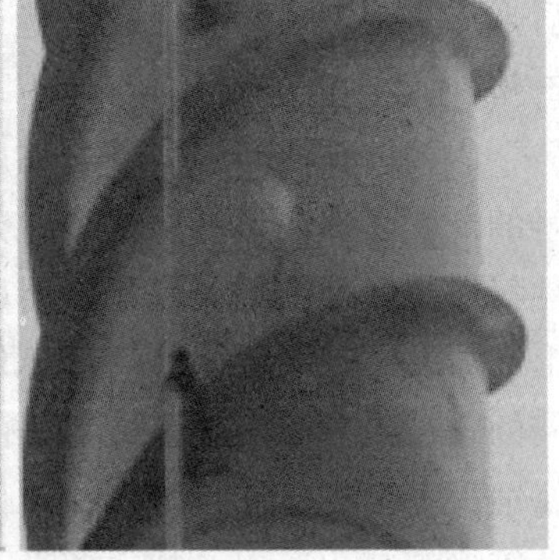

图 9-5　北海炼化烟囱内壁腐蚀局部穿孔

表 9-2　不锈钢复合板烟囱泄漏情况

企业名称	原材质	使用情况	修复方案
石家庄炼化	Q345R+316L	2015 年 1 月投用，2015 年 5 月腐蚀泄漏	2017 年 8 月改涂料防腐（贝尔左纳）
扬子石化	Q345R+304L	2014 年 7 月投用，2016 年 6 月发现腐蚀泄漏	2017 年 5 月检修整体更换 317L

续表

企业名称	原材质	使用情况	修复方案
金陵石化	Q345R+304L	2013年1月投用，2014年3月，发现腐蚀穿孔泄漏	2014年3月装置检修时材料升级更换整体更换304
北海炼化	Q245R+304L	2012年1月投用，2013年5月发现腐蚀泄漏	2013年进行补焊修复，2015年11月更换为玻璃钢

9.1.2.2 脱落

内衬脱落问题是普遍存在，但具备两个特点，易脱落，难修复。关键性问题，抓住施工环节。由于内衬塑料、喷涂聚脲层施工质量差，内衬分层脱落造成烟囱壁板腐蚀泄漏；在修复中，由于施工困难，修复效果差，造成频繁腐蚀泄漏。

脱硫吸收塔筒体结构一般采用不锈钢复合板，也有企业采用碳钢+内衬防腐材料。防腐材料主要有玻璃鳞片、聚脲等。武汉石化、广州石化、荆门石化、巴陵石化及长岭炼化等5家企业先后在开车后40天左右均出现了塔体内衬聚脲脱落现象，各家单位的脱硫吸收塔聚脲层脱落情况，均是先发现疑似碎片，然后有大块脱落物堵塞机泵入口过滤器。某企业衬里脱落后塔体出现腐蚀穿孔泄漏，严重影响装置平稳运行。

几家企业所用聚脲均为加拿大进口，针对其存在的附着力不够现象，施工方浙江双屿公司于2015年3月5日将巴陵公司现场留样的材料试板送至上海涂料研究所检测中心进行物理性能检测。检测结果：样板附着力为2.24～3.28MPa（均值3.0MPa），达不到HG/T 3831—2006《喷涂聚脲防护材料》标准规定的4.5MPa要求，更达不到材料本身所要求的10.3MPa；从伸长率及撕裂强度参数可知，聚脲层应该具有非常好的柔韧性，但脱落的聚脲涂层表观现象有发脆、有裂纹等现象。据上海微普化工技术服务有限公司检测结果显示，不同批次聚脲材料化学组成及各成分含量不一致。

聚脲材料质量问题是导致分层脱落的主要原因；施工环境(施工要求基材温度大于露点温度 3℃，空气相对湿度不大于 85%，部分聚脲喷涂在夜间完成施工，施工环境达不到要求)及施工过程控制不严格(正常 2~3mm，涂层厚度不均匀，接缝处厚度有的达到 5mm 以上)，塔内壁表面处理不到位，涂料与钢板表面结合力差是导致脱层的次要原因。

长岭炼化催化裂化脱硫脱硝装置于 2014 年 12 月建成开工，运行至 2015 年 3 月，由于脱硫塔内衬聚脲材料大量剥落堵塞急冷泵、逆喷泵，导致停工处理，对脱硫塔沉降段重新喷涂；2015 年 12 月，停工检查中发现内衬聚脲出现大面积裂缝、鼓包和脱落现象，对损坏的衬里全部更换为贝尔佐纳材料；2016 年 2 月，聚脲材料再次大面积脱落导致机泵堵塞，同时脱硫塔器壁消泡器段大面积腐蚀减薄、穿孔。暂时将聚脲材料内衬清除，运行至 2016 年 3 月装置停工处理。内衬脱落，塔壁腐蚀成为制约催化装置长周期安全平稳运行的最大因素。如图 9-6 所示。

(a)

(b)

图 9-6 脱硫塔内衬脱落、腐蚀穿孔

原因分析：脱硫塔内衬材质采用进口聚脲材料，聚脲是由异氰酸酯组份与氨基化合物组份反应生成的一种弹性体物质。该材料特点是能快速固化，对水分、湿气不敏感，100%固含量，不含任何挥发性有机物，具有良好理化性能和热稳定性。但是，由于聚脲的反应速度过快，因而存在对基面的浸润能力较差，容易影响与基面的附着力，且层间的结合也不理想，涂层的内应力较大。当聚脲作为脱硫塔衬里材料，在垂直面和曲面喷涂成型，厚度达到 3mm±0.5mm，在脱硫塔内部酸碱环境内，聚脲内衬的附着力，拉伸强度和撕裂强度达不到要求。

在聚脲衬里喷涂施工时，须在干燥的钢材表面上，除锈要求较高。而在实际建设期间，当地正处于高温多雨季节，钢材表面反复生锈，施工时间较短，导致出现喷涂的聚脲层次不清、厚度不均匀、表观不平整等问题，从而使涂层产生局部应力，降低内衬材料稳定性，导致内衬撕裂或脱落，如图 9-7 所示。

(a)

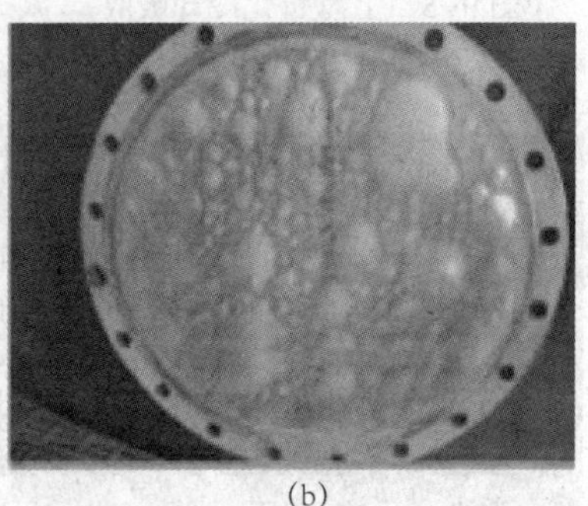
(b)

图 9-7　脱硫塔内衬脱落

9.1.2.3　冲刷磨损

磨损主要存在内构件冲蚀和腐蚀，叶轮冲刷磨损，催化剂及盐颗粒冲蚀是主要原因，如图 9-8 和图 9-9 所示。

磨损问题。催化再生烟气中一般含有 120mg/Nm^3 左右催化剂颗粒(主要成分是 Al_2O_3)，大部分进入脱硫塔后被循环浆液洗涤脱除，少部分被净化烟气携带排入大气，因此烟气和循环浆液中都会含有催化剂颗粒；同时循环浆液中 NaOH 与烟气中 SO_x 反应生成盐，在循环浆液中饱和后结晶析出，形成固态盐颗粒。以一定速度由喷淋管喷嘴喷出，流过金属表面时，对吸脱硫系统浆液喷嘴、水珠分离器等内构件以及浆液循环泵的蜗壳、叶轮等处冲刷磨损，如图 9-10 所示。

图 9-8　上海石化冷却吸收塔喷嘴磨损

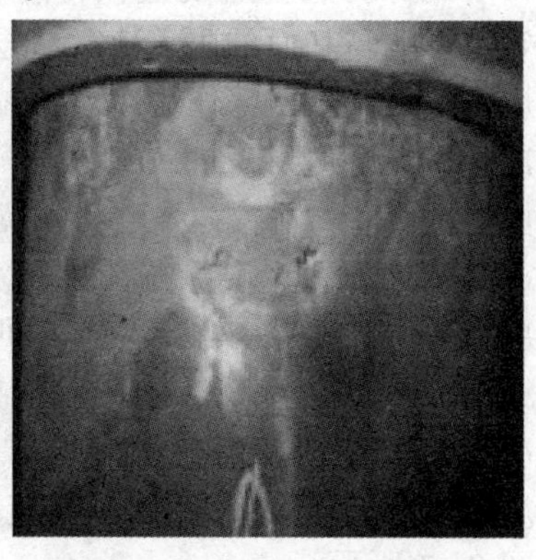

图 9-9　济南炼化 2 号回流管腐蚀

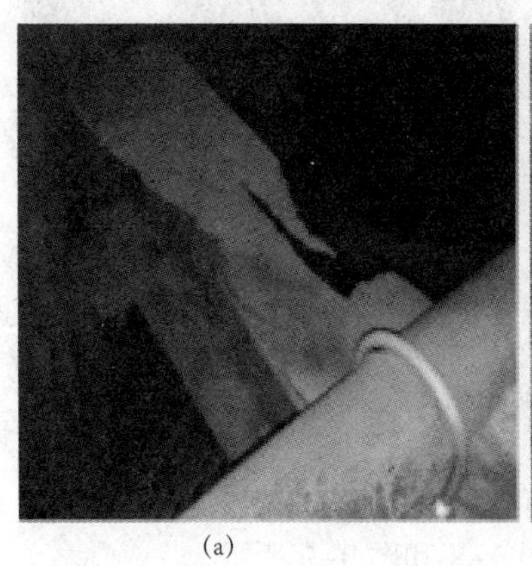

(a)

(b)

图 9-10　石家庄炼化脱硫塔支撑梁冲蚀

胜利油田石化总厂 110×10^4t/a 重催化裂化装置烟气脱硫装置 2014 年 3 月 1 日投产，符合环保指标。装置运行至 2014 年 12 月份，设备上逐渐出现一些严重的腐蚀现象，脱硫塔塔底循环泵叶轮腐蚀严重，脱硫塔消泡器泵叶轮腐蚀严重。

催化裂化再生烟气中含有SO_2、NO_x、CO、氯离子及催化剂颗粒，经过水反应浓缩，形成较高浓度的硫酸、硝酸、盐酸、碳酸、氯离子溶液，pH值可达1~2，呈强酸性。氯离子浓度可达10^{-3}mol/L；催化剂颗粒的主要成分为氧化铝，硬度高，易产生磨损。以上各种腐蚀介质的含量随运行工况的变化而波动，对设备的腐蚀状态亦是不断变动的，腐蚀形态亦是变化的，检测分析较困难。从腐蚀的现象分析，对金属材料的腐蚀主要是酸的化学腐蚀、氯离子腐蚀及其组合作用。该装置开工前期，由于脱硝部分未配套完成，且烟气中的NO_x含量未超环保指标的要求，脱硝部分未同步投产。浆液的pH值常达1~2，泵的叶轮腐蚀严重。脱硝部分投用后，pH值可控制在4~6，泵的腐蚀状况明显改善。所以，可知脱硝的运行状况及NO_x的脱出率直接影响到浆液中的硝酸含量及pH值，是影响设备腐蚀的重要因素。从设计至运行各环节，提高NO_x脱出率及平稳率，对降低设备腐蚀、设备投资，保证装置长周期运行都有重要作用。

从设备腐蚀的现象分析，以酸和氯离子腐蚀为主，磨蚀为辅，磨蚀破坏了金属表面的氧化保护膜，加快了设备的腐蚀速率。运行过程中应及时监控浆液中的pH值、氯离子浓度、及固体物浓度和粒度分布，及时采取措施进行调整。

9.2 脱硫塔典型故障对策

从14套装置30多起典型失效实例中，可知腐蚀、脱落、冲刷是失效主要形式。建立完整性管理对策，提高预见性，避免三种主要失效形式出现。根据分析得出的原因，并借鉴国内同类事件的经验和教训，提出脱硫塔完整性管理策略，从设计、材料改进、制造验收、检修质量、运行管理等各个环节进行体系化管理，如图9-11所示，脱硫塔完整性管理才能得到加强。

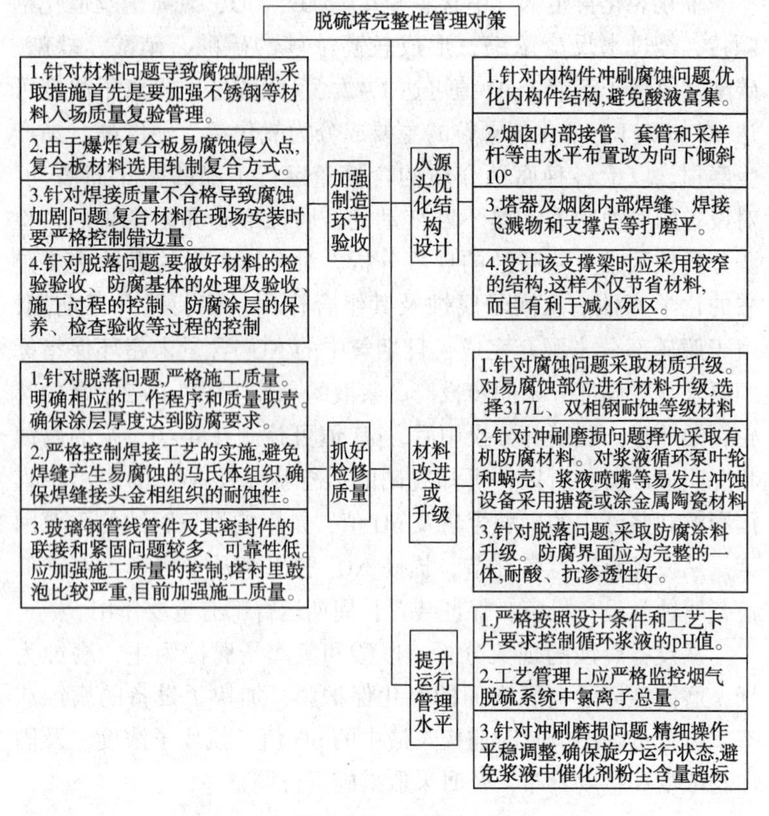

图 9-11　脱硫塔典型故障管理对策导图

9.2.1　优化设计

(1) 针对内构件冲刷腐蚀问题，优化内构件结构，避免酸液富集。如将烟囱内部接管、套管和采样杆等由水平布置改为向下倾斜 10°；塔器及烟囱内部焊缝、焊接飞溅物和临时支撑焊点等打磨平。

(2) 增设工艺防腐措施。如天津分公司在催化裂化烟气脱硫综合塔内酸液易富集的锥段增设器壁碱液喷淋设施，中和器壁强酸性凝液。

(3) 针对内构件冲刷腐蚀问题，采用窄结构的支撑梁。当上部喷淋层有堵塞或者喷淋不均匀时，如果产生的液滴恰好不停的打在梁上，会使梁发生腐蚀。在内件安装时，应重点检查滤清模块和各自顶部的喷淋嘴尺寸，喷嘴是否在模块中央、安装高度是否达到设计要求，整个模块系统有无短路和堵塞现象，避免造成偏流和局部腐蚀加剧。设计该支撑梁时应采用较窄的结构，这样不仅节省材料，而且有利于减小死区。另外也可以在梁的上表面铺设PP板，防止液滴冲刷。

9.2.2 选材改进或升级

(1) 针对腐蚀问题，采取材质升级。部分企业对洗涤塔等设备材质进行了升级，选择317L、双相钢或更高耐蚀等级材料。如金陵分公司和扬子石化公司将洗涤塔烟囱材质升级为整体304L和317L，济南分公司脱硫塔内壁贴UNS N08367合金板、部分内构件选用双相钢，经长周期运行检验，耐蚀效果均较好。针对冲刷磨损问题，金属材料部分，泵和管线、管件使用316L材质耐腐蚀效果较好，板式换热器的换热板准备升级为哈氏合金C276。

(2) 针对冲刷磨损问题，择优采取有机防腐材料。腐蚀环境恶劣部位的设备可选用有机防腐材料，如扬子石化公司等企业对浆液循环泵叶轮和蜗壳、浆液喷嘴等易发生冲蚀设备采用搪瓷或刷涂金属陶瓷类材料，均取得了良好的效果。部分企业在洗涤塔或综合塔塔底、烟囱等部位选用内衬玻璃钢、聚脲、塑胶等有机材料防腐。

(3) 针对脱落问题，采取防腐涂料升级。①防腐界面应为完整的一体，耐酸、抗渗透性好，不存在酸液侵蚀的漏洞；②防腐涂层与基体应保持热膨胀的一致性；③防腐材料与基体的黏结强度高；选择新的衬里材料。长岭石化根据综合塔内 pH 值控制在 7~9 之间，温度 50~80℃，含粉尘颗粒，气液相混合的特殊环境，要求新的衬里材料能在该温度下，耐酸碱腐蚀，较强的附着力和拉伸强度，并有一定的伸缩性。综合考虑，采用贝尔佐纳材料，完全替代聚脲作为衬里。该材料有良好的耐磨损和防腐蚀特性，其在 20℃进行固化时，撕裂强度为 306 N/mm，拉伸强度为 13.6MPa，同时拥有足够的粘合力和延伸性性能，满足该环境下的衬里选择要求。2015 年 12 月，首次试用贝尔佐纳材料作为脱硫塔衬里，使用三个月后进行检查，该材料无鼓包和脱落现象。2016 年 3 月，将脱硫塔内聚脲衬里全部更换为贝尔佐纳衬里，生产平稳运行至 2017 年 4 月催化装置停工检修，内部检查发现衬里连接处有少量裂开，其它部位运行良好。

9.2.3 控制制造和检修质量

(1) 针对材料问题导致腐蚀加剧，采取措施首先是要加强不锈钢等材料入场质量复验管理，确保材料各类耐蚀元素达标；其次由于爆炸复合板材料在爆炸复合时可能产生材料性能的变化，导致形成腐蚀侵入点，要求复合板材料选用轧制复合方式。

(2) 针对焊接质量不合格导致腐蚀加剧问题，严格控制设备安装和维修质量，一是严格控制焊接工艺的实施，避免焊缝产生易腐蚀的马氏体组织，确保焊缝接头金相组织的耐蚀性；二是复合材料在现场安装时要严格控制错边量。

(3) 针对脱落问题，要做好原材料的检验验收、防腐基体的处理及验收、材料施工前的试验、施工过程的控制、防腐涂层的保养、检查验收等过程的控制。目前催化烟气脱硫塔应用较多防腐材料是玻璃鳞片、聚脲(应用情况见表 9-3)。

表9–3　中国石化催化湿法脱硫吸收塔常用防腐涂料应用情况

涂料	使用情况	耐温	设计寿命	造价/(元/m²)
鳞片树脂涂料	运行1年左右防腐涂层有局部脱落现象，需定期进行修补	170℃下长期使用，可耐300℃的短时热冲击	5~10年	900
进口聚脲	投用后短时间发生大面积脱落	120℃下长期使用，可耐350℃的短时热冲击	5~10年	1000
改性聚脲	2015年8月在沧州炼化、武汉石化、青岛石化应用，至今良好	120℃下长期用，可耐350℃的短时热冲击	5~10年	1000

（4）针对脱落问题，严格施工质量。明确相应的工作程序和质量职责。喷砂除锈内表面应达到Sa2.5级，粗糙度达到R_a40~80μm；喷涂时应纵横交错，往复进行，涂层表面应光滑平整，颜色一致，无针孔、气泡、流挂和破损现象；严格质量检测，要求涂层厚度为250μm，且厚度均匀，厚度和层数符合设计要求，确保涂层厚度达到防腐要求。

（5）针对管系腐蚀问题，玻璃钢管线管件及其密封件的联接和紧固问题较多，渗漏、开裂、密封泄漏时常出现，可靠性低。应加强施工质量的控制，提高玻璃钢管线管件及其密封件的强度；从设计上应降低管系的应力，预留施工和调整空间。塔衬里鼓泡比较严重，目前加强施工质量。

9.2.4　优化并抓好工艺参数操作

（1）严格按照设计条件和工艺卡片要求控制循环浆液的pH值，要综合考虑装置原料性质、生产调整负荷变化等因素，提前调整碱液注入量，避免循环浆液pH值出现大幅波动。

(2)针对腐蚀问题，在工艺管理上应严格监控和控制烟气脱硫系统中氯离子总量，一是抓好原油电脱盐装置平稳运行，避免原油脱后总盐含量超标；二是烟气脱硫系统禁用含氯助剂，如可将聚合氯化铝絮凝剂改为聚丙烯酰胺；三是控制好循环浆液置换量和新鲜水补充量，避免氯离子浓缩富集；四是监控NaOH溶液质量，避免溶液中氯离子超标。

(3) 针对冲刷磨损问题，在工艺操作方面应监控和控制循环浆液中催化剂粉尘和盐含量。一是精细操作、平稳调整，确保再生器内部两级旋分、三旋和四旋的运行状态，保证旋风分离器分离工作效率；二是合理选用新技术、新装备，如使用高效旋风分离器、四旋改为高精度过滤器、增设电除尘器等，尽可能减少进入烟气脱硫系统的催化剂粉尘量；三是及时调整循环浆液外排量和新鲜水补充量，避免浆液中催化剂粉尘和总盐含量超标。

催化裂化湿法烟气脱硫对脱硫塔的耐腐蚀性要求较高，如果设计考虑不周，会导致各种可能的腐蚀失效。经常性的停车检修不仅会造成严重的经济浪费，更会使沉重的环保压力雪上加霜。目前，尚无针对催化裂化烟气脱硫脱硝装置设备选材的指导性文件，只能结合各企业的实际运行经验，不断进行摸索总结。设计过程中，设备选材、工艺设计、强度设计、结构设计及防腐蚀方法选择等，每一项设计都与腐蚀有直接关系，合理有效的预防是脱硫塔防腐设计的重中之重。还要注重制造和安装的各个环节，严格控制施工质量，加强脱硫塔的运行监控，才能实现脱硫脱硝平稳运行、实现环保达标排放，不让脱硫脱硝成为制约催化裂化装置长周期运行的瓶颈。

9.3 脱硫塔典型故障案例

案例95 脱硫塔修补处过渡层腐蚀穿孔造成装置停工

1. 故障经过

河北某炼化 20×10^4t/a 催化裂化脱硫脱硝装置于2015年1月建成投产，2015年3月中旬以前装置运行相对平稳，烟气排放指标满足标准。但3月中旬以后，烟气排放拖尾严重。该状况一直持续到2015年7月，装置被迫用注入NaOH代替注氨水运行，以避免烟气拖尾现象。于2016年2月29日脱硫装置停工改造。装置于2016年4月1日完成改造后开工，经过调整，烟气外观正常，实现达标排放。达到了此次改造的目的。改造完成后装置平稳运行至2016年4月29日发现塔壁出现2处泄漏。停车打开设备后发现塔内壁多处腐蚀，如图9-12所示，腐蚀点主要集中在烟气入口上下2000mm的环带堆焊区域内。

图9-12 脱硫塔内壁腐蚀

该脱硫塔规格为 ϕ6200/3000×77030mm，塔体材质为Q345R+316L(厚度为20mm+3mm)。其作用为接收催化烟气，使之与塔内循环浆液、氨水和液体有机催化剂逆流接触，进行脱硫脱硝反应，生成$(NH_4)_2SO_4$和NH_4NO_3，并使烟气达标排放。该吸收塔内介质有烟气、浆液、氨水、催化剂粉尘、有机液体催化剂、$(NH_4)_2SO_4$、NH_4NO_3，正常工作压力为0.08MPa(塔底)/2.5kPa(塔顶)，进入塔内的烟气温度在160~170℃之间，塔内正常工作温度为55~60℃。

2. 原因分析

针对此次泄漏的原因进行了分析。通过对腐蚀产物分析、复合板及堆焊层金相组织分析、过渡层成分分析等化学成分分析，其化学成分分析如表9-4所示，修补处过渡层Cr、Ni、Mo含量和表面堆焊层Ni元素含量都远低于相关标准的要求。发生腐蚀的部位均在由于复合板缺陷重新堆焊修补的部位，复合板316L母材未见腐蚀，说明316L不锈钢材料在该环境下是耐蚀的，由于堆焊层化学成分和金相组织控制不利，造成了该区域耐蚀性下降，又由于大阴极小阳极的作用加速了堆焊区域的腐蚀，导致一个月内穿孔泄漏。

表9-4 石家庄炼化脱硫塔壁板修补处过渡层化学成分分析

元　素/%	Cr	Ni	Mo
过渡层E309MoL	13.91	7.72	1.71
过渡层E309MoL标准(GB/T 983—2012)	22.0~25.0	12.0~14.0	2.0~3.0
表面层316L	16.28	5.05	2.06
表面层316L标准(AISI)	16.0~18.0	10.0~14.0	2.0~3.0

3. 对策

(1) 停车对塔内壁修补处过渡处和堆焊层进行抢修，严格对修复过程进行质量把关。从腐蚀的部位均在复合板缺陷重新堆焊修补的部位，说明焊接质量控制的重要性。

(2) 复合材料在现场安装时要严格控制错边量。

案例96 脱硫塔壁变径处焊缝腐蚀穿孔造成装置停工

1. 故障经过

南京某石化 350×10^4t/a 催化裂化于2012年10月建成投产运行，整个装置中的烟气脱硫脱硝单元采用了EDV湿法洗涤技术，是重要的环保项目，对用于解除催化裂化装置的再生烟气中 SO_2 和 NO_x 对环境的危害、减少再生烟气中催化剂粉尘排放是非常有效的。2013年2月6日烟气洗涤塔T701顶部有5台烟气成份分析仪的接管有渗漏和脱落的现象，并且塔壁有一处焊缝渗漏，3月25日发现塔壁变径处焊缝有二处漏点出现，并且烟气分析仪补焊处也出现了渗漏的现象，如图9-13所示，8月20日又发现烟囱上部筒体腐蚀穿孔，如图9-14所示。

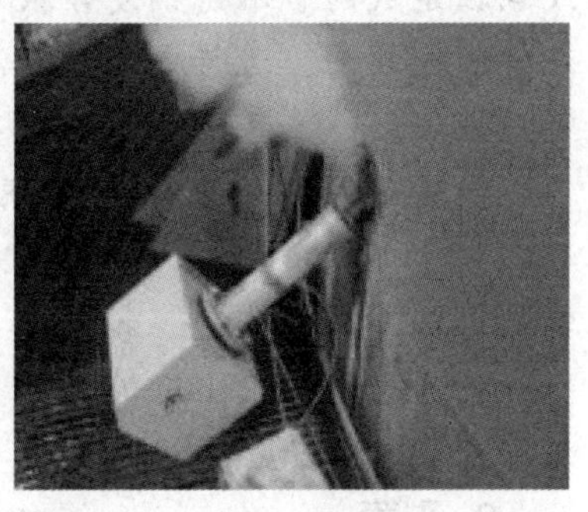

图9-13 分析仪设备头接管渗漏　　图9-14 分析仪设备头接管脱落

从装置开工运行到发现器壁腐蚀泄漏只有1年的时间，说明腐蚀速率很大，局部点蚀严重。

2. 原因分析

针对此次泄漏的原因进行了分析。腐蚀发生的部位在筒体和烟囱的变径焊缝处及变径处上方2m处的分析仪安装点和烟囱上部的筒体。筒体材质都采用Q345R+S30403，是复合钢板，复合层是3mm的S30403不锈钢材。它和304L的特性几乎是一样的，是奥氏体不锈钢，耐腐蚀性和耐热性比较优良，焊接后或消除应力后，亦能保持良好耐腐蚀性，但比较容易发生应力腐蚀龟裂，而产生应力腐蚀龟裂主要有三个方面：①卤化物离子的存在(通常是氯化物)；②残余的张力(如筒体焊缝的错边、焊接质量、应力消除等因素形成)；③温度超过49℃；从烟囱水汽样品分析结果看，它不仅pH值低，还含有少量的氯离子。

焊接质量是腐蚀诱因。从烟囱上安装的仪表分析仪设备头断口分析，烟囱筒体上五只安装分析仪的设备头焊接很可能采用单面焊，筒体内侧开口板未打坡口、未焊接或者焊接很粗糙，在复合层和基层间产生点缝隙，这样遇到酸性较强的环境时，腐蚀加剧；其它几处泄漏点也都发生在环焊缝上，也是基于当初在现场焊接时留下的残余应力引起的开裂或点蚀造成的。不锈钢复合板焊接质量差，不锈钢层焊缝存在空隙等缺陷，运行中酸性凝液渗透至碳钢基层，导致发生了腐蚀泄漏。

金陵石化催化裂化脱硫脱硝装置脱硫塔采用304复合板，由于环焊缝焊接质量不过关，复合层焊接时存在错边，烟气进入复合板内侧，造成露点腐蚀泄漏，装置仅运行了1年，烟囱壁厚由23mm减薄至21mm；多次处理腐蚀问题仍然严重。

3. 对策

(1) 停车对泄漏点进行抢修，并加强不锈钢等材料入场质量复验管理，确保材料各类耐蚀元素达标。

(2) 由于爆炸复合板材料在爆炸复合时可能产生材料性能的变化，导致形成腐蚀侵入点，要求复合板材料选用轧制复合方式。

(3) 严格控制设备安装和维修质量，严格控制焊接工艺的实施，避免焊缝产生易腐蚀的马氏体组织，确保焊缝接头金相组织的耐蚀性。

案例97　烟囱内部器壁焊缝处腐蚀严重

1. 故障经过

南京某石化200×10^4t/a催化裂化装置的脱硫脱硝装置采用EDV湿法洗涤技术和臭氧氧化脱硝技术，脱硫塔筒体和烟囱材质采用S30403+Q345R。2014年7月运行至2016年6月，发现烟囱环状焊缝上方位置出现烟气泄漏，烟囱已经腐蚀穿孔，监护运行至2017年6月，检查发现烟囱内部器壁大面积腐蚀。

2. 原因分析

主要原因是酸性腐蚀环境中，烟囱材质选择不恰当，焊缝焊接质量较差，滤清模块和喷嘴发生堵塞或者偏流使酸液在烟囱变径段冷凝腐蚀。

3. 对策

（1）对该烟囱进行更新，并对材质升级为防腐蚀性能更好的317L。

（2）加强检修更新管理，保证检修质量。

案例98　综合塔变径段内壁焊缝处腐蚀严重

1. 故障经过

海南某炼化280×10^4t/a重油催化裂化装置2017年11月29日大检修，在检查再生器时，发现人孔内表面与塔壁连接焊缝处腐蚀严重；塔内壁未补板处比补板处腐蚀严重，部分塔壁表面腐蚀已连成片；南侧与北侧塔壁腐蚀最严重，局部已腐蚀穿孔，如图9-15所示。

2. 原因分析

主要原因是酸性腐蚀环境中，烟囱材质选择不恰当，焊缝焊接质量较差。

3. 对策

（1）针对腐蚀问题，采取材质升级。更换综合塔变径段

图 9-15 综合塔变径段内壁

13.6m，并将材质升级为 316L。

（2）加强检修焊接过程管控，保证检修质量。

案例 99 脱硫塔内衬脱落造成装置停工

1. 故障经过

该催化裂化脱硫脱硝装置于 2014 年 12 月建成开工，运行至 2015 年 3 月，由于脱硫塔内衬聚脲材料大量剥落堵塞急冷泵、逆喷泵，导致停工处理，对脱硫塔沉降段重新喷涂；2015 年 12 月，停工检查中发现内衬聚脲出现大面积裂缝、鼓包和脱落现象，对损坏的衬里全部更换为贝尔佐纳材料；2016 年 2 月，聚脲材料再次大面积脱落导致机泵堵塞，同时脱硫塔器壁消泡器段大面积腐蚀减薄、穿孔。暂时将聚脲材料内衬清除，运行至 2016 年 3 月装置停工处理。内衬脱落，塔壁腐蚀成为制约催化装置长周期安全平稳运行的最大因素。

2. 原因分析

脱硫塔内衬材质采用进口聚脲材料，聚脲是由异氰酸酯组分与氨基化合物组分反应生成的一种弹性体物质。该材料特点是能快速固化，对水分、湿气不敏感，100%固含量，不含任何挥发性有机物，具有良好理化性能和热稳定性。但是，由于聚脲的反应速度过快，因而存在对基面的浸润能力较差，容易影响与基面的附着力，且层间的结合也不理想，涂层的内应力较大。当聚脲作为脱硫塔衬里材料，在垂直面和曲面喷涂成型，厚度达到 3mm±0.5mm，在脱硫塔内部酸碱环境内，聚脲内衬的附着力，拉伸强度和撕裂强度达不到要求。

在聚脲衬里喷涂施工时，须在干燥的钢材表面上，除锈要求较高。而在实际建设期间，当地正处于高温多雨季节，钢材表面反复生锈，施工时间较短，导致出现喷涂的聚脲层次不清、厚度不均匀、表观不平整等问题，从而使涂层产生局部应力，降低内衬材料稳定性，导致内衬撕裂或脱落。

3. 对策

(1) 选择新的衬里材料

根据综合塔内 pH 控制在 7~9 之间，温度 50~80℃，含粉尘颗粒，气液相混合的特殊环境，要求新的衬里材料能在该温度下耐酸碱腐蚀，较强的附着力和拉伸强度并有一定的伸缩性。综合考虑，采用贝尔佐纳材料，完全替代聚脲作为衬里。该材料有良好的耐磨损和防腐蚀特性，其在 20℃进行固化时，撕裂强度为 306N/mm，拉伸强度为 13.6MPa，同时拥有足够的粘合力和延伸性性能，满足该环境下的衬里选择要求。2015 年 12 月，首次试用贝尔佐纳材料作为脱硫塔衬里，使用三个月后进行检查，该材料无鼓包和脱落现象。2016 年 3 月，将脱硫塔内聚脲衬里全部更换为贝尔佐纳衬里，生产平稳运行至 2017 年 4 月催化装置停工检修，内部检查发现衬里连接处有少量裂开，其他部位运行良好。

(2) 严格施工质量

严格把控施工质量，明确相应的工作程序和质量职责。喷砂除锈内表面应达到 Sa2.5 级，粗糙度达到 R_a40~80μm；喷涂时应纵横交错，往复进行，涂层表面应光滑平整，颜色一致，无针孔、气泡、流挂和破损现象；严格质量检测，要求涂层厚度为250μm，且厚度均匀，厚度和层数符合设计要求，确保涂层厚度达到防腐要求。

案例100　脱硫塔底循环泵叶轮冲蚀严重造成装置停工

1. 故障经过

东营某石化总厂110×10^4t/a重催化裂化装置烟气脱硫装置2014年3月1日投产，符合环保指标。装置运行至2014年12月份，设备上逐渐出现一些严重的腐蚀现象，脱硫塔塔底循环泵叶轮腐蚀严重，脱硫塔消泡器泵叶轮腐蚀严重，如图9-16和图9-17所示。

图9-16　泵内部结垢

图9-17　叶轮腐蚀、磨损

2. 原因分析

催化再生烟气中一般含有120mg/Nm^3左右催化剂颗粒(主要成分是Al_2O_3)，大部分进入脱硫塔后被循环浆液洗涤脱除，少部分被净化烟气携带排入大气，因此烟气和循环浆液中都会含有催化剂颗粒；同时循环浆液中NaOH与烟气中SO_x反应生成盐，在循环浆液中饱和后结晶析出，形成固态盐颗粒。以一定速度由喷淋管喷嘴喷出，流过金属表面时，对吸脱硫系统浆液喷嘴、水珠分离器等内构件以及浆液循环泵的蜗壳、叶轮等处冲刷磨损。

3. 对策

(1) 设备选材进行改进。金属材料部分，泵和管线、管件使用316L材质耐腐蚀效果较好；板式换热器的换热板准备升级为哈氏合金C276。

(2) 玻璃钢管线管件及其密封件的联接和紧固问题较多，渗漏、开裂、密封泄漏时常出现，可靠性低。应加强施工质量的控制，提高玻璃钢管线管件及其密封件的强度；从设计上应降低管系的应力，预留施工和调整空间。塔衬里鼓泡比较严重，加强施工质量控制。